大学で学ぶ
身近な生物学

著◎吉村成弘

【注意事項】本書の情報について ―――――――――――――――――――――――――――――――
　本書に記載されている内容は，発行時点における最新の情報に基づき，正確を期するよう，執筆者，監修・編者ならびに出版社はそれぞれ最善の努力を払っております．しかし科学・医学・医療の進歩により，定義や概念，技術の操作方法や診療の方針が変更となり，本書をご使用になる時点においては記載された内容が正確かつ完全ではなくなる場合がございます．また，本書に記載されている企業名や商品名，URL等の情報が予告なく変更される場合もございますのでご了承ください．

序

本書は，化学構造式や化学反応式ばかりでとても難しそうにみえる生命科学（生物学）を，もっとみなさんの「身近」に感じてもらうことに主眼を置いて書いたものです．

私が大学の学部生だった頃，生命科学を志して「生化学」や「分子生物学」などの講義をいくつも受講しました．どの講義でも，まず核酸やアミノ酸などの生体高分子の複雑な化学構造式が出てきて，化学結合だのエネルギーだの，なにやら難しい話が次々に展開されます．そして，化学反応を山ほどたたき込まれたあと，前期の最後ぐらいになってようやく，実はこの化学反応はみなさんの生活とこんなところでつながっているんです，といった具合に種明かしがなされるわけです．講義の最終回になって初めて「なるほど」となるわけですが，そこまで到達するには化学構造式や化学反応式を乗り越えねばなりません．生命科学を専門にする学生であれば，最後まで頑張れるかもしれませんが，生命科学がどんなものか少し知りたい，楽しく学びたいと思う学生は，楽しさにたどりつく前にギブアップしてしまうかもしれません．

本書は，この順序を入れ替えて学びを進めることも可能と気づいてもらえればと思い，一から新たに書き上げたものです．生物学や生命科学は，私たちの生活の至る所と密接につながっていて，さまざまな方法でそれらを支えています．本書では，まず身近なトピックや疑問を取り上げ，その根底にある知識を専門レベルまで掘り下げていくというアプローチで生物学・生命科学を学ぶことができるように工夫してあります．また，化学構造式や複雑な化学反応式はなるべく用いず，図をみて直感的に理解できるように考慮しました．図はオールカラーにし，わかりやすさを心がけてイラスト化しました．現代生命科学の入門書として，文系，理系によらず手にとっていただければと思います．また，講義のテキスト・サブテキストとしても使用していただければと思います．

ここで取り上げた身近なトピックは，大学で担当しているゼミナールで，学生さんたちが自分たちでみつけた内容も含まれています．それだけ，みなさんが感じる「身近」なネタが本書には転がっているはずです．生物学の知識としては，代謝，細胞，遺伝，発生，免疫などの比較的ベーシックな内容から，iPS細胞や再生医療の技術のような最先端の内容までを広くカバーしていますので，生物学を志すすべての学生さんたちにも楽しんでいただけると思います．

最後になりましたが，羊土社の冨塚様と原田様には，本書の構想からトピックの選別，ページデザインに至るまで，何から何までお世話になりました．お二人のご指導があって，なんとか出版までたどりつくことができました．ここに感謝申し上げます．

本書により，より多くの若い学生さんたちが生物学への興味と深い理解をもつようになれば幸いです．

2015年9月

吉村成弘

大学で学ぶ 身近な生物学

※目次※

序

第Ⅰ部　生きているとはどういうことか

はじめに ……………………………………………… 12
  1. 食べることと生きること：代謝とエネルギー　　12
  2. 私たちの体に必要な栄養素　　12
  3. 食べ物の運命とエネルギーの関係　　14
  4. 第Ⅰ部で学ぶこと　　15

1章　ヒトの体とエネルギーの関係
　　　　―ヒトはなぜ1日3度の食事をするのか？ ……… 16
  1. 3度の食事とエネルギー　　17
  2. 栄養素の種類とその運命　　18
  3. ATPは体内のエネルギー通貨　　22
  4. エネルギーの使い道　　25
  章末問題　　27

2章　糖の種類と性質
　　　　―甘いのに太らない？ 人工甘味料と砂糖の違い ……… 28
  1. 身近な糖分，糖質，炭水化物　　29
  2. 糖の種類，構造と性質　　31
  3. エネルギーになる単糖類　　32

CONTENTS

4. 二糖類の種類と生成・分解　34

5. 多様な多糖類とその分解のしくみ　36

章末問題　39

3章　糖からエネルギーを得るしくみ
―持久系とパワー系はこれほど違う　40

1. 運動の種類とエネルギーの消費　41

2. 解糖系の概要　42

3. ピルビン酸はTCA回路で酸化される　45

4. 電子伝達系による酸化とATPの合成　48

5. 好気的と嫌気的条件下でのATP生成　51

章末問題　55

4章　脂質の構造と性質
―体によい「あぶら」と悪い「あぶら」は何が違うの？　56

1. 脂質とは　57

2. 脂肪酸の種類と性質　58

3. 体の中での脂肪酸のはたらき　62

4. トリグリセリド以外の脂質　64

5. コレステロールの合成と体内でのはたらき　67

章末問題　69

5章　脂質の輸送と代謝
―甘いものを食べるとなぜ太る？　70

1. 体内を巡る脂質　71

2. 脂質は肝臓と全身をいったりきたり　74

3. 脂肪酸からエネルギーを取り出す　75

4. 脂肪酸の合成　79

章末問題　83

6章　ビタミンとミネラルのはたらき
―サプリメントは体にいいの？　84

1. ビタミン発見の歴史　85

2. 脂溶性ビタミンと水溶性ビタミン 87

3. 体内でのビタミンのはたらき 89

4. ミネラルのはたらき 92

章末問題 95

第Ⅱ部　生命体をつくる情報と構造

はじめに 98

1. 子は親に似るが同じではない 98

2. 第Ⅱ部で学ぶこと 98

3. 似ているけど同じではない理由 99

7章　細胞の構造と機能
—昆布のダシは海の中で出ないの？ 100

1. 細胞の発見 101

2. 細胞の構造 101

3. 細胞内小器官はそれぞれはたらきをもっている 103

4. 原核細胞と真核細胞 106

5. 細胞の増殖をコントロールする細胞周期 108

6. 細胞にとって大切な水 110

章末問題 111

8章　DNAの構造とはたらき
—DNA，遺伝子，染色体はどう違うの？ 112

1. 遺伝物質の正体は何か？ 113

2. DNAの二重らせん構造を解明したワトソンとクリック 114

3. DNAの二重らせんを解剖する 115

4. DNAの複製と維持 117

5. DNAの塩基配列はタンパク質のアミノ酸配列をコードする 120

6. DNAから染色体へ 122

章末問題 124

CONTENTS

9章 DNAからタンパク質へ
―DNAは細胞の設計図ってどういう意味？ 125

1. 遺伝子のスイッチを制御するしくみ 126

2. RNAポリメラーゼがRNAを合成する 127

3. 合成されたRNAは修飾を受けた後，細胞質に運ばれる 129

4. リボソームによるタンパク質の合成 131

5. ポリペプチド鎖は折りたたまれて機能を発揮する 136

章末問題 137

10章 タンパク質のはたらき
―プロテインを飲むと筋肉が増える？ 138

1. タンパク質は産まれた後，目的の場所まで運ばれる 139

2. タンパク質は化学反応を触媒する 141

3. 細胞内外のシグナルや物質を輸送するタンパク質たち 144

4. 細胞の骨格をつくるタンパク質 146

5. 不要なタンパク質は分解される 147

章末問題 149

11章 細胞内外の情報伝達
―細胞はどうやってコミュニケーションしている？ ... 150

1. 細胞同士のコミュニケーション 151

2. 細胞外の情報を細胞内に伝えるしくみ 153

3. タンパク質のリン酸化が伝える細胞内のシグナル 155

4. 細胞膜の電位変化によるシグナル伝達 157

5. Ca^{2+}は細胞内の重要なシグナル分子 159

6. 細胞内シグナルが到達する先 160

章末問題 162

12章 細胞分裂のしくみと制御
―私たちの体の細胞は分裂し続けているの？ 163

1. 体細胞分裂と減数分裂 164

2. 染色体の数と形 165

3. 体細胞分裂における染色体の構造変化と分配機構 166

4. 減数分裂では，染色体の組換えが起こる ……………… 167

5. 配偶子形成における減数分裂 …………………………… 169

6. 細胞周期の見張り役と進行役：サイクリン ………… 171

章末問題 …………………………………………………………… 173

第Ⅲ部　生老病死の生命科学

はじめに ……………………………………………………… 176

1. いかに生き，病になり，老い，死ぬか ……………… 176

2. 第Ⅲ部で学ぶこと ……………………………………… 176

13章　発生と分化
ー1つの細胞から体ができあがるしくみ ……………… 178

1. 受精卵から体ができあがる過程 ……………………… 179

2. 細胞の運命はいつ決まるのか ………………………… 182

3. 発生後期における分化と器官形成 …………………… 185

4. 遺伝子による細胞の運命決定 ………………………… 187

章末問題 …………………………………………………………… 190

14章　細胞のストレス応答機構
ー細胞もストレスを感じる？ ………………………………… 191

1. 細胞にとってストレスとは …………………………… 192

2. DNAの損傷はがんを引き起こす ……………………… 192

3. 活性酸素による損傷 …………………………………… 194

4. DNAのキズを修復するしくみ ………………………… 197

5. ダメージを受けたタンパク質は積極的に分解される … 198

6. 活性酸素を除去するしくみ …………………………… 199

章末問題 …………………………………………………………… 201

15章 免疫システムのしくみ
―アレルギーってなに？ 202

1. 免疫：外敵から身を守るしくみ 203
2. 細胞が生まれながらにしてもっている自然免疫 204
3. 異物の情報の受け渡し：自然免疫から獲得免疫へ 205
4. 異物に素早く対処するしくみ 207
5. 免疫は記憶する 208
6. 免疫と病気 211
章末問題 212

16章 ES細胞とiPS細胞
―細胞の時間を巻き戻すことは可能か？ 213

1. 細胞の時間を巻き戻す 214
2. 胚性幹細胞（ES細胞）とは何か 216
3. 初期胚からES細胞をつくる 218
4. ES細胞の分化誘導 219
5. 欲しい細胞を選択的に誘導する，選択的に育てる 220
6. 人工多能性幹細胞（iPS細胞）の誕生 222
7. iPS細胞の意義 225
章末問題 225

17章 再生医療の現在と未来
―失われた体の一部は取り戻せるか？ 226

1. 再生医療とは 227
2. 幹細胞の性質 228
3. 組織幹細胞と多能性幹細胞 228
4. 組織幹細胞を用いた再生医療 231
5. 多能性幹細胞を用いた再生医療 233
6. 再生医療の問題点と将来 236
章末問題 237

18章 アポトーシスと老化
―私たちはなぜ老い，死ぬのか？ 238

1. 細胞分裂のたびに染色体は短くなる？ 239
2. 染色体末端はテロメアというくり返し配列でできている 239
3. テロメアを守るしくみ 242
4. 細胞の寿命と死 244
5. 細胞が積極的に死ぬ場面とは 246
6. アポトーシスの分子機構 247

章末問題 249

索引 250

発展学習

糖代謝にみられる補酵素／47　電子伝達系における酸化還元電位／50　糖新生とグリコーゲン合成／54　コレステロールからつくられるステロイドホルモン／69　脂肪酸のβ酸化のしくみ／77　ピルビン酸脱水素酵素における補酵素のはたらき／91　DNA複製における方向性／119　RNAの核外輸送／131　Ca^{2+}による筋肉の収縮／161　受精とカルシウムシグナル／171　四肢の形成とアポトーシス／188　抗体の多様性を生み出す遺伝子組換え／209　細胞につけられた「印」をたよりに細胞を選別する方法／223　ショウジョウバエにおけるテロメア維持機構／244

Column

基礎代謝とダイエット／17　無酸素運動／24　焼きイモの甘さのひみつ／30　ご飯の粘りとアミロペクチン／37　筋力の回復／41　トランス脂肪酸／59　発酵と日本人／108　遺伝子の正体は核酸だ：ハーシーとチェイスの実験／113　コドン対応表はどのようにしてつくられたか／132　パワートレーニング（筋トレ）の秘密／149　味を感じる受容体／155　物質が光を吸収するとは／194　清潔すぎるのもよくない？ Hygiene説／210　初のクローン動物ドリー／216　4つの遺伝子をみつけ出した工夫／224

第Ⅰ部

生きているとはどういうことか

第I部　生きているとはどういうことか

はじめに

1. 食べることと生きること：代謝とエネルギー

　私たちは1日に3度の食事をします．2回しかしないという人もいれば4回以上する人もいるかもしれません．しかし，全く食べない人はいないでしょう．食事を取らないと私たちはいずれ死んでしまいます．しかも，ただ好きなものばかりを食べるのではなく，さまざまな栄養素をバランスよく摂らねばなりません．子どもの頃，食べ物の好き嫌いで親から注意された人も多いのではないでしょうか．肉ばかり食べて野菜を食べない，または肉を全然食べない．このような偏食は「いけない」と指導されますが，それがなぜかを理解している人は少ないかもしれません．

　光合成により栄養素を体内で合成できる植物と違って，私たちの体は自分で合成できるものもあれば，できないものもあります．できないものは外部から摂取するしかありません．食事は，動物にとって最も重要な生命活動の1つです．何のために食べるのかと聞かれれば，エネルギーを得るためだというのが答えです．生体内のエネルギーは，私たちが体を動かすためだけでなく，私たちの体をつくるすべての細胞が生き続けていくために必要なのです．

2. 私たちの体に必要な栄養素

❶食塩相当量として表示．

　スーパーやコンビニで売っている食品を手に取ってみてください．その箱の裏面や側面には**図序-1**のような栄養成分表示が必ず印刷されています．エネルギー（熱量），タンパク質，脂質，炭水化物（糖質），ナトリウム❶はおそらくすべての食品に表示されています．これに加え，カリウム，ビタミン，食物繊維などの食品固有の栄養成分が，商品1個あたりもしくは100 gや100 mLあたりの量で表示されています．この成分表示のおかげで，私たちはその食品を食べる前からその成分を知ることができるだけでなく，体への影響を知ることができます．「カロリーオフ！」「塩分控えめ」「食物繊維XX mg配合」「カルシウム入り」「ビタミン配合」などのキャッチコピーを

12　大学で学ぶ 身近な生物学

図序-1 栄養成分表示をみれば一目瞭然

図序-2 私たちの体に必要な栄養素

大々的に掲げることで付加価値を上げている商品を多く目にしますが、その表示が本当に正しいかどうかは、栄養成分表示をみれば一目瞭然です。

糖質，タンパク質，脂質は三大栄養素とよばれます（**図序-2**）．これらは，体内で消化吸収されてエネルギーに変換されます．糖質（炭水化物）と脂質はよく知られたエネルギー源ですが、実はタンパク質もエネルギー源です。1 g あたりのエネルギーは糖質とタンパク質がほぼ同じで、約 4 kcal 程度です。脂質は 1 g あたり約 9 kcal ありますので、三大栄養素のなかでは最大のエネルギーを含んでいます（**図序-3**）．

三大栄養素にビタミンとミネラルを加えて五大栄養素といいます。ビタミンは体の調子を整える物質として知られていますね。ビタミンCやB, E などは新鮮な野菜や果物に含まれています。ミネラルとはナトリウム，カリウム，カルシウムなどの鉱物のことです。ビタミンもミネラルもほとんどエネルギーにはなりませんが、エネルギーへの変換や貯蔵に関係する酵素の機能を調節するのに必要です。いくらエネルギー源となる栄養素を摂取しても、ビタミンやミネラルが足りないと、エネルギーへの変換や貯蔵の調節がうまく機能しません。

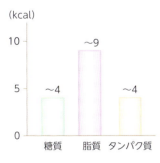

図序-3 各栄養素から取り出せるエネルギー（1 g あたり）

第Ⅰ部 生きているとはどういうことか　13

3. 食べ物の運命とエネルギーの関係

口から摂取した糖質，タンパク質，脂質は，唾液や胃液に含まれる消化酵素によってバラバラにされ，最終的に腸壁から体内に吸収されます．スクロース（ショ糖），フルクトース（果糖），マルトース（麦芽糖），デンプン，などの糖質は，最終的にグルコース（ブドウ糖）へ，タンパク質はアミノ酸に，脂質は脂肪酸とグリセリンというより小さい物質に分解されてから吸収されます．さらに細胞内部では，これらの物質はさらに小さい物質（ピルビン酸など）へと分解されますが，その過程で物質に蓄えられたエネルギーが取り出されます．

このように，細胞内で大きな有機物を分解することによって，その物質に蓄えられたエネルギーを取り出す作業を**異化**といいます．逆に，小さい物質からより複雑で大きな化合物を合成する過程を**同化**とよびます（**図序－4**）．例えば，細胞はグルコースからグリコーゲンを合成したり，脂肪酸とグリセリンから脂質を合成します．また，アミノ酸からタンパク質を合成するのも同化ですし，植物が二酸化炭素と水から炭水化物をつくり出すのも同化です．

同化にはエネルギーが必要です．細胞は，わざわざエネルギーを使ってより複雑な化合物を合成し，エネルギーを蓄積しているのです．そして，必要なときにその化合物の一部を分解（異化）することで，エネルギーを取り出

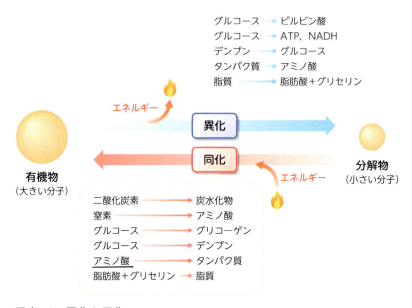

図序－4 異化と同化

すことができるのです．異化と同化を併せて，代謝とよびます．動物や植物の細胞内部では，常に異化と同化が進行して，エネルギーを取り出したり貯蔵したりしています．

4. 第Ⅰ部で学ぶこと

　第Ⅰ部では，この代謝の概要を，各栄養素に関して学びます．第1章では，エネルギーと代謝の関係を，第2～3章では，糖質の代謝を学びます．細胞は，酸素を使ってグルコースを水と二酸化炭素に変換することで，大量のエネルギーをつくり出しています（呼吸）．一方で，エネルギーが過剰なときには，グリコーゲンを合成し（同化），体内の各部（肝臓や筋肉）に貯蔵します．第4～5章では，脂質の代謝を扱うとともに，，糖質，脂質の代謝経路がどのように交差し，影響を及ぼし合い，コントロールされているかを学びます．第6章では，それまで学んできたさまざまな代謝が，ビタミンやミネラルによりいかに調節されているかを学びます．

　「甘いものを食べすぎると太る」ことをみなさんは身をもって実感していることと思います．しかし，これが意味することは，各栄養素の代謝経路はお互いに密接にリンクしているということです．脂質は現代の食生活で大きな問題となっています．脂質の摂りすぎは肥満やその他の現代病を引き起こしますが，糖質の過剰摂取も肥満の大きな要因の1つです．また，動物の細胞内（体内）での異化と同化のバランスも大切です．食後，血糖値は急激に上昇しますが，やがてまた元の値に戻ります．これは，糖質の分解と合成がお互いにコミュニケーションすることによって達成されています．ここでは，そのしくみについて学びたいと思います．

第I部　生きているとはどういうことか

ヒトの体とエネルギーの関係

1章

―ヒトはなぜ 1日3度の食事 をするのか？

　私たちは生きていくのに必要なエネルギーを食事から得ています．文化の違いによって食事の回数や時間，内容に差はありますが，1日に数回の食事で私たちは活動を続けることができます．車であれば，タンクにガソリンが残っていれば走り続けることができますし，なくなればとたんに走らなくなります．私たちの体はガソリンタンクのような貯蔵設備をもっていませんが，極端な場合，数日間何も食べなくても死ぬことはありません．私たちの体にもエネルギーを貯蔵する能力・システムが備わっているのです．この章では，私たちの体がどのようにしてエネルギーを獲得，流通，貯蔵，利用しているかを概観します．私たちが食べ物から摂取する栄養は体内で消化され，エネルギーに変換されます．エネルギーが余剰になればかたちを変えて貯蔵されます．その背景には実はとても緻密なメカニズムが複雑に絡み合って機能しているのです．

Keyword エネルギーとは／食べ物からエネルギーを取り出すしくみ／エネルギー通貨のATP／体内でのエネルギーの使われ方

1. 3度の食事とエネルギー

> 1 cal（カロリー）= ～4.2 J（ジュール）

→ 1 gの水の温度を1℃上昇させるのに必要な熱量

図1-1 カロリー（熱量）とは

❶カロリー（cal）というエネルギーの単位をジュール（J）に統一しようとする動きがありますが、食品栄養学の分野ではまだまだカロリーが主流です。

最近、「メタボ」、「ダイエット」などの健康を意識した言葉が氾濫し、食事から摂取するカロリーに注意を払っている人も少なくありません。また、スーパーで売っている食品のほとんどには、栄養成分表示の他に「エネルギー（熱量）」という項目が記載されていて、1個あたり、もしくは100 mLあたりという単位でXX kcalという表示がされています（**図序-1**）。成人男性の場合、1日2,500 kcal、女性の場合、2,000 kcalと、1日の目安まで設定されていて、それより多くのエネルギーを摂取すると、メタボや肥満の原因となります（コラム参照）。

私たちは食べ物を体内で消化し、そのなかからエネルギーを取り出すことで活動の源にしています。カロリー（cal）はエネルギーの単位です。1 calは1 gの水の温度を1℃上げるのに必要な熱量です（**図1-1**）❶。食パン1枚は約160 kcalですので、160 Lの水の温度を1℃上昇させることができますし、10 Lの水であれば16℃

Column

基礎代謝とダイエット

ヒトのからだのエネルギー収支を考えてみましょう。収入は三大栄養素から異化によって取り出すエネルギーです。他の収入源はありません。余ったエネルギーは体内に貯蔵されていますが、それらも元をたどればすべて口から摂取した食べ物です。

一方、支出は基礎代謝、運動代謝、食事代謝に大きく分類されます。

基礎代謝は細胞が恒常性を維持しながら生きていくのに必要な最低限のエネルギー消費です。アミノ酸からタンパク質を合成したり、脂肪酸とグリセリンから脂質を合成したりする同化に必要なエネルギーや、細胞内のイオン濃度を維持するため、また心臓の拍動に必要な筋肉を動かすために必要な最低限のエネルギーです。これらのエネルギーは、ヒトが活動していなくても消費しているエネルギーであり、支出全体の6割にのぼります。成人男性で1,500 kcal、成人女性で1,300 kcal程度です。

次に大きな支出は運動代謝です。これは私たちが体を動かすときに消費されるエネルギーです。椅子に座ってパソコンをしていても筋肉は動いていますので、わずかながら運動代謝があります。テニスや水泳などのスポーツをすればそれだけ運動代謝量は増加します。

最後の代謝は食事代謝とよばれるもので、食事をしたときに、胃や腸などの内臓を動かすのに必要なエネルギーです。食事をしなければほとんど消費しませんが、一般的に1日3度の食事をした場合、約200 kcal程度の消費があります。収入と支出のバランスが釣り合っていると、体重は変化しませんが、収入の方が支出を上回ると、体重増加になりますし、支出が収入を上回ると体重減少になります。

ダイエットをするのであれば、方法は簡単。摂取するエネルギーを減らすこと、基礎代謝を上げること、運動代謝を増やすことです。

上昇させることができます．ハンバーガーとフライドポテトを食べた場合，約800 kcalですので，10 Lの水の温度を80℃も上昇させるだけのエネルギーをもっていることになります．

しかし，食パンを水に入れても水は温かくなりません．ハンバーガーを10 Lの水に入れるだけで80℃も温度が上昇することもありません．このように，食べ物のもつエネルギーは，そのままでは取り出すことができません．炭水化物は空気中で燃焼します．酸素と結びついて二酸化炭素と水になりますが，このとき，エネルギーは熱として放出されてしまうので，私たちの体が利用するのは非常に困難です．私たちの体は，食べ物が内部に秘めているエネルギーを効率よく取り出し，形を変え，ときに貯蔵しながら，必要な場所に必要な量のエネルギーを供給できるメカニズムをもっています．

・私たちの体は食べ物に含まれる栄養をエネルギーに変換する
・エネルギーの単位はカロリー（cal）
・1 cal のエネルギーは，1 gの水を1℃上昇させる

2. 栄養素の種類とその運命

A. 体内に取り込まれた食べ物は胃や腸で分解される

❶私たちの体は取り込んだ栄養素（大きな分子）を細かくする（異化）ことでエネルギーを取り出し，エネルギーが過剰になるとそれを使って大きな分子をつくり出し（同化），貯蔵するのです．

食べ物がもつエネルギーは，それが動物の体内で消化されてはじめて取り出すことができます．食べ物を分解してそれらに含まれるエネルギーを取り出す過程を異化といいます（図1-2）．反対に，一度分解して細かくした物質をつなげて大きな分子にすることを同化とよびます（図序-4）❶．このように，栄養素を異化したり，同化したりする反応をすべてまとめて，代謝とよびます．

私たちは食べ物から実に多種多様な栄養を摂取しています．私たちが食べ物から摂取する栄養素で特に大切なものは，炭水化物，タンパク質，脂質，ビタミン，ミネラルです．このなかで，エネルギーをつくり出す原料となるものは，三大栄養素である炭水化物（糖質），タンパク質，脂質の3種類です．ビタミンとミネラルは，エネルギーの源ではなく，主に体の調子を整えるために必要な栄養素に分類されます（第6章参照）．

❷消化器官の内部は解剖学的には「体内」ではなく，「体外」です．口から肛門までの消化器官内は外気とつながっているので，体外と考えられます．腸壁から細胞内部に取り込まれてはじめて「体内」になります．

食べ物が体内❷で消化されてエネルギーに変換される様子をみてみましょう（図1-2）．各反応の詳細は第2～6章で詳しく勉強しますので，ここでは概要を理解するだけでかまいません．

18　大学で学ぶ 身近な生物学

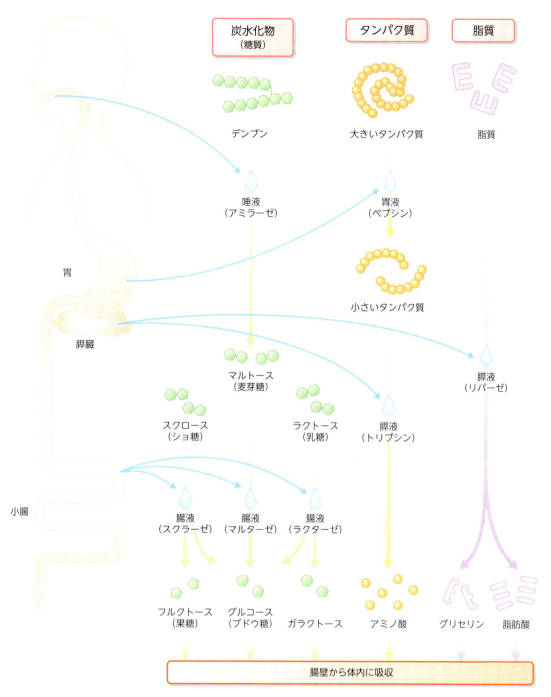

図 1-2 食べ物がたどる運命

(1) 炭水化物

　ご飯やパン，パスタなどの炭水化物を口に入れて嚙んでいると，唾液が出てきます．この唾液の中にはデンプンを分解するはたらきをもつ**アミラーゼ**とよばれる消化酵素が含まれています．これによってデンプンはマルトース

（麦芽糖）に分解されます．マルトースはグルコース（ブドウ糖）が2個つながった構造をしており，いわゆる二糖類とよばれます（詳しい構造式は第2章参照）．デンプン以外の糖質もさまざまな分解酵素により分解されます．もちろん，口の中ですべての糖質が二糖類まで消化されるわけではなく，胃や腸に送り込まれた後も，時間をかけて消化が進みます．小腸では，アミラーゼ以外に，マルターゼ，スクラーゼ，ラクターゼなどの酵素が二糖類を単糖類まで分解し，グルコースやフルクトース（果糖），ラクトース（乳糖）などが生成します．このようにして，炭水化物は最終的に単糖類まで分解されて，ようやく腸壁から細胞内へと取り込まれます．

（2）タンパク質

炭水化物と異なり，タンパク質の分解は胃ではじまります．口内での咀嚼により断片化されたタンパク質は，胃の中で　　　　　とよばれる酵素により小さいタンパク質に分解されます．さらに膵臓の膵液に含まれる　　　　　とよばれる分解酵素により最終的にアミノ酸まで分解され，小腸から吸収されます．

（3）脂質

脂質は　　　　　により　　　　　と　　　　　に分解され，胃壁や腸管から吸収されます．リパーゼは唾液にも含まれていますが，膵液に大量に含まれていて，小腸で完全に脂肪酸とグリセリンまで分解されてから吸収されます．

B. 分解された栄養素は腸から吸収されて細胞へ

腸管から細胞内に吸収された単糖類やアミノ酸，脂肪酸は，血流に乗って全身の細胞や特に肝臓に送られ，そこでようやくエネルギーに変換されます（図1-3）．グルコースなどの単糖類は細胞内の　　　　　によってピルビン酸を経てアセチルCoAに代謝されます（第3章）．タンパク質が消化されてできたアミノ酸も，ピルビン酸やアセチルCoAへと代謝されます．脂質が分解されてできた脂肪酸とグリセリンのうち，グリセリンはピルビン酸へ，脂肪酸は　　　　　というプロセスを経てアセチルCoAへと代謝されます（第5章）．つまり，炭水化物，タンパク質，脂質は，すべてピルビン酸やアセチルCoAへと代謝されていくことになります．アセチルCoAは，これら3種の食物の代謝経路が交わる場所にあるとても大切な物質です．このアセチルCoAにより，3つの異なる栄養素の代謝経路はつながっているのです．ですから，炭水化物を摂りすぎると体脂肪が増えるということが起こりうるのです（第5章）．

アセチルCoAは次にTCA回路に進みます．ここで繰り返し酸化反応を受

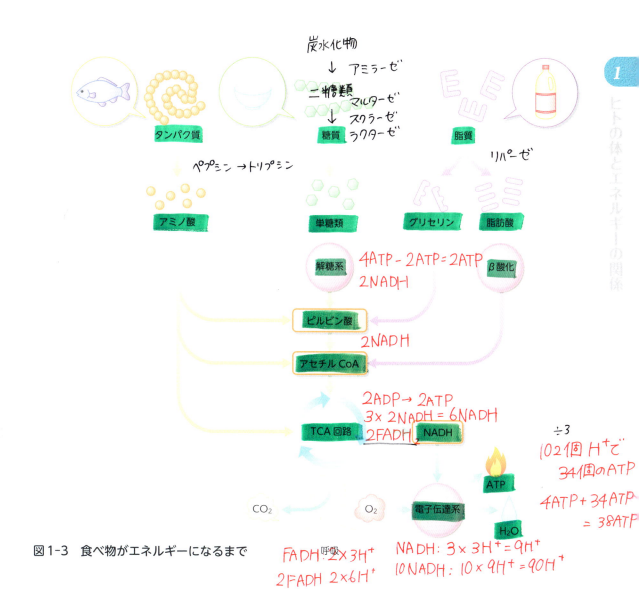

図1-3 食べ物がエネルギーになるまで

け，代わりに多くの二酸化炭素と電子を生成します．この二酸化炭素は呼気によって体外に排出されます．一方，細胞内で電子はそのままでは存在しにくいので，NADHという物質に蓄えられて存在します．こうして蓄えられた大量の電子は電子伝達系（第3章）に入り，最終的に酸素に電子を与えることで水になります．このときの還元力を使ってATP（アデノシン三リン酸）とよばれる物質が合成されます（第3章）．ATPは❸で詳しく述べるように，高いエネルギーを内部にもつ物質で，体内におけるエネルギーの通貨として使われます．

・食べ物は胃や腸で分解されて，腸で吸収
・異化と同化をまとめて代謝とよぶ
・取り込まれた栄養素はさらに分解されてアセチルCoAに
・アセチルCoAは最終的にATPへ

3. ATPは体内のエネルギー通貨

A. 3つのリン酸がエネルギーを蓄える

代謝された栄養素は，最終的にATPに変換されます．ATPは体内でのエネルギーの通貨です．ATPのフルネームはアデノシン三リン酸（adenosine tri-phosphate）です．図1-4に示すように，ATPは3つの部品からできています．アデニンとよばれる塩基，リボースとよばれる糖，そしてリン酸です[1]．ATPはなぜエネルギーを蓄えることができるのでしょうか．

ATPにはリン酸が3つ並んで結合しています．リン酸（H_3PO_4）は，リン原子がもつ5本の腕に4つの酸素が結合しています（4つのうち1つは二重結合）．リン酸は水中で電離してPO_4^{3-}の状態で存在し，3つの負電荷をもちます．リン酸同士が結合（エステル結合）すると，この電子が結合に使われますが，1つの負電荷は残ります．よって，アデニンに3つのリン酸が結合したATPにおける電荷の総数は－4になります．これらの負電荷は分子内で非常に接近しており，お互いに反発し合います．この電気的な反発のため，3つのリン酸基はエネルギー的に非常に高い状態にあるといえます．これが切れてリン酸基が遊離すると，貯まっていたエネルギーが放出されて，より安定な状態に移行します．生体内の酵素は，このときのエネルギーをうまく取り出す能力をもっているのです．

[1] アデニンにリーボスが結合したものをアデノシンとよびます．アデノシンにリン酸が3つ結合しているので，アデノシン三リン酸とよばれます．

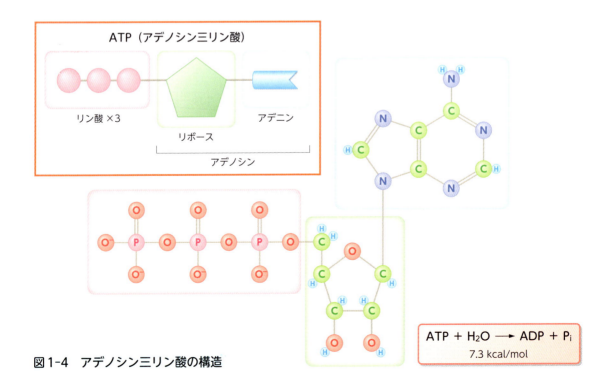

図1-4 アデノシン三リン酸の構造

❷リン酸エステルの加水分解により、リン酸基が1つ切り離されます。

❸ATPのTは「3」を意味する接頭語「tri」、ADPのDは「2」を意味する「di」の頭文字です。AMPのMは「1」を意味する「mono」。

ATP中の3つのリン酸のうち、リボースから1番遠いリン酸基が遊離すると❷、ADP（アデノシン二リン酸）が生じます（図1-5）❸。ATPがADPとリン酸に分解されるときに放出されるエネルギーは1 molあたり7.3 kcalです。ADPもリン酸基を2つもっているので、まだ多くのエネルギーを蓄えています。ADPが加水分解されて、AMP（アデノシン一リン酸）に変換されるときに取り出せるエネルギーは1 molあたり7.1 kcalと、ATPの場合とほぼ同じです。

ATP以外にも、体内には重要なエネルギー通貨分子があります。GTP（グアノシン三リン酸）はATPと似た構造で、アデニンの代わりにグアニンがリボースに結合しています（図1-5）。ATPと同様、3つのリン酸基をもっているので、これが加水分解されてGDPになるときに約7.3 kcalのエネルギーを取り出すことができます。クレアチンリン酸（図1-5）はリン酸基を1つしかもっていませんが、ATPよりも大きなエネルギー（10.2 kcal）を取り出すことができ、筋肉などでADPからATPの再生に利用されます。

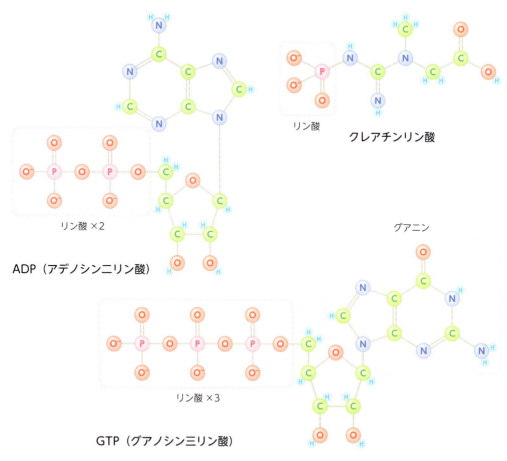

図1-5　ATP以外のエネルギー通貨

B. 糖の分解で取り出せるエネルギー

1分子のグルコース（$C_6H_{12}O_6$）が解糖系，TCA回路，電子伝達系を経てATPになるときの反応式は以下の通りです．

$$C_6H_{12}O_6 + 6O_2 + 38ADP + 38P_i \longrightarrow 6CO_2 + 6H_2O + 38ATP$$

グルコース1分子から水と二酸化炭素，そして38分子のATPが合成されます．細かい内訳をみると，解糖系で2個，TCA回路で2個，電子伝達系で34個分のATPが合成されていることになり，電子伝達系でほとんどのATPが合成されていることがわかります（詳しくは第3章で学びます）．

電子伝達系での大量のATP合成には酸素が重要な役割を果たしています．私たちは呼吸をすることにより酸素を体内に取り込みます．実は，この酸素は細胞内でATPを合成するのに使われているのです．酸素が欠乏すると電子伝達系が進行しないので，TCA回路の進行も滞ります．このような状況下では，細胞は解糖系を利用しながら，わずかなATPで生きていかねばなりません．強い運動をしている筋肉や嫌気性細菌では，解糖系で得られたピルビン酸を使ってATPをつくり出しています（コラム参照）．このように，ATPの合成と酸素の供給とは密接に関連しているのです．

- ・ATPの3つのリン酸がエネルギーを蓄えている
- ・ATP以外にもエネルギーの通貨は存在する
- ・1分子のグルコースの代謝により，38分子のATPが合成される
- ・ATPの大量合成には酸素が必要

Column

無酸素運動

激しい運動を行うと，筋肉では大量のATPが消費されます．これに対して，筋肉ではすぐにATPを補う化学反応が進行します．数秒～数十秒の間には，筋肉に蓄えられたクレアチンリン酸がADPからATPをつくり出します．また，筋肉に蓄えられたグルコースやグリコーゲンが解糖系で分解されてピルビン酸へと変換され，この過程でATPが合成されます．急激な運動では，酸素の供給量が間に合わないため，TCA回路や電子伝達系はあまり進行しません．よって，筋肉ではピルビン酸が蓄積していき，解糖系が思うように進行しないという問題が生じます．そこで筋肉では，ピルビン酸脱水素酵素がピルビン酸を乳酸へと変換し，そのときに合成するNAD^+を利用して，さらに解糖系を進行させています（第3章）．

この乳酸は筋肉疲労の原因物質の1つと考えられています．筋肉が「だるい」のは，この乳酸が筋肉に蓄積するからです．乳酸は時間をかけてゆっくりと分解されるため，筋肉疲労が解消されるのに，1日以上の時間が必要なときがあります．

4. エネルギーの使い道

これまで,私たちが食べた食事がどのようにエネルギーに変換されるかをみてきました.ここからは,逆にエネルギーの使い道についてみていきましょう.私たちが生きていくためには,細胞はさまざまな仕事をせねばなりません.細胞はATPのエネルギーを使うことによってさまざまな仕事を行い,恒常性を維持しています.ATPの消費量で特に大きいのが,「筋肉などの機械的な仕事」「物質の輸送」「化学反応の触媒」の3つです(図1-6).

A. ATPを消費して筋肉を動かす

私たちが体を動かすとき,さまざまな筋肉が収縮と弛緩を繰り返しています.このように筋肉が運動をするとき,筋細胞内のATPが消費されています.筋肉の繊維はアクチンとミオシンとよばれるタンパク質からできていますが,それらが動くのに大量のATPを消費しています.体を動かすための筋肉を骨格筋とよぶのに対して,心臓などの臓器を動かすための筋肉は平滑筋

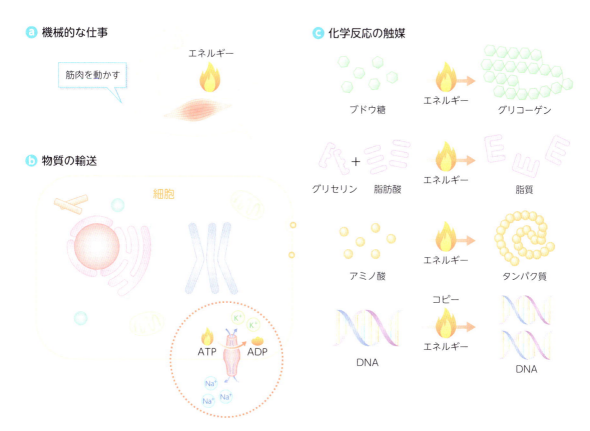

図1-6 体内でのエネルギーの使われ方

とよばれます．平滑筋は，私たちの意思とは無関係に運動し続けていますが，骨格筋と同様にATPを使って収縮しています．

B. ATPを使って物質を輸送する

エネルギーを使う仕事の2番目は細胞内部の物質輸送です．細胞内部は細胞膜によって外と隔てられていますし，細胞内部でも，ミトコンドリアや核などの細胞内小器官は膜によって囲まれています．これらの膜は脂質でできているので，細胞質などの水に溶けている物質は膜を通り抜けることができません．細胞膜にはこれらの物質を選択的に輸送するためのタンパク質（酵素）が存在します．濃度勾配に従って受動輸送する「チャネル」や，物質の濃度勾配に逆らって物質を能動輸送するポンプとよばれるものがあります（第10章）．

能動輸送にはエネルギーが必要です．ポンプはATPのエネルギーを使ってイオンや糖などの物質を能動輸送することができます．このはたらきにより，細胞内部と外部とは，全く異なる組成をしています．イオンの濃度勾配は神経系における信号伝達に必要不可欠な要素です（第11章参照）．

C. エネルギーを使ってエネルギーを貯蔵する

エネルギーを使う最後の仕事は，生体分子の同化です．同化は異化の反対のプロセスであることは先に説明しました．同化にはATPやGTPのエネルギーが必要です．糖分を摂りすぎて血糖値が上昇すると，体は余剰なグルコースをグリコーゲンに変換して貯蔵します．この過程にはエネルギーが必要です．脂肪酸とグリセリンから脂質を合成したり，アミノ酸からタンパク質を合成するときにもエネルギーが必要です．このようにして炭水化物やタンパク質などの高分子は，異化と同化を繰り返しています．

余剰エネルギーはグリコーゲンや脂質という形態で体内に貯蔵されます．そして，必要なときにそれらを分解してATPを合成します．同化のプロセスは，エネルギーを貯蔵し，必要なときにそれを供給するのになくてはならないプロセスです．

細胞内部に備蓄できるATP量には限界があります．しかし，例えば筋肉が最大出力で仕事をすると，筋細胞内のATPは10秒程度で底をついてしまいます．これでは，人間は持続的に動き続けることが困難です．私たちの体には，エネルギー供給のバックアップシステムが何重にも備えられていて，ATPが枯渇したときに素早く再供給することができます．このシステムで特に重要な役割を果たしているのがピルビン酸，グリコーゲン，グルコー

ス，脂質です．詳しくは第3章と第5章で解説しますが，私たちの体はわざわざエネルギーを使ってそのバックアップシステムを常にREADY状態にキープしているのです．

——エネルギーと生命活動

これまでみてきたように，私たちの体は食べ物から必要な栄養素の大部分を摂取しています．特に，エネルギーの源である炭水化物や脂質は体内で代謝され，ATPという通貨にかたちを変えて，生命の維持に必要なさまざまな反応に使用されています．

私たちが生きていくためには，食べ続けなければなりません．しかし，実際のところ，私たちは1日に3度しか食事をしません．1日のうち，実際に食べている時間は1，2時間程度です．なぜ1日に「3度の食事」をするのかという問いに対する答えは，もちろん文化的な背景もありますが，生物学的には，「私たちはエネルギーを体内に備蓄」できるからなのです．それには，異化と同化の精巧な制御が行われています．炭水化物を燃焼させると，そのエネルギーは一瞬で熱として放出されてしまって，効率よく備蓄することはできません．生体は，代謝という巧妙なシステムをつくり上げることによって，エネルギーをコントロールする技を獲得したといっても過言ではないでしょう．

・体内でのATPの使われ方は大きく3種類ある
・体はエネルギー消費と貯蔵のマネージメントを行っている

章 末 問 題

❶ 口から摂取したデンプンが腸から吸収されるまでの過程を説明せよ（❷参照）．

❷ ATPがエネルギーを蓄えているしくみを説明せよ（❸参照）．

❸ 体内でのエネルギーの使われ方について説明せよ（❹参照）．

第Ⅰ部　生きているとはどういうことか　**27**

第I部　生きているとはどういうことか

糖の種類と性質

2章

ー甘いのに太らない？ 人工甘味料と砂糖の違い

　あなたはご飯を買うためにコンビニにきています．パン，おにぎり，パスタ，スープ，サラダ，どれも美味しそうですね．食後のデザートにプリンやヨーグルトもいいですね．でも，カロリーが気になります．そんなみなさんの悩みを解決してくれるのが「カロリーオフ」や「カロリーゼロ」食品です．成分表示をみると，他の食品に比べて確かにカロリーが低い値になっています．しかし，ふつうの商品と同じように甘くて美味しいではありませんか！ いわゆる「スイーツ」だけではなく，炭酸飲料，ビールといった，私たちの身近な食品にまで「カロリーオフ」は広がっています．これらカロリーオフ食品には人工甘味料が使われています．では，なぜ人工甘味料はちゃんと「甘い」のに「太らない」のでしょうか．これには，まず，糖とは何か，そしてそれらがどのように体の中で代謝されているかを理解する必要があります．この章では糖の種類と性質について学びましょう．

28　大学で学ぶ 身近な生物学

Keyword ▶ 糖の種類と性質 / 単糖類と多糖類

1. 身近な糖分，糖質，炭水化物

A. 炭水化物は糖質と食物繊維

糖が，体を動かしたり，恒常性を維持したりするためのエネルギー源であることは第1章で学びました．糖と聞くと，みなさんが真っ先に思い浮かべるのは，甘いお菓子やジュースなどではないでしょうか．お菓子の甘さの原因はスクロース（ショ糖）とよばれる糖で，いわゆる砂糖の主成分です．仕事や運動をし続けて体が疲れてくると，甘いものが食べたくなりますね．これは，体がエネルギーを欲しているからです．

しかし，みなさんの身の回りには砂糖以外にも多くの糖があふれています．例えば，米や小麦に代表される穀物は，糖を大量に含んでいるので，ご飯やパンをはじめとして，パスタ，うどんなどの麺類も体のエネルギー源として毎日摂取せねばなりません．また，イモ類に含まれるデンプンも糖です．

食品栄養学的には，炭水化物には糖質と食物繊維が含まれます（**図2-1 ⓐ**）．糖質には，この章でこれから学ぶグルコースやデンプンなどの糖類が含まれます．一方，食物繊維も同じ糖からできていますが，こちらは消化されないため，栄養やエネルギーにはなりません．なぜ同じ糖からできているのに栄養になったりならなかったりするのかは，後ほど学びます．白米や小麦粉には糖質としてデンプンが含まれていますが，消化されない食物繊維もわずかですが含まれていて（**図2-1 ⓑ**），この両者を足して炭水化物とよんでいます．

❶炭水化物の含有量は小麦粉（薄力粉）75％，米78％，ご飯40％，食パン45％，じゃがいも18％．

ⓐ

炭水化物

糖質	食物繊維
単糖類（それ以上分解されない糖） グルコース，フルクトースなど 二糖類（単糖類が2つくっついたもの） スクロース，マルトースなど その他 デンプンなど	食べ物に含まれる難消化性成分 （ヒトの酵素で消化されない）

ⓑ

	糖質		食物繊維		炭水化物
白米	37 g	+	0.3 g	=	37.3 g
玄米	36 g	+	1.5 g	=	37.5 g
小麦粉	73.4 g	+	2.5 g	=	75.9 g
大豆全粒粉	11 g	+	14.4 g	=	25.4 g

（食品100 gあたり）

図2-1　炭水化物と糖

B. 糖は必ずしも甘くない

砂糖を舐めると甘いと感じます．しかし，小麦粉を舐めても甘いとは感じませんし，米をボリボリかじってみても甘さは感じません．なので，ご飯やパンの主成分が糖だといわれてもピンとこないですよね．ご飯やパンだって，立派な糖分ですので，摂取しすぎると太ります．

実は，食品の甘さと糖質量（つまりエネルギー量）とは必ずしも比例関係にありません[3]．例えば，生のサツマイモは全然甘くないのに，煮たり蒸したりして加熱するととたんに甘くなります．イモに火を通しただけですから，糖の総量に変化はありませんが，味覚には大きな変化が生じます（コラム参照）．これは，生のサツマイモの主成分であるデンプンが加熱によりマルトースに変化したからです（マルトースは水飴の主成分です）．ヒトの味覚は，デンプンを甘いと感じませんが，マルトースは甘いと感じるのです．

このように，自然界にはさまざまな糖がありますが，このなかで私たちがエネルギーとして利用できる糖は限られています．同様に，私たちが「甘い」と感じる糖もかなり限られています．この両者は部分的に重なっていますが，そうでないものが大部分です．このずれこそが，「甘いのに太らない」もしくは逆に，「甘くないのに太る」原因となっているのです．**②**では，まずさまざまな「糖」がどのような構造と性質をもっているのかを学びましょう．

② スクロースの甘さを100としたときの他の糖の甘味度：

グルコース	65〜75
マルトース	30
フルクトース	120〜170
ガラクトース	21〜32
ラクトース	16〜32

- 糖は，米，小麦粉，砂糖などの食品に含まれる
- 糖にはスクロースのような甘い糖とデンプンのような甘くない糖がある
- 糖質量（エネルギー量）と甘さとは関係ない

Column

焼きイモの甘さのひみつ

みなさんは焼きイモや蒸かしたイモが好きですか？ 女性であれば，好きな人も多いのではないでしょうか．あのホクホクとした食感と甘い味はなんともいえない満足感が得られます．しかし，生のイモを食べたことはあるでしょうか．生のイモは，甘さとはほど遠い，苦くてあまりおいしいものではありません．なぜ，サツマイモは焼いたり蒸かしたりすると甘くなるのでしょうか．

イモには大量の糖分が含まれていますが（全体の約4割），生の状態ですと，そのほとんどはデンプンです．デンプンにはほとんど甘味がありません．片栗粉を舐めてみてください．苦いことはあっても，甘さはほとんど感じられないでしょう．イモを加熱すると，このデンプンが分解されてマルトースへとかわります．これを触媒するのがサツマイモ自身に含まれる β–アミラーゼという酵素です．この酵素は約70℃で最も活性が高くなるので，イモに熱を加えると，この酵素のはたらきによりデンプンがマルトースへと分解されて甘さが増すのです．おいしい焼きイモをつくる秘訣は，70℃前後の温度を長く保つことです．それよりも低いとアミラーゼがはたらきにくく，甘くなりませんし，それよりも高いと酵素が壊れて（変性）しまって，これまた甘味が増しません．イモを加熱する機会があれば，ぜひ温度に注意してみてください．

2. 糖の種類，構造と性質

A. 糖は炭素，水素，酸素のみからできている

炭水化物とは，「炭素に水が結合した物質」という意味です．化学式で書くと $(CH_2O)_n$ なので，炭素（C）1つに水（H_2O）1つが結合していることになります．私たちの身近に存在する糖は，nが4～7の間で，特に重要な糖は炭素が5個（ペントース）と6個（ヘキソース）のものです．糖の構造を理解するうえで1番大切なのは，炭素数3のグリセルアルデヒドです（図2-2）．グリセルアルデヒドは，3つの炭素のうち，1つがアルデヒド基（-CHO）で，残り2つの炭素には水酸基（-OH）が1つずつ結合しています．真ん中の炭素に注目すると，4本の腕すべてに異なる官能基が結合しています．このような炭素は不斉炭素とよばれます．そのため，グリセルアル

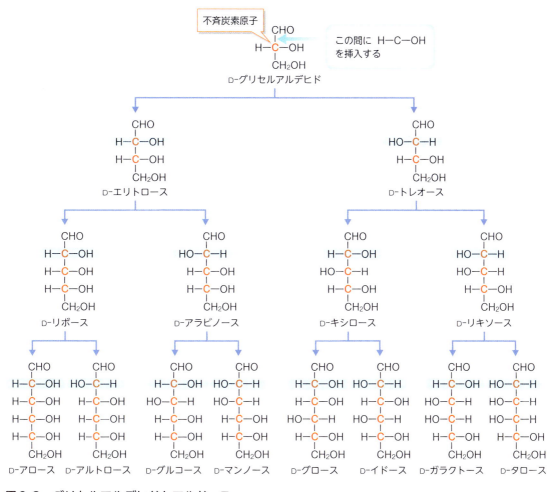

図2-2　グリセルアルデヒドとアルドース

デヒドには1組（2つ）の光学異性体❶が存在することになります．自然界に存在する糖はすべてD体です．

B. 糖には数多くの光学異性体と構造異性体がある

炭素数が4以上の糖に関しては，グリセルアルデヒドのアルデヒド基と不斉炭素間にH-C-OH基を1つずつ挿入していくことで理解できます（**図2-2**）．このとき注意しなくてはならないのは，挿入によって不斉炭素が増えるということです．新しく挿入したH-C-OHの炭素は必ず不斉炭素になるので，2つの光学異性体が増えることになります．同様にしてH-C-OHを挿入していくと，そのつど光学異性体が2つずつ増えるので，ペントース（炭素数5）の異性体の数は8つ，ヘキソース（炭素数6）の場合は16になります．D-グルコースは，この16の異性体のうちの1つです❷．

糖の末端のアルデヒド基は異性化反応によりケトン基へと変化することがあります（**図2-3 ⓐ**）．このように2番目の炭素がケトン基になっている糖をケトースとよび，アルデヒド基をもつアルドースと区別されます．ケトースは不斉炭素の数がアルドースと異なり，炭素数5では4つ，炭素数6では8つの光学異性体が存在します．フルクトースは炭素数6のケトースであり，グルコースとはちょうど異性体の関係にあります．

また糖は，アルデヒドやケトンが5番目の炭素と結合して環を形成する場合があります（**図2-3 ⓑ**）．同じヘキソースでも，アルドースが環状になると六角形の構造（ピラノース）になり，ケトースが環状になると五角形（フラノース）になります❸．環状化に伴い，ピラノースの場合は1位の炭素が新たに不斉炭素となります．この光学異性体はD，Lで区別するのではなく，α，βで区別します❹．

- グリセルアルデヒドが糖の基本型
- 糖には光学異性体が存在する
- 糖には直鎖状と環状の2通りある

❶不斉炭素原子を1つもつグリセルアルデヒドには，D-とL-の2種類の光学異性体が存在し，それぞれ反対の旋光性を示します（D-グリセルアルデヒドが右旋性，L-グリセルアルデヒドが左旋性）．光学異性体の覚え方はいろいろありますが，不斉炭素原子を中心としてアルデヒド基（-CHO）を上向きに，ヒドロキシメチル基（-CH₂OH）を下向きに書いたとき，OHが右側にくるのがD体，左にくるのがL体です．ただし，D，Lの区別と旋光性の向きとは物質により異なるので注意が必要です．

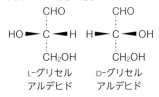

❷複数の不斉炭素原子をもつ糖の光学異性体（DかLか）を決めるのは，アルデヒド基から1番遠い不斉炭素原子と決められています．

❸環状であることを強調するために，例えばグルコースをあえて，D-グルコピラノース，とよぶことがあります．

❹1位の炭素からでている水酸基が，6位の炭素と反対側にでている場合をα，同じ側の場合とβとします．αとβの違いによる異性体を特にアノマーとよびます．

3. エネルギーになる単糖類

A. 単糖類の種類と構造

グリセルアルデヒドを基準にした糖を含め，天然には200種類以上の単糖類がみつかっています．それらのなかで特に私たちの身近にあるのが，グルコース，フルクトース，ガラクトースです（**図2-4**）．グルコースはケーキ

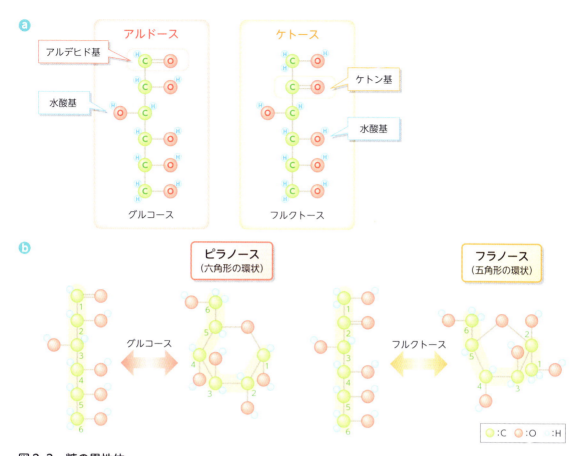

図 2-3 糖の異性体
アルドースとケトースの間の異性化反応は塩基を触媒として進行するか，特定の酵素（イソメラーゼ）により触媒されて進行します．

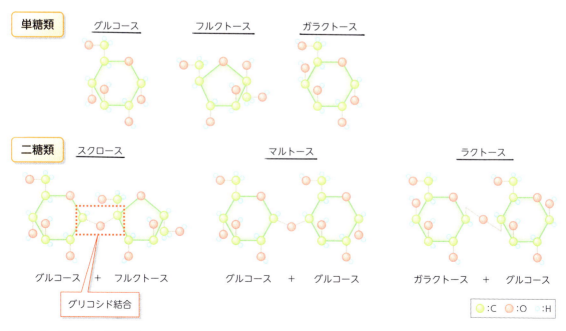

図 2-4 単糖類と二糖類

の上にかかっている白い粉でおなじみです．スクロースほど甘くなく，どこかまろやかな甘みがありますね．このグルコースは，「エネルギーになる糖」のなかでも最も重要な糖です．糖が代謝されてエネルギーに変わる過程で，もっとも重要な物質であるといえます（第3章）．また，私たちが「血糖値」として計測している糖はこのグルコースです．エネルギーが十分に満たされているときは，グルコースはグリコーゲンに形を変えて，体内のさまざまな場所（肝臓，筋肉など）に貯蔵されます（この詳細は，第3章発展学習参照）．このように，グルコースは，体内における糖の共通通貨単位であるといえます．

フルクトースは「果糖」とよばれるくらいで，果物に多く含まれています．果物が甘いのはこのフルクトースのおかげです．干し柿の表面に出ている白い粉がフルクトースです．意外かもしれませんが，天然糖のなかで1番「甘い」のがフルクトースです（❶の解説❷参照）．フルクトースはそのままでは代謝されてエネルギーに変えることはできません．まずは，グルコースに変換されて代謝経路に送られます．ここでも，グルコースの共通通貨単位としてのはたらきが目立ちます．

ガラクトースは，母乳や牛乳などの動物の乳に大量に含まれます．牛乳のほのかな甘みはこのガラクトースによるものです．甘さはスクロースの3分の1程度．ガラクトースも，フルクトースと同様，そのままでは利用できません．肝臓でグルコースに変換されてからエネルギーに変換されます．ただし，ヒトの腸内細菌の栄養素として使われて，別の物質に変換されることもあります．

・グルコースは糖代謝で最も重要な糖
・グルコース，フルクトース，ガラクトースは私たちの身近な単糖類

4. 二糖類の種類と生成・分解

A. 単糖類はグリコシド結合でつながれて二糖類になる

私たちが食品として摂取する糖の大部分は単糖類が2つ以上つながった，二糖類もしくは多糖類です．単糖類として食品から摂取する量よりも，多糖類として摂取している量の方が圧倒的に多いのです．二糖類は，2つの単糖類の水酸基同士が脱水縮合してグリコシド結合を形成してつながったものです（図2-4）．単糖類には水酸基がたくさんあります（ピラノース型グルコースの場合5個，図2-3 ❺），グリコシド結合を形成するのは主に1, 4, 6位の

34 大学で学ぶ 身近な生物学

炭素に結合した水酸基です．

スクロースはグルコースとフルクトースがグリコシド結合でつながれたもので，料理などに使ういわゆる砂糖の主成分です（**図2-4**）．マルトースは水飴やイモの甘さの成分で，グルコースが2つつながった二糖類です．ラクトース（ガラクトース＋グルコース）は牛乳や人間の母乳に含まれる糖で，やはりわずかな甘味があります．

B. 二糖類は胃や腸内で分解されて単糖類へ

食品に含まれる二糖類は胃や腸で分解されて，2つの単糖を生み出します．糖を分解するとは，グリコシド結合を切る（加水分解する）ことに他なりません．ヒトの小腸には，マルトースを分解するマルターゼ，スクロースを分解するスクラーゼ，ラクトースを分解するラクターゼといった酵素がそれぞれ存在し，特定の二糖類を単糖類に分解します（**図2-5**）❶．単糖類まで分解されてはじめて糖は腸壁から体内へと吸収されます．

❶デンプンは唾液に含まれるアミラーゼによって少しずつマルトースへと分解されます．小腸では，このマルトースがマルターゼによってグルコースへと分解され，小腸内壁の細胞から体内（血管）へと取り込まれます．

・二糖類は単糖類がグリコシド結合でつながったもの
・食品から摂取する糖質は単糖類よりも二糖類以上の割合が多い
・摂取した二糖類は胃や腸で特定の分解酵素により加水分解され単糖に

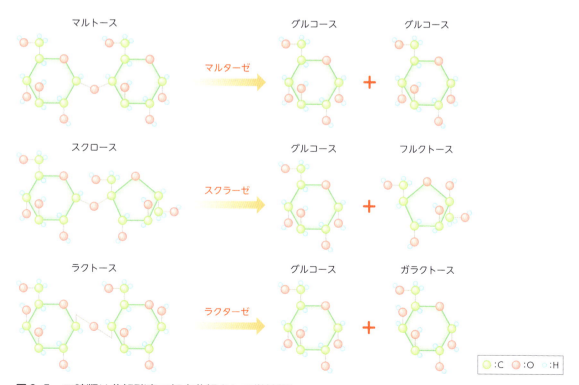

図2-5　二糖類は分解酵素で加水分解されて単糖類に

5. 多様な多糖類とその分解のしくみ

A. 多糖類は植物や動物が糖を蓄える形態

多糖類で最も身近なものといえばデンプンでしょう．米や小麦などの穀物や，イモに含まれる糖質の主成分です．片栗粉はデンプンそのものといってもよいでしょう．デンプンは，100〜1,000個のグルコースがグリコシド結合でつながったものです（図2-6）．デンプンと同じくグルコースがつながってできた多糖類にセルロースがあります．セルロースも植物がつくり出す多糖類で，細胞壁の主成分です❶．同じ炭水化物でも，デンプンは分解されてグルコースになり，エネルギーをつくり出すのに使われますが，セルロースは栄養になりません．イモや穀物からエネルギーを取り出せるのに対して，野菜はほとんどエネルギーになりません．なぜ同じグルコースがつな

❶多糖類を機能から分類すると，デンプンやグリコーゲンなどの「貯蔵多糖」，セルロースやキチンなどの「構造多糖」，ヒアルロン酸やペクチンなどの「粘性多糖」などに分けることができます．

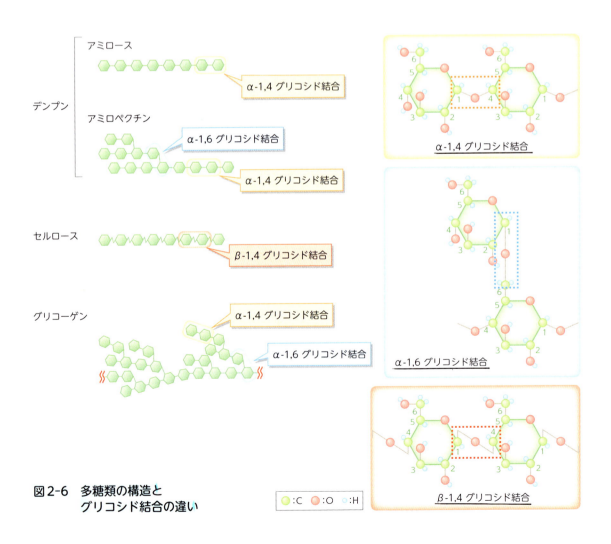

図2-6　多糖類の構造とグリコシド結合の違い

がってできているのにエネルギーになったりならなかったりするのでしょう．それは，グリコシド結合の違いが原因です．

B. 結合の種類で性質が変わる

図2-6に示すように，デンプンでは，α型グルコースの1位と4位，もしくは1位と6位の水酸基の間でグリコシド結合が形成されています（これらの結合を特にα-1,4もしくはα-1,6グリコシド結合とよびます）．α-1,4グリコシド結合は，マルトースやスクロースにもみられます．すべてのグルコースがα-1,4グリコシド結合でつながると直鎖状の分子ができあがります．これに，たまにα-1,6結合が混ざると，その部分で枝わかれした糖鎖になります．この枝わかれの多さ（頻度）により，デンプンはアミロースとアミロペクチンとに分類されます．α-1,6結合がない，もしくは少ないものをアミロース，多いものをアミロペクチンとよびます．ご飯の粘りはアミロペクチンの含有量と関係があります（コラム参照）．

一方，セルロースは，β型グルコースから構成され，これらがβ-1,4グリコシド結合でつながったもので，デンプンとは結合の様式が全く異なるのです（図2-6）．ヒトは，α-1,4やα-1,6結合を分解する酵素（アミラーゼ）をもっていますが，残念ながらβ-1,4結合を分解する酵素（セルラーゼ）をもっていません．なので，ヒトが草を食べても，セルロースはセルロースのまま分解されずに排出されてしまうのです．いわゆる植物繊維とよばれる食物群です❷．

❷草食動物は，セルラーゼを生産する細菌を腸内にもっているので，草を食べてそれを栄養源として使うことができます．もしヒトの消化管内で生きることができるセルロース生産菌を開発すれば，草も葉っぱも樹木もすべてヒトの栄養源になり，世界の食糧問題は大きく改善されることでしょう．

Column

ご飯の粘りとアミロペクチン

私たちが毎日食べている米．しかし米にもいろいろな品種があります．主にご飯として食べているうるち米，おこわや餅につかうモチ米，など，かなり食感と味覚が異なります．デンプンを水とともに加熱すると，糊化とよばれる現象により粘りが出て，より消化しやすい形にかわります．生の米は食べて美味しくないだけでなく，実はアミラーゼによって分解されにくく，栄養になりにくいのです．

本章で学んだように，デンプンはα-1,6グリコシド結合の数の違いにより，アミロースとアミロペクチンに分類されます．α-1,6結合がない，もしくは少ないものをアミロース，多いものをアミロペクチンとよびます．α-1,6が多いということは，枝わかれが多いということであり，それだけ加熱した際に粘りけが強くなります．この両者の含有量によって，米（ご飯）のモチモチ感が決まるのです．うるち米はアミロペクチンの含有量が80％程度であるのに対して，モチ米はほぼ100％がアミロペクチンです．うるち米でも品種によってアミロースとアミロペクチンの含有量比が若干異なり，これがモチモチした食感の違いになっています．

第I部　生きているとはどういうことか　**37**

C. グリコーゲンは動物が体内で合成する多糖類

デンプンによく似た多糖類に**グリコーゲン**があります（**図2-6**）．これは，数万個のグルコースがα-1,4とα-1,6グリコシド結合でつながったもので，アミロペクチンのように枝わかれを多数もっています．植物がデンプンやセルロースをつくり出すように，動物は肝臓でグルコースからグリコーゲンをつくり出すことができます．グリコーゲンは糖の貯蔵物として肝臓や筋肉に蓄えられていて，必要に応じて分解されて血中へ放出されたり，その場で代謝されてエネルギー源として利用されたりします[3]（グリコーゲンの代謝は第3章の発展学習を参照）．

[3]成人男性の場合，肝臓には約100 g，筋肉には約300 gのグリコーゲンが蓄えられていると考えられています．トレーニングを重ねたスポーツ選手だと，筋肉でのグリコーゲン貯蔵量が500 gになる人もいるそうです．

── 人工甘味料と砂糖の違い：エネルギーにならない糖

さて，これまでエネルギーになる糖を中心にみてきましたが，最後に「甘いけどエネルギーにならないもの」をみてみましょう．いわゆる食品添加物として利用されている甘味料には天然に存在する天然甘味料と，存在しない人工甘味料とがあります（**図2-7**）．どの構造式をみても，これまでみてきた「エネルギーになる糖」との違いが一目瞭然ですね．これらは，ヒトの体内で分解されることがない（もしくは，なかなか分解されにくい）ため，エネルギーになりにくい，もしくは全くなることはありません．ヒトの体は，これらの糖をグルコースに変換したり，代謝したりすることができないのです．

さらに注目すべきは，その「甘さ」です．同じ重さのスクロースに比べ，アセスルファムカリウムだと200倍，スクラロースではなんと600倍の甘さがあるのです（**図2-7**）．市販されているジュースや清涼飲料水，コーヒーや紅茶（加糖）には，ほとんどすべてといってよいほどこれらの人工甘味料が使用されています．ですので，わざわざ「カロリーオフ」や「低カロリー」と表示されていなくても，みなさんの身の回りには人工甘味料があふれているのです．人工甘味料は，単体だとスクロースとの味の違いが明確ですが，複数の甘味料をブレンドすることにより，より自然に近い「甘さ」をつくり出しています．これは企業努力です．「清涼感のある甘さ」「温かい甘さ」などなど，ニーズに応じて微妙に異なる「甘さ」があります．あなたはこれらの「甘さ」の違いを区別できるでしょうか．

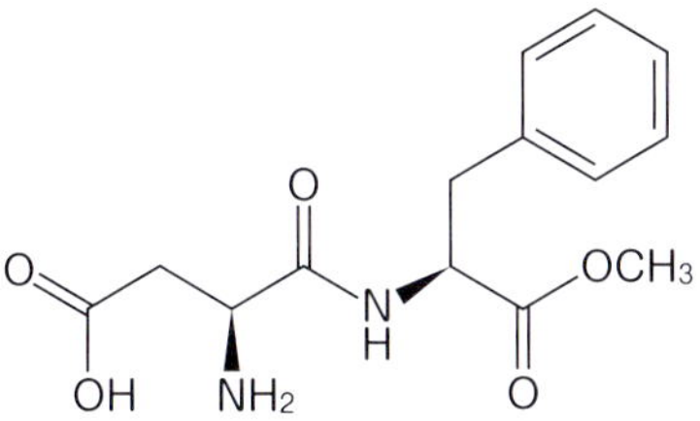

アスパルテーム
（100〜200）

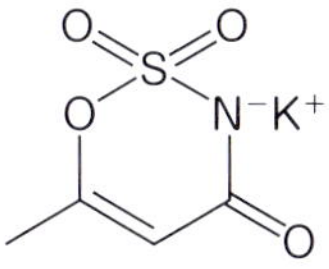

アセスルファムカリウム
（200）

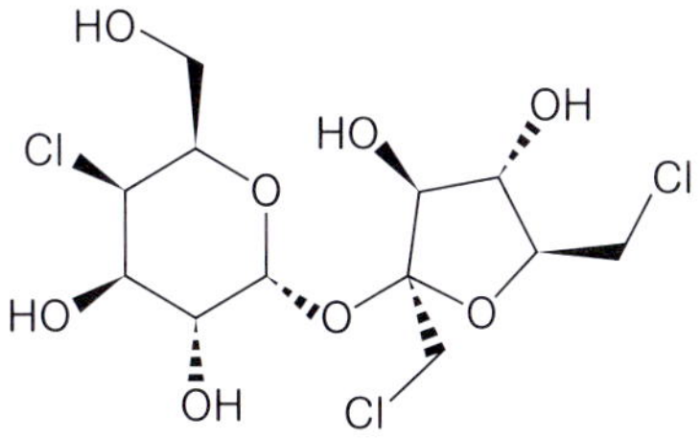

スクラロース
（600）

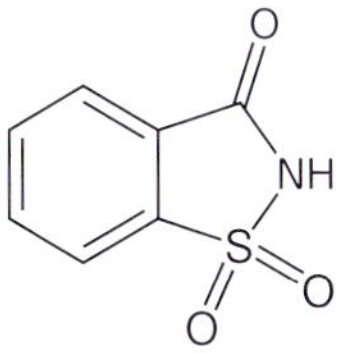

サッカリン
（200〜700）

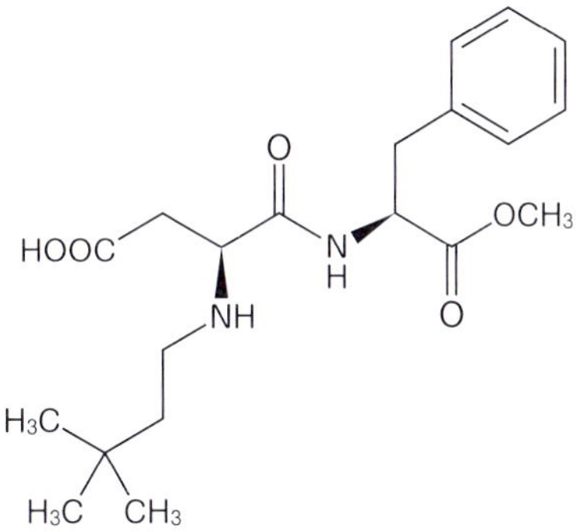

ネオテーム
（7,000〜13,000）

図2-7　エネルギーにならない甘味料
数字はスクロースを1としたときの相対的な甘味.

・動物や植物は糖質を多糖類のかたちで貯蔵している
・さまざまなグリコシド結合が多様な多糖類をつくり出している
・材料は同じでもグリコシド結合の違いで性質が異なる多糖類が生まれる
・人工甘味料はヒトの体内で分解されない（されにくい）

章 末 問 題

❶ 単糖類のグルコース，フルクトース，ガラクトースの特徴をそれぞれ簡単に説明せよ（❸参照）.

❷ 二糖類がどのように分解されるか説明せよ（❹参照）.

❸ 人工甘味料はなぜエネルギーにならないか説明せよ（❺参照）.

第Ⅰ部　生きているとはどういうことか　**39**

第I部　生きているとはどういうことか

糖からエネルギーを得るしくみ

3章

持久系と
パワー系は
これほど違う

　何らかの運動競技をしている人であれば，自分がパワー系か持久系かで悩んだことがあるかもしれません．パワー系種目は数秒程度，長くても10秒ほどで決着がつきますが，持久系種目は数時間に及ぶこともあります．パワー系と持久系とは全く異なる競技で，そのトレーニング方法も大きく異なります．筋肉を動かすのはATPのエネルギーです．筋肉を動かすという点ではどちらも同じなのに，なぜパワー系と持久系とでは全く異なるトレーニング方法が有効なのでしょうか．エネルギーを生み出す源は，糖，脂質，タンパク質の三大栄養素です．そのなかでも糖はエネルギーマネージメントの中心的役割をはたす栄養素です．人間から細菌にいたるまで，すべての細胞は糖を分解することで生きるためのエネルギーをつくり出しています．ここでは，糖がエネルギーに変換されるしくみについて詳しく学びます．

40　大学で学ぶ 身近な生物学

Keyword 糖がエネルギーに変換されるしくみ / 解糖系の反応 / TCA サイクルと電子伝達系のしくみ /
好気性代謝と嫌気性代謝

1. 運動の種類とエネルギーの消費

　　パワー系種目の場合，いわゆる筋トレは欠かせないトレーニングです．いくら技術が高くてもパワーで劣っていると，高いパフォーマンスを得ることは困難です．しかし，どのパワー系競技でも，最大パワーを出すのはせいぜい数秒間ぐらいです．10秒をこえると明らかに出力が落ちます．みなさんも，腕立て伏せするときのことを考えてください．個人差はありますが，だれでも1回は簡単にできるでしょう．しかし，10，20回となると，だんだん力がなくなってきますね．筋肉細胞内のATP（エネルギー）が枯渇して，それ以上筋繊維を動かすことができなくなったからです．しかし，30分ほど休憩すればまた元通りのパワーを出すことができます．その間に，筋肉ではATPの合成（再生）が行われています（コラム参照）．

　　一方，持久系種目はどうでしょう．例えば，マラソン選手にムキムキのマッチョはいませんね．早く走るのには筋肉が多い方がよいように思いますが，数時間というスケールになると，これは全くあてはまりません．筋肉が多いと消費するATPもそれだけ多くなり，数時間という長い期間に一定の出力をキープすることができず，すぐにエネルギー切れ（ATPの枯渇）という状況に陥ってしまいます．エネルギーが枯渇しはじめると息が上がります．長距離走をしていて息が上がってしまうと，体が動かなくなりますね．みなさんも一度は経験したことがあると思います．ごくあたり前のことですが，なぜ息が上がると体が動かなくなるのでしょう．

　　第2章で，エネルギーになる糖とならない糖があることを学びました．

Column

筋力の回復

　限界まで腕立て伏せをして，もうこれ以上は無理，というところまで頑張ったとしても，10秒ほど休憩をすれば，また何回かできるようになります．この10秒の間に，体内では何が起こっているのでしょうか．

　急激に消費されたATPを回復するために，さまざまな反応が進行します．クレアチンリン酸（**図1-5**）がADPからATPを合成し，解糖系がグルコースを分解してATPをつくります．もう少し長い時間ですと，筋肉に貯蔵されていたグリコーゲンが解糖系で分解されますし，さらに肝臓からグリコーゲンが筋肉へと運ばれます．

　持久的な運動の場合ですと，酸素の供給量に伴ってTCA回路と電子伝達系が進行し，多くのATPをつくり出します．また，30分後ぐらいからは脂肪酸の分解（第5章）が起こりはじめ，TCA回路と電子伝達系と一緒に大量のATPを供給できるようになります．このように，私たちの体には，エネルギーを供給するさまざまなシステムが何重にも張り巡らされていて，消費速度，必要量，などに応じてATP濃度を維持する方向にはたらいています．

第I部　生きているとはどういうことか　**41**

エネルギーになる糖で最も重要なのがグルコースでした．❷では，グルコースの代謝の詳細を学ぶとともに，体内でのエネルギーマネージメントに関して酸素との関連性に着目しながらさらに深く掘り進めたいと思います．

・運動の種類によってエネルギーの使われ方は異なる
・エネルギーの生産と酸素供給量とは密接な関係がある

2. 解糖系の概要

A. グルコースからピルビン酸へ

腸壁から体内に取り込まれたグルコースは，図3-1に示した経路でピルビン酸という物質に変換・分解されます．この過程を解糖系とよびます．ピルビン酸は炭素が3つの化合物です．グルコースは炭素が6つの化合物ですので，これが2分子のピルビン酸に変換されることになります．図3-1に示すように，グルコースとピルビン酸の間には9つものステップがあり，それぞれ特異的な酵素により触媒されます．

解糖系ではグルコース1分子から2分子のピルビン酸が合成されることがわかります．フルクトース-1,6-ビスリン酸（炭素6つ）は，ジヒドロキシアセトンリン酸（炭素3つ）とグリセルアルデヒド-3-リン酸（炭素3つ）に分解されますが，ジヒドロキシアセトンリン酸はイソメラーゼによりグリセルアルデヒド-3-リン酸に変換されるので，結果的には，グルコース1分子から2分子のグリセルアルデヒド-3-リン酸が合成されることになり，最終的には2分子のピルビン酸に至ります（図3-1）．

B. 解糖系におけるリン酸基の受け渡し

解糖系で重要な反応は，リン酸基の受け渡しを含むステップです．リン酸は，第1章で学んだように，ATPの高エネルギー化学結合の正体です．リン酸基を受け渡しすることは，多かれ少なかれエネルギーを受け渡ししているといっても過言ではありません．例えば，グルコースからグルコース-6-リン酸への変換では，ヘキソキナーゼにより，グルコースの6位の水酸基に対してリン酸基が付加されます（図3-2）．これは，水酸基とリン酸とが脱水縮合反応でエステル化したものですが，このエステル化反応はエネルギーのインプットなしには進行しません．ここでは，ATPのエネルギーを利用して，わざわざリン酸化が行われるのです．キナーゼとよばれる酵素が，ATPの3つのリン酸基のうち，1番遠い位置にあるリン酸基（γ位）を，糖の水

42 大学で学ぶ 身近な生物学

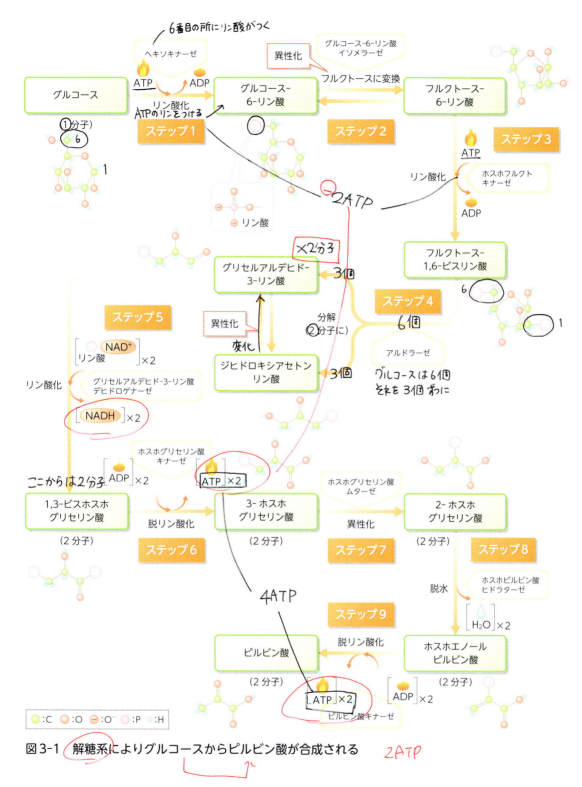

図3-1 解糖系によりグルコースからピルビン酸が合成される

酸基に移動させます（図3-2）.
　キナーゼは，ATPのエネルギーを利用してリン酸化を行う酵素群の総称です．この他にも，フルクトース-6-リン酸からフルクトース-1,6-ビスリ

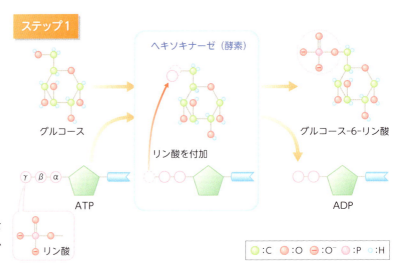

図3-2 キナーゼがリン酸基をATPからグルコースに移す

ン酸，1,3-ビスホスホグリセリン酸から3-ホスホグリセリン酸，ホスホエノールピルビン酸からピルビン酸への過程で，ATPを介したリン酸基の受け渡しがあります．リン酸化は，糖のみならずタンパク質や脂質でもみられる修飾で，生体高分子の機能を制御するうえでとても重要な役割を果たしています（第11章参照）．

C. 解糖系におけるエネルギー収支

ここで，解糖系でのエネルギーの出入りをまとめましょう．グルコースからグルコース-6-リン酸（図3-1，ステップ1），およびフルクトース-6-リン酸からフルクトース-1,6-ビスリン酸（ステップ3）への変換でATPがそれぞれ1分子消費されます．一方，合成される方はというと，1,3-ビスホスホグリセリン酸から3-ホスホグリセリン酸（ステップ6），およびホスホエノールピルビン酸からピルビン酸（ステップ9）へのステップでそれぞれ1分子のATPが合成されます．これをグルコース1分子あたりに直すと，合計4分子のATPが合成されます．よって，ATPの収支は，－2＋4で，2分子ということになります．また，グリセルアルデヒド-3-リン酸から1,3-ビスホスホグリセリン酸への過程（ステップ5）で，1分子のNADH（ニコチンアミドアデニンジヌクレオチド）が合成されます．NADHに関しては❸で詳しく説明します．ここまでの反応を反応式としてまとめると，以下のようになります．

$$C_6H_{12}O_6（グルコース）＋ 2NAD^+ ＋ 2ADP ＋ 2P_i（無機リン酸）$$
$$\longleftrightarrow 2C_3H_4O_3（ピルビン酸）＋ 2NADH ＋ 2ATP ＋ 2H_2O$$

注意してもらいたいのは，この解糖系は酸素を必要としないことです．グルコースからピルビン酸へは酸素がない条件下で進行します．

- 解糖系では1分子のグルコースから2分子のピルビン酸がつくられる
- 2分子のATPが消費されて4分子のATPが合成される
- キナーゼがATPのリン酸基を糖の水酸基に付加する

3. ピルビン酸はTCA回路で酸化される

A. 好気的条件でピルビン酸はアセチルCoAへ

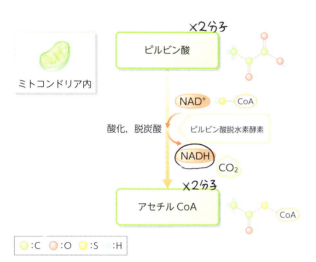

図3-3 ピルビン酸は脱水素酵素でアセチルCoAへ

ピルビン酸まで分解された糖は大きく2種類の運命をたどります．ここで酸素の有無が大切な決定要素となります．細胞内に酸素が十分存在しているとき，ピルビン酸は，ピルビン酸脱水素酵素によりアセチルCoAに変換された後（図3-3），TCA回路に送られてさらに酸化されます．

$$C_3H_4O_3 + NAD^+ + CoA \longleftrightarrow CH_3CO\text{-}S\text{-}CoA \text{（アセチルCoA）} + NADH + CO_2$$

ここでまず大切なのは，二酸化炭素の遊離（脱炭酸）です．これにより，炭素3つの化合物であったピルビン酸は炭素2つからなるアセチル基に変換されてCoA（コエンザイムA）に結合（チオエステル結合）するかたちになります．CoAはアセチル基や他のアシル基の受け渡しに使われる補酵素で，糖のみならず，脂質やアミノ酸代謝でも重要なはたらきをしています（発展学習参照）．つぎに大切なのがNADHの生成です．解糖系でも出てきたこのNAD$^+$およびNADHですが，これは電子の運搬体です．

$$NAD^+ + H^+ + 2e^- \longleftrightarrow NADH$$

NAD$^+$は他の物質から電子を受け取ってNADHになります．この反応は電子の移動を伴いますので，酸化還元反応です（発展学習参照）．NAD$^+$は相手の分子から電子を受け取るので還元され，逆に相手の分子は電子を奪わ

れるので酸化されることになります．ピルビン酸からアセチルCoAへの反応は，脱炭酸とともに酸化反応が起こっています．これを酸化的脱炭酸とよびます．

B. アセチルCoAはミトコンドリアでTCA回路に

アセチルCoAは，脂肪酸が代謝されて生成する物質でもあり，脂質代謝と糖代謝をつなぐ重要な交差点です．脂質代謝の詳細は第5章で詳しく解説しますので，ここでは，糖代謝に関して先に進みたいと思います．アセチルCoAは引き続きミトコンドリア内でTCA回路❶とよばれる一連の反応サイクルによって酸化され，二酸化炭素とNADHなどに変換されます（図3-4）．

❶TCA回路は，発見者の名前から，クレブス（Krebs）回路，もしくはトリカルボン酸回路ともよばれます．

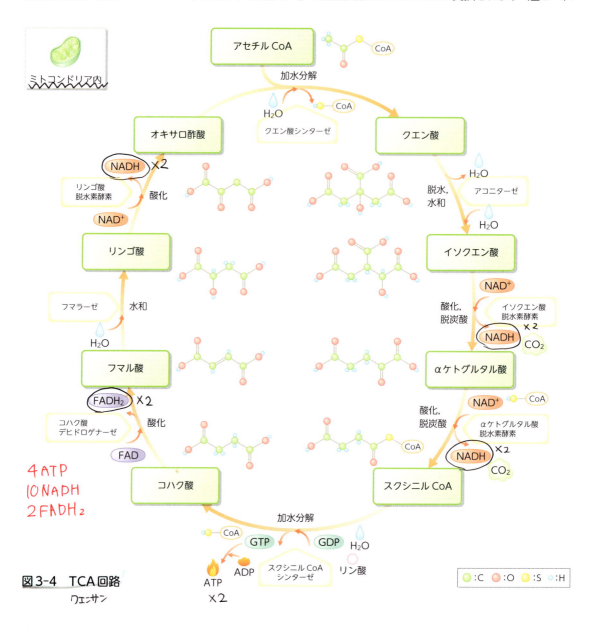

図3-4　TCA回路

発展学習

糖代謝にみられる補酵素

CoA

アセチル基やアシル基の運搬体．3′-ホスホアデノシンにピロリン酸とパントテン酸，2-メルカプトエチルアミンがつながったもの．メルカプトエチルアミンのチオール基（–SH）にアセチル基や他のアシル基がチオエステル結合をつくる．その加水分解で取り出せるエネルギーは7.5 kcal/mol と，ATP の加水分解以上のエネルギーを蓄えている．

ニコチンアミドアデニンジヌクレオチド（NAD$^+$, NADH）

AMPとニコチンアミド基を含む擬ヌクレオチドとがエステル結合した電子運搬体．ニコチンアミド基が2つの電子を受け取ったり放出したりする．

フラビンアデニンジヌクレオチド（FAD，FADH$_2$）

AMPとリボフラビン（ビタミンB$_2$）を含む擬ヌクレオチドとがエステル結合した電子運搬体．

発展学習図 3-1　糖代謝の補酵素

アセチルCoAのアセチル基（炭素2つ）は，TCA回路の最終生成物であるオキサロ酢酸（炭素4つ）と縮合し，すぐに加水分解されてクエン酸（炭素6つ）を生成します．クエン酸がイソクエン酸へと変換された後，1回目の脱炭酸反応がイソクエン酸脱水素酵素により触媒されます．これにより，イソクエン酸1分子から二酸化炭素とNADH，そしてαケトグルタル酸（炭素5つ）が1分子ずつ生じます（図3-4）．さらにこのαケトグルタル酸はαケトグルタル酸脱水素酵素により，二酸化炭素とNADHに分解され，CoAに結合したスクシニルCoA（炭素4つ）へと変換されます．ここで，2個目の二酸化炭素とNADHが取り出されたことになります．これらの酸化的脱炭酸は，ピルビン酸からアセチルCoAへの反応でもみられた重要な反応です．

スクシニルCoAはすぐに加水分解されてCoAを切り離し，このときに放出されるエネルギーでGDPからGTPが合成されます❷．スクシニルCoAの加水分解により生じたコハク酸はさらに酸化されてフマル酸へ変換され〔ここではNAD⁺の代わりにFADが補酵素として利用されて，$FADH_2$が生成します（発展学習参照）〕，水和されてリンゴ酸へといたります．ここでリンゴ酸は脱水素酵素により酸化されてオキサロ酢酸に変換され，このときにNAD⁺がNADHへと還元されます．そして，オキサロ酢酸はさらにアセチルCoAと結合して次のサイクルへと受け継がれていきます．TCA回路の1回あたりの反応は以下のようになります．

❷ここで合成されたGTPのエネルギーは，ADPからATPを合成するのに使われます．よって，エネルギー的には，ATP1分子が合成されたと考えてよいことになります．

$$アセチルCoA + GDP + 3NAD^+ + FAD$$
$$\longrightarrow 2CO_2 + GTP + 3NADH + 3H^+ + FADH_2 + CoA$$

- 酸素がある条件で，ピルビン酸は酸化的脱炭酸によりアセチルCoAに
- アセチルCoAがTCA回路で酸化されて二酸化炭素とNADHなどが生じる
- TCA回路は，細胞内のミトコンドリアで起こる

4. 電子伝達系による酸化とATPの合成

A. NADHの電子は電子伝達系で酸素へと受け渡される

解糖系とTCA回路で生成された水素はNADHや$FADH_2$のかたちで蓄えられています．ミトコンドリアでは，引き続きこの水素から電子を取り除き，最終的に酸素に電子を渡す反応が進行します．なので，酸素がないとこれらの反応は進行しません．ミトコンドリアの膜には電子の受け渡しを行う

ための一連の分子群が存在し，**電子伝達系**とよばれています．水素から酸素への電子移動によって生じたエネルギーの多くは，最終的にATPに変換されて貯蔵されます．

B. 電子伝達系における電子の受け渡し

電子伝達系の最初のステップ（複合体Ⅰ）では，まずNADHから2つの電子がフラビンモノヌクレオチド（FMN）（発展学習参照）などを介して**補酵素Q**（コエンザイムQ：CoQ）へと移されます（**図3-5**）．CoQはそのまま電子を複合体Ⅲへ運び，そこで**チトクロム**とよばれる鉄（ヘム）を含むタンパク質へ電子を渡します．TCA回路で生成したFADH$_2$に蓄えられた電子は，複合体Ⅰの代わりに複合体Ⅱを経由してCoQへと渡され，最終的にはNADHと同様，複合体Ⅲ内のチトクロムへと至ります．

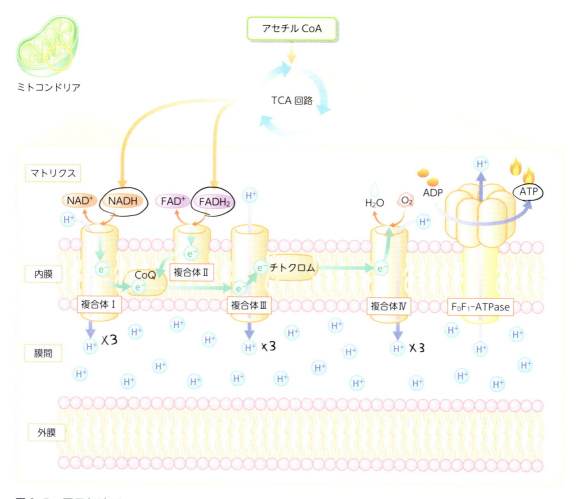

図3-5　電子伝達系

チトクロムのヘム部分は酸化鉄（Fe^{3+}）か還元鉄（Fe^{2+}）のいずれかの状態で存在することができて，CoQから電子を受け取ることによってFe^{3+}が還元されてFe^{2+}になります．電子を受け取って還元されたチトクロムは，複合体Ⅳへと移動し，そこで電子を酸素へと渡します．酸素は電子を受けて還元され，水へと変換されます．

以上説明してきたように，電子がミトコンドリア内膜のさまざまな電子運搬体を介して次々と受け渡されるには，それらの酸化還元電位が重要な役目をしています．電子は酸化還元電位の低い物質から高い物質へと移動します．これを利用して，NADHやFADH$_2$にとらえられた電子を最終的に酸素に渡しているのです（酸化還元電位の詳しい説明は発展学習参照）．

C. ミトコンドリア内膜のH$^+$勾配からATPが合成される

電子伝達系で運搬体が電子を受け渡しする間に，ミトコンドリアの内膜では何が起こっているのでしょうか．電子の受け渡しと同時に，各運搬体では，H$^+$の受け渡しが生じます．一般的には電子を受け取るときに，同時にH$^+$を取り込み，電子を放出するときに一緒にH$^+$を放出します．電子伝達系の複合体は，ミトコンドリアの内膜に埋め込まれており，酸化還元反応に必要なH$^+$をマトリクス側から調達し，生成したH$^+$を膜間へと放出するように配置されています（図3-5）．これにより，膜間はH$^+$濃度が高くなり，pH

発展学習

電子伝達系における酸化還元電位

電子伝達系では，さまざまな電子運搬体が電子を受け渡しながら，NADHから水を合成します．2つの異なる電子運搬体の間で電子がどちらの方向に移動するかは，その物質の酸化還元電位で決まります．電子は酸化還元電位の低い物質から高い物質へと移動します．この逆反応は自然には起こりません．

電子伝達系での電子の移動と酸化還元電位をまとめたものが図です．スタートのNADHは酸化還元電位が低く，ゴールの水は1番高いことが一目でわかります．途中の運搬体であるCoQやチトクロム（Cyt）の電位はその間に位置していることがわかります（発展学習図3-2）．

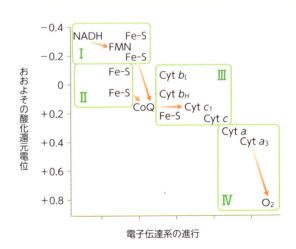

発展学習図3-2　電子伝達系と酸化還元電位

が低い状態になります.

ミトコンドリアの内膜にはF_0F_1-ATPase（別名：ATPシンターゼ）とよばれる酵素が存在し，H^+の濃度勾配を利用してADPからATPをつくり出しています. NADHの電子が酸素まで伝えられたときには，H^+10個分の勾配が内膜に生じ，これから約3個のATPが合成されます[1]. $FADH_2$の場合は6個のH^+勾配が生じ，約2個のATPが合成されると考えられています.

・電子伝達系はミトコンドリアの内膜で進行する
・NADHと$FADH_2$の電子がさまざまな電子運搬体を介して最終的に酸素に渡される
・ミトコンドリア内膜に生じたH^+の濃度勾配によりATPが合成される

[1] この数字は，ATPシンターゼが最大活性を示したときのおおよその数なので，実際の細胞ではこれより低い数字になります. 実際の細胞では，NADH1分子あたり，2.5分子程度のATPが合成されていると考えられています.

5. 好気的と嫌気的条件下でのATP生成

A. 好気的条件下でのATP合成

表3-1 グルコース1分子あたりの合成量

	ATP	NADH	FADH$_2$
解糖系 （グルコース → ピルビン酸）	2	2	0
TCA回路 （ピルビン酸 → オキサロ酢酸）	2 (GTP)	8	2
電子伝達系 （NADH, FADH$_2$ → ATP）	34	0	0

グルコース1分子が好気的な（酸素が十分に供給されている）条件下で代謝されたときに生成される分子をまとめると**表3-1**になります. 解糖系，TCA回路，電子伝達系で，それぞれATP，GTP，NADH，$FADH_2$が生成されます. NADHと$FADH_2$は電子伝達系で最終的にATP合成に利用されますので，ATPの数に変換すると，グルコース1分子あたり38個のATPが合成されることになります. グルコースを空気中で酸化するときに放出される熱量（エネルギー）は684.1 kcal/molです.

$$C_6H_{12}O_6 + 6O_2 \longrightarrow 6CO_2 + 6H_2O$$

一方，体内で完全に代謝されて38個のATPに変換された場合のエネルギーは，ATP1分子あたり（正確には1 molあたり）7.3 kcalでしたので，合計277.4 kcalとなり，両者を比較すると，グルコース代謝のエネルギー変換効率は約40％ということになります. これではグルコースがもっているエネルギーの半分も利用できていないことになります. しかし，人工的なエネルギー機関でこれほど高い効率のものはありません[1]. 私たちの体がもつ代謝のエネルギー変換効率は驚くほど高いといえます.

[1] ガスコンロでお湯を沸かしたときは10％以下，ガソリンエンジンや火力発電でも10〜20％程度.

第I部 生きているとはどういうことか **51**

B. 酸素供給が足りないときのエネルギー生成

私たちの生活のなかで，酸素がない状況というのはなかなか想像できないかもしれません．しかし，体の中に目を移すと，酸素を運搬するのは血液中の赤血球ですので，血流が足りないと組織や器官は簡単に酸欠になります．激しい運動をしているときの筋肉はまさに酸欠状態です．ATPの急激な消費に対応するためにATP合成量を増やしたいのですが，電子伝達系で必要な酸素の供給量が不足し，ATP合成量が思うように増えません．また，嫌気性細菌とよばれるバクテリアは，酸素のないところに好んで住み着きます[2]．このような環境でも電子伝達系がはたらかないため，解糖系から得られるATPに頼るしかありません．

解糖系ではグルコース1分子あたり2分子のATPしか合成されず，みかけのエネルギー生成能は小さいようにみえます．しかし，解糖系の反応の速度は非常に大きいので，利用できる糖質の量が多ければ，時間あたりに供給できるエネルギー量（ATP量）も多くなります．このとき，ピルビン酸は乳酸脱水素酵素のはたらきで乳酸へと還元されます[3]（図3-6）．酵母などの

[2] 火山の噴火口の中や，発酵中の酒樽の内部など．
[3] ここで生じた乳酸は筋肉細胞内の解糖系の進行を阻害します．これは，筋肉の出力が時間とともに低下する原因の1つです．また乳酸は筋肉疲労などの原因物質と考えられています．乳酸を素早く分解することが筋肉の回復には重要です．

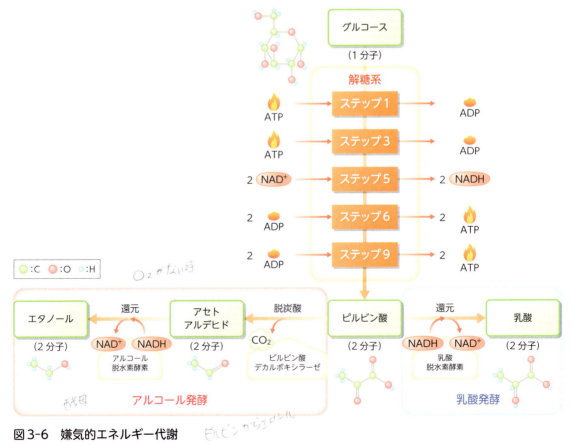

図3-6 嫌気的エネルギー代謝

❹パンを焼くときに使う酵母は，発酵している間に小麦粉に含まれる糖を分解してアルコールに変えます．このとき発生する二酸化炭素が生地を膨らませます．

細胞では，ピルビン酸は脱炭酸されてアセトアルデヒドに変換され，さらに還元されてエタノールへと変わります❹．いずれの還元反応もNADHからNAD$^+$の生成を伴い，これがそのまま解糖系（**図3-1**）の ステップ5 で利用されることで，酸化還元のサイクルをうまく回しているのです．

―運動の種類とエネルギー源の違い

これまでみてきたように，私たちの体は栄養状態や酸素供給量などに応じて，異なる経路でATPを合成しています．電子伝達系での酸化反応で合成されるATPの数は，解糖系に比べると，はるかに大きいのがわかります．しかしながら，電子伝達系はATPの生産速度という点では解糖系に大きく劣っています．

さまざまな状況に対応できるように，私たちの体ではエネルギー供給のバックアップシステムが幾重にも機能しています．筋肉では，急激なATPの消費に対して，ピルビン酸から乳酸という還元反応を主体にしたバックアップシステムがまず作動しますし，その他にもクレアチンリン酸（**図1-5**）を利用したATPの再生も大きな役割を果たしています．電子伝達系を利用しないこれらのエネルギー合成をまとめて嫌気的代謝とよびます．そのバックアップが機能している数分間に，私たちの体は心拍数を増やすなどの対応をして，筋肉への酸素供給量を増やします．そして数分後には電子伝達系によるATP合成能が上昇し，継続的な運動が可能となるのです．

この章のはじめに，パワー系と持久系種目の違いについて話をしました．100 m走とマラソンとで，好気的代謝と嫌気的代謝とがどのぐらいの割合で利用されているかをまとめたのが**表3-2**です．100 m走では9割が嫌気的代謝に依存しているのに対して，マラソンではほぼすべてを好気的代謝に依存しています．このように，私たちの体は運動の種類によってエネルギーシステムを使い分けているのです．実際には，ここで述べたグルコース代謝に加え，グリコーゲンや脂質の代謝および糖新生といった代謝経路も加わって，さらに複雑な代謝システムとそれらの制御によって私たちの体はコントロールされています．糖新生グリコーゲンに関しては発展学習で，脂質代謝に関しては第4〜5章で詳しく解説します．

表3-2 走行距離と代謝の使い分け

距離	好気的代謝（%）	嫌気的代謝（%）
100 m	10	90
400 m	30	70
800 m	60	40
1,500 m	80	20
5,000 m	95	5
10,000 m	97	3
42.195 km	99	1

「Biochemistry of Exercise and Training」（Ron M, et al, eds），Oxford University Press, 1997をもとに作成．

糖新生とグリコーゲン合成

　細胞内のエネルギーが過剰になると，解糖系の逆反応が進行し，ピルビン酸からグルコースが合成されます．基本的には解糖系の逆反応ですが，エネルギーの出入りが伴う反応3カ所において，解糖系とは異なる経路（酵素）で進行します（**発展学習図3-3**）．

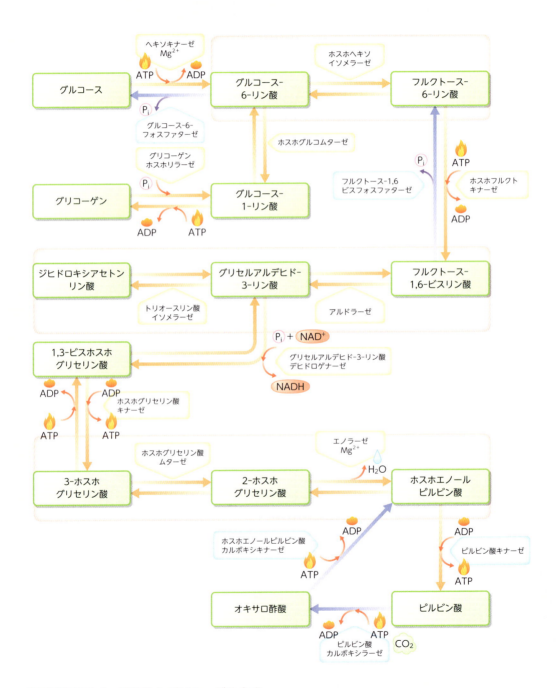

発展学習図3-3　糖新生とグリコーゲン合成

また，血糖値が上昇したり，エネルギー過剰の状態になると，肝臓ではグルコースからグリコーゲンが合成され貯蔵されます．グリコーゲンはグルコースがα-1,4とα-1,6で枝わかれして重合したもので，必要に応じて再びグルコースへと分解されて解糖系に入ります（**発展学習図3-4**）．

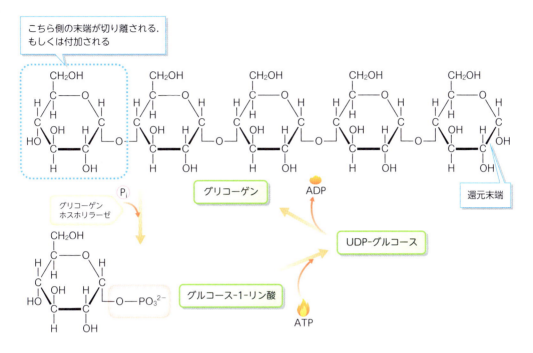

発展学習図3-4　糖新生とグリコーゲン合成

- 酸素が十分に供給される環境では，1分子のグルコースから約38分子のATPが合成される
- 好気的代謝のエネルギー変換効率は約40％
- 嫌気的状態では，ピルビン酸は乳酸やエタノールに変換される
- 私たちの体は代謝システムを使いわけている

章末問題

❶ 解糖系ではどのような変換が行われるか説明せよ（❷参照）．
❷ TCA回路の1回あたりの反応を示せ（❸参照）．
❸ 好気的，嫌気的条件下でのATP生成の違いを説明せよ（❺参照）．

第Ⅰ部　生きているとはどういうことか

脂質の構造と性質

4章

一体によい「あぶら」と悪い「あぶら」は何が違うの?

　健康診断などで血液検査を受けたときに，その結果を見て一喜一憂した経験がだれにもあるのではないでしょうか．コレステロール値や中性脂肪が高いと，生活改善の必要に迫られます．確かに，血中コレステロール値が高いと，動脈硬化や脳梗塞のリスクが増大するので，コレステロールは体にとって「悪」の物質と考えられているのも無理はありません．しかし，血液検査の説明をよく読んでみると，コレステロールのなかにも「善玉コレステロール」と「悪玉コレステロール」があり，「善玉コレステロール」は血液をさらさらにすると書いてあります．これは，いったいどういうことでしょう．同じコレステロールでも，全く反対の効果があるのでしょうか．また，脂肪は脂肪でも，魚に含まれる脂肪は血液をさらさらにする効果があるといいます．少し前にDHA（ドコサヘキサエン酸）やEPA（エイコサペンタエン酸）という魚の成分が健康によいということで流行りましたが，これも脂肪の仲間です．なぜこの脂肪は健康に害を及ぼすどころか，健康によいのでしょうか．この章では，さまざまな脂質に関して，その構造と性質，さらにはヒトの体内での循環について学びます．

56　大学で学ぶ 身近な生物学

Keyword 脂肪酸の構造と性質／さまざまな脂質の種類と機能／体内での脂質の輸送

1. 脂質とは

　脂質は，糖質，タンパク質と並ぶ三大栄養素の1つであり，代謝されることで多くの熱量を取り出すことができます．1 gあたりの熱量は，糖質，タンパク質が約4 kcalであるのに対して，脂質は約9 kcalです．つまり，同じ重さの糖質と脂質を摂取したとき，脂質のほうが2倍以上の熱量を取り出すことができます（脂質からエネルギーを取り出す過程に関しては第5章で学びます）．

　脂質の定義ははっきりとは決まっていませんが，疎水性の炭化水素に親水性基が結合していて，疎水性と親水性の両方の性質をもった分子として捉えるのが便利です．私たちに最も身近な脂質は，トリグリセリド[1]とコレステロールです．トリグリセリドは中性脂肪ともよばれ，私たちの体に含まれる脂質の約95％を占めます．トリグリセリドは脂肪酸とグリセリンがエステルとよばれる結合でつながったものです（図4-1）．グリセリンには3つの水酸基があり，これらすべてに脂肪酸が結合するとトリグリセリドになりま

[1] トリグリセリドは，生化学的にはトリアシルグリセロールとよばれることもあります．

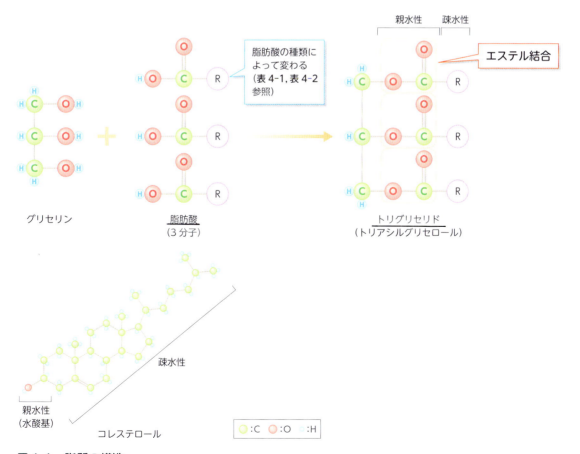

図4-1　脂質の構造

す．脂肪酸は末端にカルボキシル基（-COOH）をもつ炭化水素で，炭素数が数個のものから20個以上のものを総称してよびます．炭化水素の長い鎖は疎水性，グリセリンとのエステル部は親水性ですので，脂質の性質を満たしています．

　コレステロールは炭素数が27の大きな分子で，六員環と五員環ががっちりと並んだ本体に，水酸基が突き出た構造をしています（**図4-1**）．コレステロールは脂質の一種ですが，トリグリセリドのように代謝されてエネルギーを取り出すことはできません．コレステロールは，体に溜まりすぎると動脈硬化などの症状を引き起こしますが，実はさまざまなホルモンの原材料として私たちの体になくてはならない物質です．

・脂質とは親水性と疎水性の両方の性質をもっている
・トリグリセリドはグリセリンに3つの脂肪酸がエステル結合したもの
・コレステロールはホルモンの原料として重要

2. 脂肪酸の種類と性質

A. 飽和脂肪酸の種類と性質

　脂肪酸のうち，二重結合を含まないものを飽和脂肪酸，1個以上含むものを不飽和脂肪酸とよび，二重結合の数によってモノ不飽和脂肪酸，ポリ不飽和脂肪酸などとよばれます．飽和脂肪酸の性質を**表4-1**に示します．常温ではほぼすべて固体ですが，炭素鎖が長くなるほど融点は高くなります．例えば，10個の炭素（C10）からなるカプリン酸の融点は32℃ですが，18個（C18）のステアリン酸は70℃です（**表4-1**）．よって，人間の体温付近（37℃前後）では，カプリン酸は液体，ステアリン酸は固体になります．炭素数4〜8個の短鎖脂肪酸は乳製品に，9〜12個の中鎖脂肪酸はココナッツ油やヤシ油に多く含まれています．炭素数13個以上の長鎖脂肪酸は常温で固体で，動物性脂肪の主成分です．

B. 不飽和脂肪酸の種類と性質

　炭化水素鎖の長さと並んで脂肪酸の性質を決める重要な要素は，不飽和結合の位置と数です（**表4-2**）．炭素数18の飽和脂肪酸はステアリン酸ですが，カルボキシル基から数えて9番目と10番目の炭素結合が二重結合になった不飽和脂肪酸はオレイン酸，さらに12番目と13番目も不飽和結合になったものはリノール酸とよばれます．不飽和脂肪酸に含まれる二重結合はかな

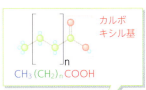

表4-1 飽和脂肪酸の種類と性質

常用名	炭素数	融点（℃）	含有食品	構造式
カプリン酸	10	～32	バター，乳製品など	$CH_3(CH_2)_8COOH$
ラウリン酸	12	～44	ココナッツなど	$CH_3(CH_2)_{10}COOH$
ミリスチン酸	14	～52	ココナッツなど	$CH_3(CH_2)_{12}COOH$
パルミチン酸	16	～63	牛肉，ヤシ，バター，ラードなど	$CH_3(CH_2)_{14}COOH$
ステアリン酸	18	～70	牛肉，ヤシ，バター，ラードなど	$CH_3(CH_2)_{16}COOH$
アラキジン酸	20	～75	ごま，ラッカセイなど	$CH_3(CH_2)_{18}COOH$
ベヘン酸	22	～81	ごま，ラッカセイなど	$CH_3(CH_2)_{20}COOH$
リグノセリン酸	24	～84	ラッカセイなど	$CH_3(CH_2)_{22}COOH$

常温ではほぼすべて固体．炭素鎖が長くなるほど融点は高くなる．炭素同士は単結合のみ．

らずシス型です．シス型とは，二重結合を形成している2つの炭素原子のもつ残り2本の手が，二重結合の同じ側に出ているもののことをいいます．工業的に合成した脂肪酸にはトランス型二重結合をもつものがわずかに含まれることがあり，トランス脂肪酸とよばれます（コラム参照）．

トランス脂肪酸

　自然界に存在する不飽和脂肪酸の不飽和結合はすべてシス型です．リノール酸やオレイン酸などの不飽和脂肪酸はオリーブ，コーン，紅花，ごま，などいわゆる料理用の油に多く含まれ，世界中で広く使われています．

　これに対し，近年スーパーなどでよく見かけるのが，天然油脂を工業的に処理することでつくられる新しい油です．トリグリセリドに特殊な酵素処理を施して，ジアシルグリセロールへと変換したり，不飽和脂肪酸を還元して飽和脂肪酸へと固化させたり，有機溶媒を使って高温で精製したり，その技術はさまざまです．しかし，この処理の過程でよからぬ物が副産物として生成されることがわかりつつあります．

　その1つがトランス脂肪酸です．トランス脂肪酸はトランス型の不飽和結合をもっていて，自然界にはごく微量しか存在しません．トランス脂肪酸は細胞内で代謝されないため，細胞内の正常な脂質代謝を著しく阻害すると考えられています．個体レベルでは，悪玉コレステロールを上昇させ血管を損傷させるとともに，心疾患のリスクを高めたり，さまざまなアレルギー性疾患を悪化させることが知られています．

　世界的にみるとトランス脂肪酸は規制される方向で進んでいます．トランス脂肪酸を含む脂質は加工食品でよく使われていて，消費者の気がつかないところで大量に摂取していることがありますので，今後も注意する必要があるかもしれません．

表4-2 不飽和脂肪酸の種類と性質

常用名	炭素数	不飽和結合数	融点(℃)	記号
	含有食品			
パルミトレイン酸	16	1	−0.5	16:1;9(ω-7)
	マカダミアなど			
オレイン酸	18	1	13.4	18:1;9(ω-9)
	オリーブ, なたねなど			
リノール酸	18	2	−5.0	18:2;9,12(ω-6)
	コーン, 紅花, 大豆, ごまなど			
α−リノレン酸	18	3	−17.0	18:3;9,12,15(ω-3)
	亜麻, しそなど			
γ−リノレン酸	18	3	−11.0	18:3;6,9,12(ω-6)
	コーン, 紅花, 大豆など			
アラキドン酸	20	4	−49.5	20:4;5,8,11,14(ω-6)
	レバー, たまごなど			
エイコサペンタエン酸	20	5	−54.0	20:5;5,8,11,14,17(ω-3)
	サバ, イワシ, サンマなど			
ドコサヘキサエン酸	22	6	−44.0	22:6;4,7,10,13,16,19(ω-3)
	カツオ, マグロなど			

常温ではほぼすべて液体. 不飽和結合が増えるほど融点は低くなる.

:C :O :H

60 大学で学ぶ 身近な生物学

C. 脂肪酸の構造と融点

（1）融点が異なる理由

　一般に，炭素数が同じであれば，二重結合が増えるにしたがって脂肪酸の融点は下がります（**表4-2**）．前述のステアリン酸（飽和）は約70℃，オレイン酸（不飽和×1）は約13℃，リノール酸（不飽和×2）は約−5℃です．ステアリン酸はラードやバターに，オレイン酸はオリーブ油やなたね油に多く含まれているので，常温での状態と照らし合わせて考えると理解しやすいかもしれません．リノール酸は紅花油，大豆油，ごま油に含まれます．冬の寒いときにオリーブ油が少し固まっているのをたまに見かけることがありますが，ごま油が固まっているのはあまり見たことがありません．これは，油に含まれる脂肪酸の性質の違いによるものなのです．

　飽和脂肪酸は炭素鎖がまっすぐに伸びているので，多数の脂肪酸分子が集まったときにぎっしりと集合することができますが，不飽和脂肪酸の炭素鎖は二重結合の場所で折れ曲がっているので（シス配位による），まばらな集合しかつくることができません（**図4-2**）．よって，飽和脂肪酸の方が固まりやすく，不飽和脂肪酸の方が固まりにくいのです．

（2）命名法

　脂肪酸のよび方（命名法）にはいくつかの方法があります．パルミチン酸やステアリン酸といったよび方は一般名です．炭素数18のステアリン酸は，「18」を意味するオクタデカンを使ってオクタデカン酸といいます．不飽和脂肪酸の命名法は少し複雑です．ω系とよばれているシステムでは，カルボキシル基から数えて1番遠い炭素をω−1と記述します．そこからカルボキシル基に向かってω−2，ω−3とラベルします．この方法で，1番末端の二重結合の場所を示します．よって，オレイン酸はω−9脂肪酸ということになります．

　他の命名法では，カルボキシル炭素から順に番号を振り，炭素の数，不飽和結合の数，不飽和結合の場所，に関する情報を記述します．例えば，前述のオレイン酸は，18：1；9，リノール酸は18：2；9,12と記述します．

・飽和脂肪酸は不飽和脂肪酸よりも融点が高い
・不飽和結合が増えると融点は低くなる
・天然に存在する脂肪酸の不飽和結合はすべてシス型

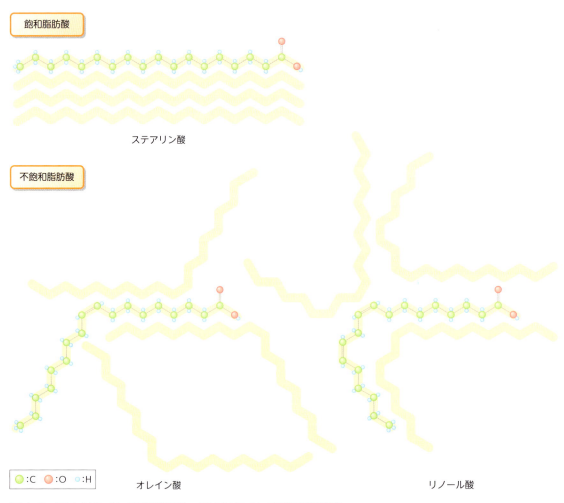

図4-2 固まりやすい飽和脂肪酸，固まりにくい不飽和脂肪酸

3. 体の中での脂肪酸のはたらき

A. なぜ魚のあぶらは体によいのか？

　飽和脂肪酸とトランス脂肪酸は動脈硬化や冠動脈疾患のリスクを増加させるといわれています．一方，不飽和脂肪酸は健康に対して大きな利点があります．近年，特に注目されているドコサヘキサエン酸（DHA）やエイコサペンタエン酸（EPA）は炭素数22のω-3ポリ不飽和脂肪酸で，魚のあぶらに多く含まれています（図4-3）．これらの不飽和脂肪酸を十分に摂取すると，心臓疾患や糖尿病のリスクが数十％低下するといわれています．同じ脂肪酸なのに，なぜ魚由来のものは体によくて，動物由来のステアリン酸などは体に悪いのでしょうか．これには，体温と脂肪酸の性質とが深くかかわっています．

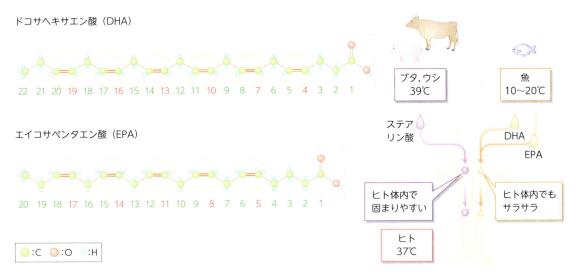

図4-3 サラサラなあぶら

　基本的に脂肪酸は動物の体内で液体になっています．そうでないと血液で運んでもらうことができません．ブタやウシの体温は約39℃で，ヒトよりも2℃以上高いのです．ブタやウシの体内で液体になっていた脂肪酸でも，体温が37℃のヒトの体内に取り込まれると，より固まりやすくなります．ヒトの血管中で固体になった脂肪酸は，血管内部に蓄積したり，血液をドロドロにして血流を遅くさせる原因になります．これがひどくなると心臓病や脳卒中を引き起こすことになります．これに対して魚は10～20℃程度の水中を泳いでいます．魚の体内には，この温度で固まらない融点の低いEPAやDHAなどの不飽和脂肪酸が大量に蓄積しています．このあぶらをヒトの体内に取り込んでも，液体のままです．むしろサラサラの液体になって血管中を流れ，血流を滞らせることなく全身を巡ることになるわけです．

B. 私たちの体に必要なあぶら

　リノール酸，α-リノレン酸，アラキドン酸の3つの脂肪酸は<u>必須脂肪酸</u>とよばれ，ヒトが体内で合成できないため必ず体外から摂取しなければなりません．アラキドン酸はリノール酸からγ-リノレン酸を経て合成されるため，厳密には必須脂肪酸ではありませんが，リノール酸の摂取が不十分で不足すると欠損症が生じます．

　これらの必須脂肪酸およびDHAやEPAは，エイコサノイドという体内での重要なシグナル伝達分子の材料となります（シグナル伝達に関しては第11章参照）．プロスタグランジン，プロスタサイクリン，トロンボキサンなどのエイコサノイドはこれらの不飽和脂肪酸からヒト体内で合成され，血管

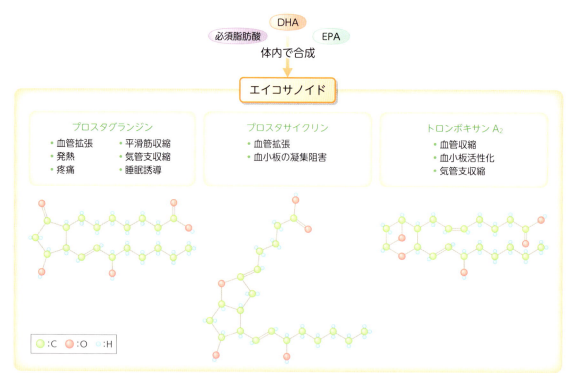

図4-4　長鎖不飽和脂肪酸から合成されるエイコサノイド

拡張・収縮，気管支収縮，全身性炎症誘導，睡眠誘導などさまざまな生理作用を示します（図4-4）．構造式をみると，これらの物質がDHAやEPAから誘導されていることがわかりますね．このように，脂肪酸はヒトの体内で重要な機能をもつ分子の材料として，なくてはならない存在なのです．

- 魚は融点の低いポリ不飽和脂肪酸を多く含んでいる
- DHAやEPAはヒトの体内でサラサラなあぶらになる
- 不飽和脂肪酸から多くのエイコサノイドのような重要な生理活性物質が合成される

4. トリグリセリド以外の脂質

A. リン脂質は細胞膜の主成分

腸から吸収されて細胞内に取り込まれた脂肪酸は，グリセリンと結合してグリセリドに変換されてから体内を巡ります．グリセリドの合成反応では，まず脂肪酸のカルボン酸がCoAにより活性化され，これがグリセロール-3-リン酸の2つの水酸基と結合して，フォスファチジン酸となります（図4-5）．

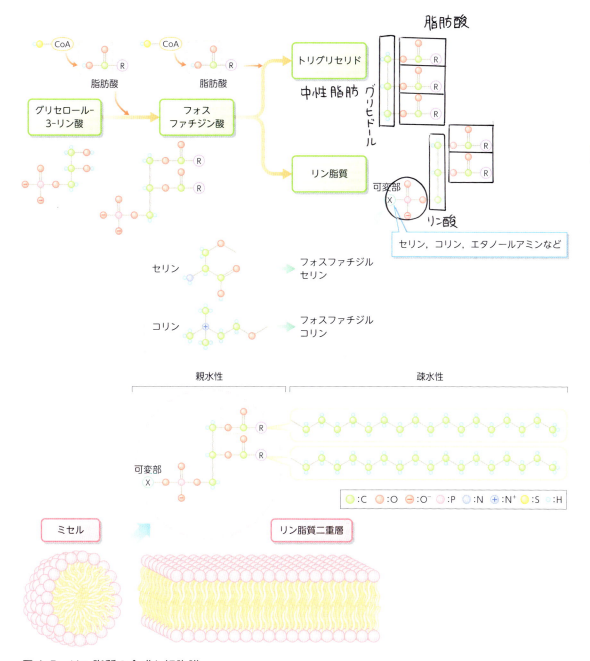

図4-5 リン脂質の合成と細胞膜

フォスファチジン酸は脂質合成の重要な中間体で，さらにもう1つの脂肪酸が結合するとトリグリセリドに，またリン酸基にコリンやエタノールアミンが結合するとリン脂質になります[1].

リン脂質は細胞膜の主成分で，フォスファチジン酸のリン酸基にセリンが結合したフォスファチジルセリン，コリンが結合したフォスファチジルコリンなどがあります．リン酸基とそれに結合している親水性基のおかげで，リン脂質の頭の部分はとても水になじみやすい性質をもっています．この性質

[1] グリセリンと脂肪酸だけで構成される脂質を単純脂質，脂肪酸以外の官能基がグリセリンに結合しているもの（リン脂質など）を複合脂質とよびます．

第Ⅰ部 生きているとはどういうことか 65

のおかげで，リン脂質は，疎水性のしっぽを内側にして集合し，ミセルとよばれる球状の構造や二重膜を形成しやすい性質をもっています（図4-5）．このように，親水性と疎水性の両方の性質をもった構造はみなさんが台所や風呂場，洗濯などで使用している洗剤にもみられます．この性質により，水に溶けにくい「あぶら」汚れを水に溶かすことができるのです．生体膜に関しては，第7章で詳しく学びます．

B. 神経細胞で活躍する脂質

リン脂質と並んで重要な複合脂質にスフィンゴ脂質があります．スフィンゴ脂質は，グリセリンの代わりに，スフィンゴシンとよばれる分子を基本構造にもっています（図4-6）．スフィンゴシンのアミノ基には脂肪酸が，水酸基にはさまざまな官能基が結合して，多様な脂質となります．

スフィンゴシンに脂肪酸が結合したものをセラミドとよび，神経細胞で重要な役割を果たしている脂質の基本構造となります．可変部にリン酸基を介してコリンが結合すると，スフィンゴミエリンとなり，神経細胞の髄鞘に存在します．可変部に単糖類やオリゴ糖❷が結合すると糖脂質（スフィンゴ糖脂質）となり，神経組織に広く分布する重要な脂質となります．とくに，シアル酸が1個以上結合したものをガングリオシドとよび，細胞膜に存在して細胞同士の認識や受容体として機能する重要な役割をもっています．

❷複数の単糖類がグリコシド結合でつながったもの．多糖類に比べ，糖の数が数個〜10個程度と少ない．

・リン脂質はフォスファチジン酸から合成される
・リン脂質は生体膜の主成分
・スフィンゴ脂質は神経細胞ではたらいている脂質

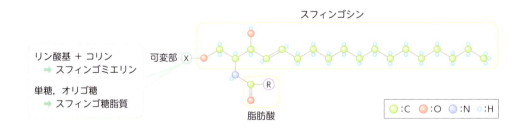

図4-6　神経細胞で重要なスフィンゴ脂質

5. コレステロールの合成と体内でのはたらき

A. 私たちの体はコレステロールを合成している

トリグリセリドやスフィンゴ脂質と並び，ヒトの体内で重要な脂質に**コレステロール**があります．コレステロールと聞くと，健康にとって「悪玉」の代表格のように思われていますが，実は動物の体内では積極的にコレステロールを合成しています．成人の肝臓で1日につくられるコレステロールは1.2 gであるのに対して，食べ物から摂取する量は多くても0.4 g程度です．つまりヒトの体内に蓄積しているコレステロールの大半は，自分の肝臓で合成されたものなのです．なぜヒトの体は，悪名高いコレステロールをわざわざ合成しているのでしょうか．

コレステロール合成の過程はとても複雑で，アセチルCoA（第3章参照）からスタートして❶，途中，炭素数6のメバロン酸，30のスクアレンなど，合計10以上のステップを経て合成されます（**図4-7**）．この過程で機能する酵素の多くはホルモンや代謝産物により複雑に制御されていて，体内でのコレステロール量を厳密にコントロールしています．

❶アセチルCoAは脂肪酸の代謝，合成においても重要なはたらきをしています（第5章参照）．

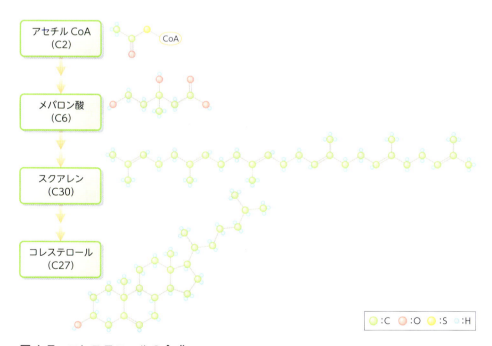

図4-7 コレステロールの合成

B. 実は重要なコレステロールのはたらき

コレステロールは，リン脂質とともに細胞膜に含まれ，細胞のシグナル伝達（第11章）を担う重要な物質としてはたらいていることが知られています．また，コレステロールは数多くのホルモンなどの原材料として重要です．胆汁酸，ステロイドホルモン，ビタミンDなどはすべてコレステロールからつくられます．胆汁酸はコレステロールの水酸化により肝臓で合成され，胆汁に放出されます．胆汁酸は食べ物由来の脂肪を乳化することにより，腸での脂肪吸収を助けるはたらきがあります．

ステロイドホルモンは副腎皮質や卵巣などで合成され，目的の器官や組織における特定の遺伝子発現を誘導もしくは抑制して細胞機能を変化させます．黄体ホルモンとして知られているプロゲステロン，卵胞ホルモン（女性ホルモン）として知られているエストロゲン，男性ホルモンとして知られているテストステロンはすべてステロイドホルモンで，コレステロールから複雑な過程を経て合成されます．このように，ヒトの肝臓では積極的にコレステロールを合成し，これを体内のさまざまな器官や組織に送り届け，そこでさまざまなホルモンや生理活性物質などに変換しているのです（発展学習参照）．

C. 脂質は大切だが，摂りすぎには注意

さまざまな現代病の出現により，脂質は「体に悪い」というイメージが定着しています．しかし，コレステロールは，体内で積極的に合成され，さまざまなホルモンなどに姿を変えて体の重要なはたらきを調節していますし，他の脂質も細胞の構成要素として重要なはたらきをもっています．あぶらっこいものが多い現代の食生活では，食事から摂取された過剰なコレステロールがそのまま体内に蓄積されていると考えられがちですが，高コレステロール状態は，実は代謝全体（特に脂質代謝）の問題なのです．脂肪の摂りすぎは体に悪いことはあきらかですが，極端に摂取しないのもさまざまな疾患を引き起こしますので，バランスのよい食事が大切なのはいうまでもありません．

・私たちの体はコレステロールをつくっている
・コレステロールは肝臓でアセチルCoAからつくられる
・コレステロールはさまざまなホルモンの原材料となる

コレステロールからつくられるステロイドホルモン　発展学習

　動物の成長に欠かせないホルモンのうち，いわゆるステロイドホルモンはコレステロールから合成されます．ステロールとは，コレステロールの中心骨格をなす構造で，3つの六員環と1つの五員環がつながったものから水酸基が1つ出ている構造をしています．ステロイドホルモンは，ほぼすべてこのステロール環（やその誘導体）をもっています．プロゲステロン，テストステロン，エストラジオールなどの性ホルモンや，糖質コルチコイド（コルチゾールなど），鉱質コルチコイド（アルドステロンなど）などの副腎皮質ホルモンはコレステロールから合成されます．副腎皮質ホルモンは，副腎皮質で合成されて分泌されます．

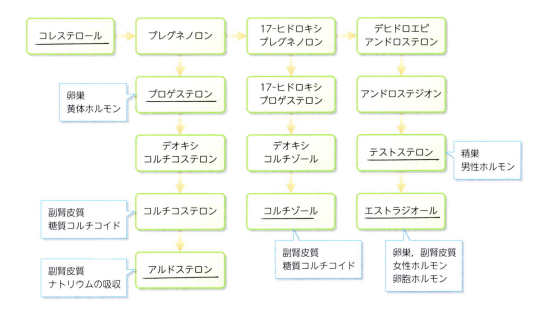

発展学習図 4-1　コレステロールからつくられるステロイドホルモン

章末問題

❶ 脂質と脂肪酸の違いを説明せよ（❶参照）．
❷ 脂肪酸の融点は下記項目にどのように影響を受けるか説明せよ（❷参照）．
　① 炭素数
　② 不飽和結合の数
❸ 魚のあぶらがヒトの体によい理由を説明せよ（❸参照）．
❹ トリグリセリド以外の脂質の名前と構造を書け（❹参照）．
❺ コレステロールがヒトにとって必要である理由を説明せよ（❺参照）．

第I部　生きているとはどういうことか

5章 脂質の輸送と代謝

甘いものを食べるとなぜ太る？

　ついつい甘いものを食べすぎて体重が増えてしまった経験はありませんか．甘いもの，つまり糖質を摂りすぎると体に脂肪が増えるのは当たり前のことのようですが，よく考えると不思議です．あぶらっこいものを食べすぎて脂肪が増えるのは何となく理解できますが，なぜ糖質を摂りすぎても増えるのでしょうか．糖質を食べて「太る」ことと，あぶらっこいものを摂りすぎて「太る」こととは同じなのでしょうか，それとも異質のものなのでしょうか．脂質と糖は全く異なる物質ですが，実はそれらの代謝経路は途中で合流しています．この章では食べ物から摂取した脂質が私たちの体内をどのようにして巡っているのか，そして，どのようにしてエネルギーに変換されるのか，また，どのようにして体内に蓄積されるのかについて学びます．そして最後に，これらの脂質代謝が糖質代謝といかに交差しているかを理解しましょう．

Keyword　体内での脂質の循環/脂肪酸からエネルギーを取り出す方法/体内で脂肪酸合成のしくみ/
脂肪酸代謝と脂質代謝の関係

1. 体内を巡る脂質

A. 食べ物に含まれる脂質は腸で分解されて吸収される

私たちの体内にある脂質の源は2種類あります．1つは食べ物に含まれていて，腸壁から体内に取り込まれるもの．もう1つは体（特に肝臓）の細胞内で合成されるものです．どちらも大切な脂質源ですが，特に必須脂肪酸（第4章）は体内で合成することができないため，かならず食べ物から摂取する必要があります．

食べ物から摂取した脂質（特にトリグリセリド）は，唾液や膵液に含まれるリパーゼにより脂肪酸とグリセリンに分解されます（図5-1）．グリセリンは比較的水に溶けやすいので，そのまま小腸上皮細胞から吸収されますが，脂肪酸は，腸内に分泌された胆汁酸（第4章）のはたらきでミセルに閉

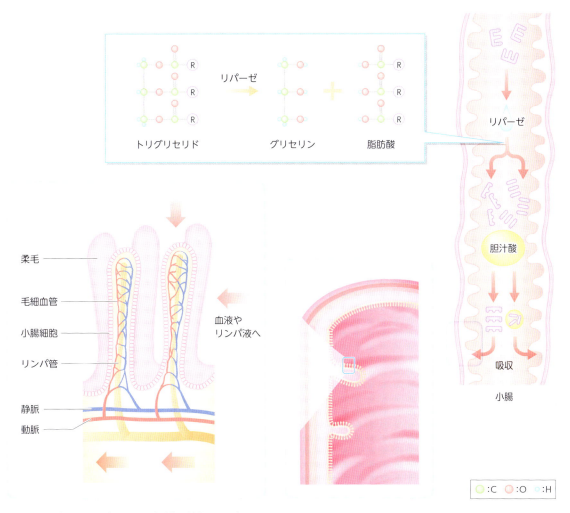

図5-1　食べ物に含まれる脂質の分解と吸収

じ込められ，腸管から吸収されます．コレステロールは比較的細胞膜を通りやすいので，そのまま細胞内に入り込みます．

B. 体内における脂質の運び屋

小腸細胞内に取り込まれた脂肪酸やコレステロールは血液やリンパ液に乗って全身へと運ばれます（図5-2）．中鎖脂肪酸は比較的水に溶けるので，血液（ほとんど水分です）に乗ってそのまま肝臓に運ばれます．しかし，長鎖脂肪酸やコレステロールは水に溶けにくいので，血液やリンパ液に乗って運ぶためには，工夫が必要です．そのためのメカニズムの1つがリポタンパク質系です．

リポタンパク質は，アポリポタンパク質やリン脂質などの比較的親水性の分子を表面にもち，トリグリセリドやコレステロールエステルなどの疎水性

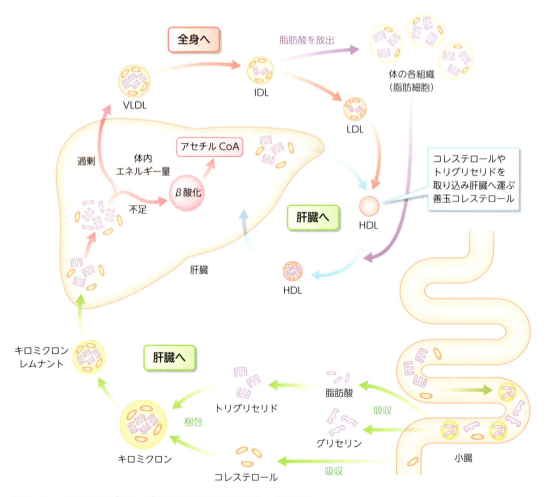

図5-2 脂質はリポタンパク質に梱包されて体内を巡る

分子を中心にもつ二重構造をしています（**表5-1 上**）（これらの物質の構造と性質は第4章を参照）．アポリポタンパク質は，リポタンパク質形成を促進したり，リパーゼを活性化したりするはたらきがあり，ヒトでは9種類がみつかっています．リポタンパク質は，その大きさや密度によりはたらきが異なり，それぞれ異なる名前でよばれています（**表5-1 下**）．

直径が1番大きく密度が低いものは<u>キロミクロン</u>[1]とよばれ，腸が吸収した長鎖脂肪酸とコレステロールの輸送に重要なはたらきをしています（**図5-2**）．以下，VLDL，IDL，LDL，HDL[2]の順にサイズは小さく，密度は大きくなります．それぞれのリポタンパク質は大きさだけでなく，アポリポタンパク質の組成が異なり，これにより異なるはたらきをもっています．それらを大きく分類すると，「全身から肝臓へ向かう輸送」と「肝臓から全身へ向かう輸送」になります．肝臓は脂質輸送と代謝の重要なターミナルです．消化吸収された脂質は一度肝臓に輸送され，そこでかたちを変えてから全身に輸送・再分配されます（**図5-2**）．

[1] chylomicron，カイロミクロンともよばれます．

[2]
VLDL：very low density lipoprotein,
IDL：intermediate density lipoprotein,
LDL：low density lipoprotein,
HDL：high density lipoprotein.

表5-1　リポタンパク質の構造と分類

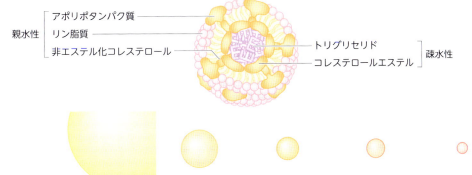

	キロミクロン	VLDL	IDL	LDL	HDL
直径（nm）	75〜1,200	30〜80	25〜35	18〜25	5〜12
密度（g/mL）	＜0.95	0.95〜1.006	1.006〜1.019	1.019〜1.063	1.063〜1.210
おおよその組成(重量%)					
タンパク質	1	10	18	22	33
トリグリセリド	83	50	31	10	8
コレステロール	8	22	29	46	30
リン脂質	7	18	22	22	29
アポリポタンパク質	A-Ⅰ, A-Ⅱ, B-48 C-Ⅰ, C-Ⅱ, C-Ⅲ	B-100 C-Ⅰ, C-Ⅱ, C-Ⅲ E	B-100 C-Ⅰ, C-Ⅱ, C-Ⅲ E	B-100	A-Ⅰ, A-Ⅱ C-Ⅰ, C-Ⅱ, C-Ⅲ D, E

表上の○は大きさの比を示す．

- 食品に含まれるトリグリセリドはリパーゼで分解されて腸壁から体内に吸収
- 体内の脂肪酸やコレステロールはリポタンパク質に閉じ込められて肝臓へ
- リポタンパク質は大きさと密度によってはたらきが異なる

2. 脂質は肝臓と全身をいったりきたり

A. 吸収された脂肪酸は肝臓に集められる

　小腸細胞に取り込まれた脂肪酸は，グリセリンと結合して再びトリグリセリドとなり，コレステロールとともにキロミクロンに梱包されます．この状態で小腸細胞からリンパ系に放出されたのちに胸管から血液に入り，最終的に肝臓へと到達します．キロミクロンは，直径75～1,200 nmで，その80％以上がトリグリセリドです（**表5-1**，**図5-2**）．

　肝臓へと到達した脂質はそこでまた脂肪酸に戻されて，全身へと運ばれるか，もしくは，分解（酸化）されてアセチルCoAになります．この分解により大量のエネルギーを取り出すことができます（**3** 参照）．脂肪酸を分解してエネルギーを取り出すか，もしくは全身に運んで蓄積するかは，そのときの体内のエネルギー状態に大きく依存します．エネルギーが過剰なときは貯蔵にまわされますし，足りないときは分解されてエネルギーとなります．

B. 肝臓から全身へ：VLDL系運搬

　キロミクロンが食べ物から吸収した脂質を肝臓へと輸送するはたらきであるのに対して，VLDL系（VLDL, IDL, LDL）は肝臓で合成された脂質を全身に運ぶはたらきをします．トリグリセリドとコレステロールはVLDLに梱包され，肝臓を出発します．VLDLはキロミクロンに比べてずっと小さく，30～80 nm程度ですが，トリグリセリドの含有率は50％程度あります．VLDLは肝臓を出発したあと血中に分泌され，末梢の組織まで脂質を輸送します．血中を浮遊している間にアポリポタンパク質のはたらきによりトリグリセリドを放出し，自分はやせて軽くなって，やがてIDL, LDLへと変化します[1]．余分なトリグリセリドは特に全身の脂肪組織へと運ばれて，いわゆる皮下脂肪や内臓脂肪となって蓄積されます．VLDLやLDLが悪玉コレステロールとよばれるのはこのためです．

　VLDLは各種ホルモンの原料であるコレステロール（第4章）を各組織や器官に運搬したり，体内の栄養が枯渇したときにトリグリセリドを全身に運搬したりするという重要なはたらきがあります．しかしながら，コレステ

[1] 最終的なトリグリセリドの含有率は10％程度まで低下します．

ロールが過剰に存在すると，コレステロールを豊富に含んだLDLが血中に長時間浮遊し続け，血管内のマクロファージにより取り込まれて動脈硬化を引き起こします．本来は体に必要な栄養素なのですが，なんでも「摂りすぎ」には注意ということです．

C. 全身から肝臓へ：HDL

VLDLが肝臓から末梢への脂肪輸送ではたらいていたのに対して，末梢から肝臓への脂質輸送はHDLによって行われます．肝臓や腸細胞でつくられたHDLは，最初は比較的「空っぽ」の状態で分泌されます．大きさは5〜12 nmと小さく，VLDLの1/10程度です．HDLは末梢組織で余分なコレステロールやトリグリセリドを内部に取り込み，肝臓に戻ってきます．体内の余分なコレステロールを肝臓まで逆輸送してくれるので，いわゆる善玉コレステロールとよばれています．

このようにして，脂質は小腸，肝臓，全身の組織の間を行き来して，体の調子を整えたり（ホルモンの合成），エネルギー源として利用されているのです．正常な脂質循環と代謝は体に必要不可欠な機能です．**3**では，脂肪酸からエネルギーを取り出すしくみについて詳しく学びましょう．

- 腸から吸収された脂肪酸はキロミクロンで肝臓へ
- 肝臓でつくり替えられたトリグリセリドはコレステロールとともにVLDLで全身へ
- 全身で余った脂質はHDLに乗って肝臓へ

3. 脂肪酸からエネルギーを取り出す

A. 脂肪酸は炭素が2個ずつ分解されてアセチルCoAへ

❶アシル基とは,$CH_3-(CH_2)_n-CO-$で示される官能基のこと．脂肪酸がエステルやチオエステルを形成したときにみられます．アセチル基（CH_3-CO-）はアシル基の一種．

❷解糖系（第3章）では，ピルビン酸が脱水素酵素で酸化されて生成します．

脂肪酸からエネルギーを取り出すには，糖質と同様，分解（異化）する必要があります．脂肪酸の分解は主に細胞のミトコンドリア内で起こります．脂肪酸はまずCoAと結合してアシルCoA❶に活性化された後，一連の酸化反応を受けて分解されます．この反応でアシルCoAはアセチルCoA❷と，炭素2つだけ鎖が短いアシルCoAに分解されます（**図5-3**）．カルボキシル基の炭素から数えて，2つ目（β位とよびます）の炭素－炭素結合が酸化されて切断されるので，この酸化反応を特にβ酸化とよびます．脂肪酸はこのβ酸化をくり返し受けることでどんどん短く分解され，やがてすべてアセチルCoAへと姿を変えます．

第Ⅰ部 生きているとはどういうことか **75**

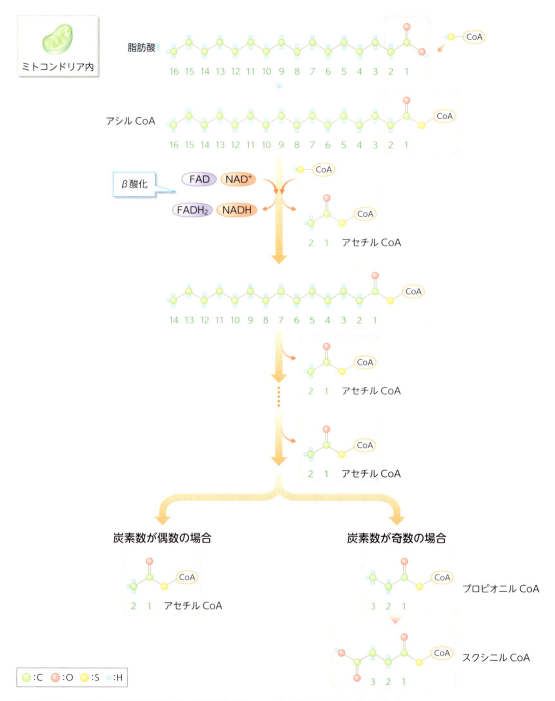

図5-3　脂肪酸の炭素が2個ずつ切り離されてアセチルCoAを生成する

　飽和脂肪酸であるパルミチン酸の場合，炭素数が16ですから，β酸化が7回行われて，合計8個のアセチルCoAが生成されます．一般的に，炭素数Nの飽和脂肪酸の場合，N/2－1回のβ酸化により，N/2個のアセチルCoAが生成されます．偶数個の炭素をもつ脂肪酸の場合は，すべてきれい

にアセチルCoAまで分解されます．炭素数が奇数の場合は，β酸化で2個ずつ炭素を切り離していくと，最後に炭素数3のカルボン酸（プロピオニルCoA）が残ります（図5-3）．プロピオニルCoAはこれ以上β酸化することができませんので，スクシニルCoAにかたちを変えてTCA回路（第3章）で利用されます．

不飽和脂肪酸の場合はどうでしょうか．実は，飽和脂肪酸のβ酸化の途中で酸化と脱水が生じ，炭素同士の不飽和結合が一時的に形成されているのです．よって，β位に不飽和結合をもったアシルCoAも，問題なくアセチルCoAへと分解されます（β酸化の詳しい反応過程は発展学習参照）．

発展学習

脂肪酸のβ酸化のしくみ

CoAに結合して活性化された脂肪酸（アシルCoA）は，アシルCoAデヒドロゲナーゼとFADによりα位とβ位の間の結合が酸化されます．これにヒドラターゼが水和して，β位に水酸基が生じます．次にデヒドロゲナーゼによりこの水酸基がさらに酸化され，β-ケトアシルCoAが生成します．最後にチオラーゼがβ位の炭素を攻撃し，アシルCoAとアセチルCoAとを切り離します．このようにして，α位の炭素はアセチルCoAとして切り離され，β位の炭素はアシルCoAに残ります．

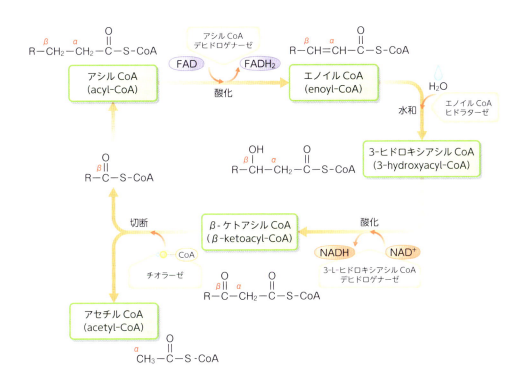

発展学習図5-1　β酸化のしくみ

B. β酸化と糖代謝の交差点

β酸化の化学反応式を書くと以下のようになります.

アシル CoA(炭素数 n) ＋ FAD ＋ NAD^+ ＋ H_2O ＋ CoA ⟶
アシル CoA(炭素数 n － 2) ＋ アセチル CoA ＋ $FADH_2$ ＋ NADH ＋ H^+

β酸化1回あたり，1分子のアセチルCoAの他に1分子のNADHと$FADH_2$が生成されます．NADHと$FADH_2$，およびアセチルCoAは，すでに解糖系とTCA回路，そして電子伝達系で学びました（第3章）．解糖系で産生されたピルビン酸がアセチルCoAに変換されてからTCA回路に送られて，そこでNADHや$FADH_2$が合成されるのでしたね．実は，糖代謝と脂質代謝はアセチルCoAで交わっているのです.

β酸化により生成したアセチルCoAは，解糖系から送られてきたアセチルCoAと同様，そのままTCA回路に入り，NADHなどを生成します．また，β酸化で生じたNADHや$FADH_2$はそのまま電子伝達系に送られてATPの合成に利用されます．TCA回路と電子伝達系は，ともにミトコンドリアで行われていることを思い出してください．脂肪酸の酸化からATPの合成まではすべてミトコンドリアの中で行われます.

C. β酸化で得られるエネルギー

❸パルミチン酸は牛肉などに含まれる飽和脂肪酸(**表4-1**).

ここでパルミチン酸[3]が完全にβ酸化されたときにどれくらいのエネルギーが取り出せるか考えてみましょう．パルミチン酸は炭素16個ですので，パルミチルCoAは7回のβ酸化で7分子のNADH，7分子の$FADH_2$と8分子のアセチルCoAを産生します．1分子のアセチルCoAがTCA回路で完全に酸化されると，

NADH：3分子　$FADH_2$：1分子　GTP：1分子

が産生されるので（第3章），8分子のアセチルCoAからは，

NADH：24分子　$FADH_2$：8分子　GTP：8分子

が生成することになります．よって，パルミチン酸が完全に酸化されると，

NADH：31分子　$FADH_2$：15分子　GTP：8分子

表5-2 糖質と脂質のエネルギー

	糖質	脂質
1 g あたりの熱量	約 4 kcal	約 9 kcal
1 分子あたりのATP数	グルコース1個 → ATP：38個	パルミチン酸1個 → ATP：129個

が生成します．NADHとFADH₂がミトコンドリアの電子伝達系で酸化されると，それぞれ3分子と2分子のATPに変換されるので，結局，1分子のパルミチルCoAあたり131分子相当のATPが生成することになります．ただし，パルミチン酸からパルミチルCoAをつくる際にATPを2分子消費するので，それを差し引くと，正味129分子のATPとなります．

グルコース（分子量180.16）1分子から38分子のATPが生成されたのに対して，パルミチン酸（分子量256.42）1分子からは129分子ものATPが生成されました．分子量の差を考慮したとしても，脂肪酸の方がグルコースに比べてはるかに多くのエネルギーをつくり出しているのがわかりますね（表5-2）．

- 脂肪酸はβ酸化によりアセチルCoAに分解される
- β酸化により生じたアセチルCoA，NADH，FADH₂はTCA回路や電子伝達系に
- 炭素数16のパルミチン酸だと129分子ものATPが合成される

4. 脂肪酸の合成

A. 私たちの体内でつくられる脂肪酸

食事をした直後や，体内に比較的エネルギーが豊富なとき，肝臓では脂肪酸を分解するのではなく，むしろ合成します．脂肪酸の合成反応はβ酸化のちょうど逆反応のようにみえますが，詳しいメカニズムはかなり異なります．

脂肪酸の合成は，アセチルCoAを原料として脂肪酸シンターゼという巨大な酵素複合体が一連の反応を効率よく行います．アセチルCoAはカルボキシラーゼによってあらかじめ炭酸が付加され，マロニルCoAになります（図5-4）．このマロニルCoAが脂肪酸シンターゼにとりこまれ，マロニル基がCoAから酵素内のアシルキャリアプロテイン（ACP）へと移されます．ACPはCoAと同じパンテテイン基をタンパク質に結合したかたちでもって

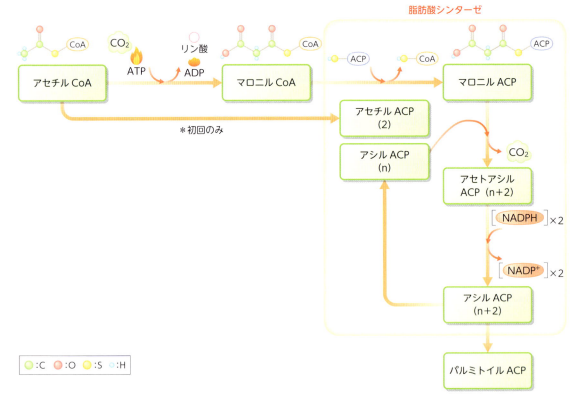

図5-4 脂肪酸の合成

❶CoAではパンテテイン基が3´-ホスホアデノシンにリン酸基を介して結合していますが、ACPでは、パンテテイン基がリン酸基を介してタンパク質のセリン残基の側鎖に結合しています。

❷NADPHはNADHを構成する3´-ホスホアデノシン（**発展学習図3-1**）の2´位の水酸基がリン酸化されたものです。

いて（第3章発展学習），アシル基のキャリアとしてはたらきます❶．β酸化では2つの炭素がアセチルCoAとして切り離されましたが，合成経路では，マロニルACPが2つの炭素を付加するユニットになります．マロニル基から脱炭酸されるエネルギーを利用してアセチル基を脂肪酸に付加します．β酸化では脂肪酸はCoAと結合してアシルCoAとなって反応が進行しましたが，合成経路では，脂肪酸は酵素内のACPに結合した状態（アシルACP）で反応が進行します．

　酵素内でアセチル基を付加されたアシルACP（アセトアシルACP）はさらに複合体内で還元反応をうけ，炭素鎖が2つ伸びたアシルACPとなります（**図5-4**）．このときに使われる補酵素は，NADHではなく，NADPHです．NADPHはNADHに似た分子で，ニコチンアミド基で電子の授受を行います❷．NADHが主に異化で利用されるのに対して，NADPHは同化（合成）のプロセスでよく用いられます．

　マロニルACPを用いた縮合反応により，アシル基の炭素鎖は2つずつ伸長し，最終的にパルミチルACPが生成します．脂肪酸シンターゼはここでようやくパルミチン酸を複合体外に放出します．このように，脂肪酸の分解

表5-3 脂肪酸の分解と合成反応の違い

	分解（異化）	合成（同化）
酵素	アシルCoAデヒドロゲナーゼなど	脂肪酸シンターゼなど
C2のユニット	アセチルCoA	マロニルACP
補酵素	NAD^+，FAD	NADPH
アシル基の活性化	CoA	ACP
細胞内の場所	ミトコンドリア	細胞質

と合成は一見逆向きの反応のようにみえますが，詳しいプロセスは大きく異なります．違いをまとめると**表5-3**のようになります．また，脂肪酸シンターゼはさまざまなホルモンや代謝産物により制御されることが知られていて，これにより脂肪酸の分解と合成のバランスが取られているのです．

B. 合成された脂肪酸は肝臓へ

脂肪酸シンターゼにより合成されたパルミチン酸は，長鎖脂肪酸伸長酵素によりステアリン酸（C18：0）などのさらに長い飽和脂肪酸へと炭素鎖を伸ばします．また，これらの飽和脂肪酸は，脱水素酵素によりオレイン酸（C18：1）やリノール酸（C18：2）などの不飽和脂肪酸（**表4-2**）へと姿を変えます．このように肝臓は，アセチルCoAを材料として合成されたさまざまな脂肪酸と，食事由来で小腸から運ばれてきた脂肪酸とが混在するターミナルなのです．これらの脂肪酸はグリセロール-3-リン酸と結合してトリグリセリドとなり（第4章），VLDLに乗って全身に運ばれます．

─甘いものを食べると太る理由

これまでみてきたように，糖質代謝と脂質代謝は，アセチルCoAやNADH，$FADH_2$という共通の物質を交差点としてお互いに交わっています．では，糖分を摂りすぎるとこの両者の代謝にどのようなことが起こるかみてみましょう（**図5-5**）．

激しい運動をしているときを除けば，筋肉が必要とするエネルギーは，筋肉細胞に蓄えられたATP，およびグリコーゲンで十分にまかなうことができます．食事を摂るとまもなく細胞内のグルコースレベルが上昇（❶）し，エネルギーが過剰な状態になります（❷）．このとき，まず抑制されるのがTCA回路です（❸）．TCA回路の中でも，特にイソクエン酸脱水素酵素（**図3-4**）の活性が低下し，ミトコンドリア内にクエン酸が蓄積します．クエン酸はやがて細胞質に運ばれ，リアーゼという酵素によりアセチルCoAへと戻されます．そして，細胞質に蓄積したアセチルCoAは，本章で学んできたように，脂肪酸シンターゼなどのはたらきによりパルミチン酸へと変換されます[❸]（❹）．そして，余分な脂質はVLDLにより体中の脂肪組織に蓄えられるのです．

逆にエネルギーの消費が激しく，血糖値が低下してくると，体は脂肪を分

❸おおよそ，パルミチン酸1分子を生成するのに，グルコース18分子が消費されます．グルコース50 gを過剰に摂取した場合，脂質が約14 g生成される計算になります．

第Ⅰ部 生きているとはどういうことか **81**

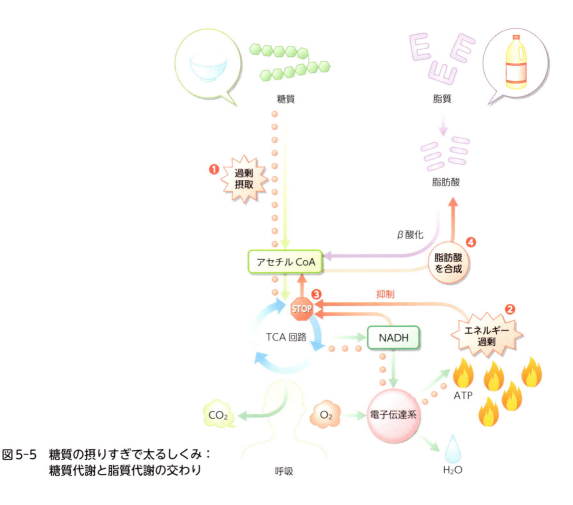

図5-5　糖質の摂りすぎで太るしくみ：糖質代謝と脂質代謝の交わり

解してエネルギーを取り出します．脂肪酸からは大量のATPがつくられますが，トリグリセリドの分解からβ酸化の過程は時間がかかるため，主に長期的なエネルギー供給において重要なはたらきをしています④．糖質代謝と脂質代謝は，とても複雑なメカニズムでコントロールされています．血糖値を調節するインスリンというホルモンがありますが，このインスリンは，脂質代謝にかかわる酵素のはたらきも調節しています．例えば，コレステロール合成ではたらく酵素（HMG-CoAリダクターゼ⑤）はインスリンによって活性化されることが知られています．このように，糖質代謝と脂質代謝はさまざまな接点で密接につながっているのです．

④脂肪が分解されはじめるのは，有酸素運動をはじめて約30分程度と考えられています．ダイエットのための運動は，最低でも30分以上行わないと効果がありません．

⑤コレステロール合成経路（図4-7）でメバロン酸を合成する酵素．

- 肝臓ではアセチルCoAから脂肪酸が合成される
- マロニルACPが炭素数2のユニットをアシルACPに付加する
- 脂肪酸シンターゼとよばれる巨大酵素複合体が脂肪酸の合成を触媒する
- 合成された脂肪酸は肝臓でさらにかたちを変え，VLDLに乗って全身へ運ばれる

章 末 問 題

❶ リポタンパク質の名前と特徴，脂質運搬での役割を説明せよ（❶参照）.

❷ 炭素数16のパルミチン酸がミトコンドリアで完全に酸化されたときに取り出せるエネルギーはATP何分子分に相当するか（❸参照）.

❸ 脂肪酸の酸化が特にβ酸化とよばれる理由を説明せよ（❸参照）.

❹ 脂肪酸の分解と合成との類似点と相違点を説明せよ（❹参照）.

❺ 脂肪の燃焼には有酸素運動が効果的であることを，脂質と糖の代謝という観点から説明せよ（❹参照）.

第I部　生きているとはどういうことか

6章

ビタミンとミネラルのはたらき

―サプリメントは体にいいの？

　みなさんのなかにはサプリメントやその他の栄養補助食品を毎日もしくは定期的に飲んでいるという人がいるかもしれません．ドラッグストアに行くと，店の1/3ほどがなんらかのサプリメントで占められているというケースもよくみかけます．三大栄養素をサプリメントから摂取する人はいないかもしれませんが，例えばビタミンなどは，日常の食生活で不足しがちな栄養ですので，これらをサプリメントで補う人は少なからずいるでしょう．ビタミン以外にも「体によい」というキャッチフレーズで実に多様なサプリメントや栄養補助食品が売られています，しかし，そのしくみを理解している人は少ないのではないでしょうか．三大栄養素である糖質や脂質がエネルギーを生み出す源になることを私たちはすでに学びました．では，なぜそれらに含まれないビタミンやミネラルも「体に大切」なのでしょうか．この章ではその体内でのはたらきを学びましょう．

Keyword ビタミンの種類と構造／ビタミンと酵素の大切な関係／メジャーミネラルとマイナーミネラル

1. ビタミン発見の歴史

A. それは食べ物からみつかった

　　　ビタミンとはもともと，生命（vital）に必要な窒素化合物（amine）とい
う意味で名づけられました．ビタミンが発見されたのは20世紀になってか
らですが，それより以前から食べ物には重要な物質が含まれていることが知
られていました．古代ギリシャではとり目（夜盲症）の患者にレバーエキス
を目薬のように注ぎ，治療効果をあげていたという記録があります．また，
ビタミンCの含まれない食べ物を3週間も食べ続けると，壊血病が発症し，
筋肉のけいれん，関節の痛み，食欲の減退，めまい，下痢，局所的な出血，
皮膚の障害などの症状が現れます．新鮮な果物や野菜を長期間にわたって食
べることのできなかった昔の兵士や航海士たちは，壊血病に苦しんで命を失
うこともありました．

　　　三大栄養素以外の物質が私たちの健康に欠かせないことがわかったのは
1906年，オランダの医師クリスチャン・アイクマンが食べ物のなかに神経
症を治療する因子があることを提唱したのがはじまりといわれています．そ
れ以降，その未知の因子を同定する研究が行われ，脚気の原因となるビタミ
ンB$_1$が同定されました．脚気は足のしびれや知覚障害を引き起こし，当時
は死に至るほどの大きな病気でした．1912年，ポーランドのカシミール・
フンクが脚気に効く物質を抗脚気ビタミンとよび，1926年になってビタミ
ンB$_1$が同定されました．このとき，ビタミンCも純粋なビタミンとして取
り出され，以後，1937年にビタミンA，1948年にビタミンB$_{12}$が純粋に
分離されました．

B. ビタミンの種類と名前

　　　現在，同定されているビタミンは13種類です（表6-1）．Aからはじまっ
て，B，C，D，Eと続いて，突然Kまで飛んでおわります．ビタミンはどのよ
うにして名づけられたのでしょうか．

　　　この命名法の元になったのは米国の生化学者エルマー・マッカラムです．
彼は，シロネズミを成長させるにはバターや卵の黄身に含まれる「ある栄養
素」が必要であることをみつけましたが，それらを純粋な物質として取り出
すことはできませんでした．そこで彼は，その栄養素のうち油に溶けるもの
を「A因子」，水に溶けるものを「B因子」として，栄養素をおおまかに2種
類に分けました．それから7年後の1920年，イギリスの生化学者ジャッ
ク・ドラモンドは，油に溶けるA因子でとり目を治す成分をビタミンA，水

第I部　生きているとはどういうことか　**85**

表6-1　ビタミンの種類と構造

		1日の必要量 (mg)	含まれている食べ物	生体内でのはたらき	不足した場合の症状	過剰摂取時の症状
脂溶性	A	1.0 (0.8)	緑黄色野菜，牛乳，バター，チーズ	ロドプシンの合成，上皮細胞，粘液細胞	とり目，失明，免疫の低下	頭痛，不眠症
	D	0.01 (0.01)	卵，乳製品	骨の発育，カルシウムの吸収	骨の発育不全，くる病，骨粗鬆症	吐き気，下痢
	E	10 (8)	緑黄色野菜，小麦の胚芽油	抗菌作用	貧血，不妊症	なし
	K	0.08 (0.06)	緑黄色野菜，海藻類，納豆	血液凝固	内出血，血液凝固障害	黄疸
水溶性	B$_1$	1.5 (1.1)	豚肉，内臓	二酸化炭素の除去	脚気，心臓病	なし
	B$_2$ (リボフラビン)	1.7 (1.3)	レバー，イースト，卵黄，胚芽	酸化・還元	口内炎，口角炎	なし
	B$_3$ (ナイアシン)	19 (15)	レバー	酸化・還元	ペラグラ*	なし
	B$_5$ (パントテン酸)	4～7	多数の食べ物に広く分布	補酵素Aの成分	疲労，睡眠障害，吐き気	なし
	B$_6$ (ピリドキサール)	0.2 (0.2)	肉，野菜	アミノ基転移，アミノ酸とグリコーゲン代謝	イライラ，けいれん	なし
	B$_7$ (ビオチン)	0.03 (0.03)	野菜，肉	アミノ酸とグリコーゲン代謝，脂肪の生産	疲労，うつ，吐き気，筋肉痛	なし
	B$_9$ (葉酸)	0.2 (0.2)	イースト，レバー，肉，卵黄	メチル基転移	貧血，下痢，腸炎	なし
	B$_{12}$ (コバラミン)	0.002 (0.002)	肉，卵，乳製品	酸化・還元，メチル基転移	悪性貧血，神経障害	なし
	C (アスコルビン酸)	60	柑橘類，トマト，野菜	コラーゲンの合成，酸化・還元	壊血病，皮膚・歯血管の衰え	なし

（　）は成人女性の値．＊：18世紀にスペインで発見された代謝疾患．皮膚がただれて腫れが強く痛みを伴う．

に溶ける因子のうち脚気を治す成分をビタミンB，壊血病を治す成分をビタミンCと名づけ，これ以降発見されるビタミンにはD，E，Fとアルファベット順に名前をつけるように提案しました．

　その後，生命に必要な成分が次々にみつかり，ドラモンドが提唱したとおり，ビタミンD，E，Fと仮の名前が割りあてられました．しかし，その後の詳しい研究などにより，いくつかのビタミン候補は間違いであることがわかったり，後になってB群に分類されたりといった具合に数が減り，現在のところF～JおよびL以降は存在しません❶．

・ビタミンは，歴史的には「生命に必須な窒素化合物」という意味
・脂溶性をA因子，水溶性をB因子と名づけたのがはじまり
・ビタミン不足により，さまざまな病気を発症することが知られている

❶過去に誤ってビタミンと認識された物質は多く，ビタミンVまで存在していました．しかし，その多くは間違いであったり，人の体内で合成できる物質であることが後の研究で明らかになりました．これらは現在，ビタミン様物質とよばれることがあります．

2. 脂溶性ビタミンと水溶性ビタミン

A. 私たちの体はビタミンをつくることができない

ビタミンは私たちの健康に必須な物質であるにもかかわらず，残念ながら私たちは自分の体内でそれらを生産することができません．よって，私たちはビタミンを食べ物から摂取しなくてはなりません．一方，大腸菌は培地にグルコースといくつかの無機物を入れておくだけでどんどん増えます．大腸菌は自らビタミンをつくることができるので，わざわざ外部から摂取する必要がないからです．高等動物は進化の過程でビタミンをつくる能力を失ってしまったのです．

B. 油に溶けやすいビタミンと水に溶けやすいビタミン

13種類のビタミンは油に溶けやすいもの（脂溶性ビタミン）と水に溶けやすいもの（水溶性ビタミン）の2つに大別されます（図6-1）．脂溶性ビタミンはA，D，E，Kの4個．水溶性ビタミンはB_1，B_2，B_3，B_5，B_6，B_7，B_9，B_{12}，Cの9個です．

構造をよく見比べてもらうとわかるかもしれませんが，どちらも多くの炭素骨格をもっています．しかし，水溶性ビタミンには，水となじみやすい酸素や窒素が多いことに気がつきます．炭素鎖から多くの水酸基（$-OH$：⬤）や酸素（O：⬤）が突き出ていたり，炭素鎖の中に窒素（N：⬤）が含まれています．一方，脂溶性ビタミンの方はというと，炭素と水素ばかりで，酸素や窒素がとても少ない構造をしています．なので，よく油となじむわけです．

C. 食いだめがきくビタミン，きかないビタミン

私たちの体内で，脂溶性ビタミンは皮下脂肪にある脂肪層に蓄積されます．脂溶性ビタミンは水に溶けにくいため，尿と一緒に排泄されることはありません．もし過剰に摂取した場合，ひとまず脂肪層に蓄えられ，その後少しずつ体内で消費されます．このように脂溶性ビタミンは「食いだめ」がきくため，毎日食事から摂取しなくてもよいという利点があります．しかし，逆に過剰摂取すると障害が現れることがあるという問題があります（表6-1）．脂溶性ビタミンを摂取する際には，適切な量を心がけねばなりません．

一方，水溶性ビタミンは尿に溶けて体外に排出されてしまうので，たとえ一度に大量に摂取しても体内には蓄積されません．ですから，水溶性ビタミンを過剰に摂取したとしても，その副作用を調べることは難しく，とりたて

第Ⅰ部　生きているとはどういうことか　**87**

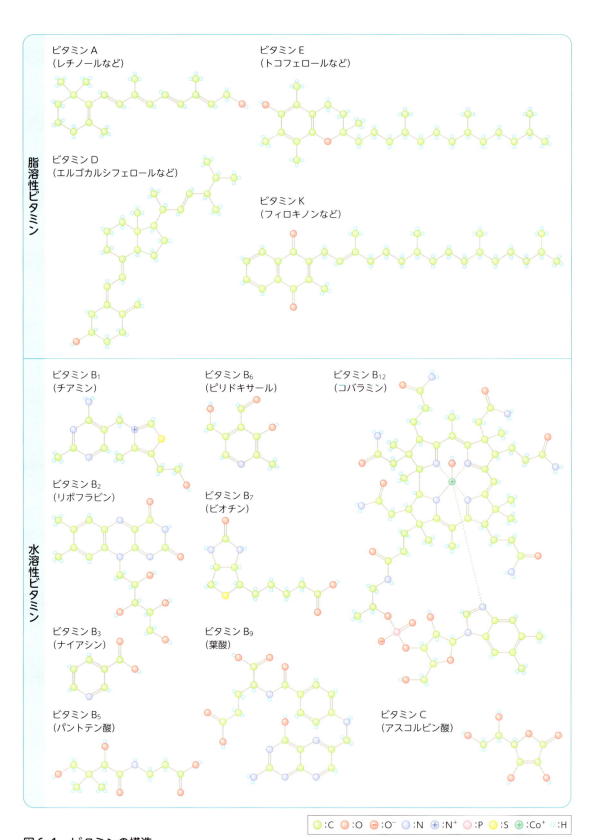

図6-1 ビタミンの構造

て副作用が問題になるということもありません．また，食品中の水溶性ビタミンは冷蔵庫に貯蔵しているときにも，煮たり焼いたりという調理によっても破壊されやすいという性質があります．ほうれん草を3分間ゆでるとB₁は70％，B₂は80％，Cは48％にまで減少してしまいます．効率よく水溶性ビタミンを摂取するには，保存や調理方法も気にかけねばならないようです．

このように，脂溶性と水溶性ビタミンとでは，体内への蓄積に大きな違いがあります．しかし，どちらも不足した場合はただちに症状となって現れるという点は共通しています．

- 動物はビタミンを体内で合成することができない
- 脂溶性ビタミンは脂肪組織に蓄積するため食いだめがきくが，摂りすぎに注意
- 水溶性ビタミンは食いだめがきかないが，摂りすぎても安全

3. 体内でのビタミンのはたらき

A. ビタミンは酵素の助っ人

では，ビタミンは私たちの体内でどのようなはたらきをしているのでしょう．ビタミンは体内の酵素のはたらきを調節する因子としてはたらいています．よって，ビタミンが不足すると，いくら三大栄養素が十分にあっても体はエネルギーをつくることができません．

酵素がはたらくには，酵素本体であるタンパク質成分以外に非タンパク質成分を必要とする場合があり，これを補因子とよびます（このタイプの酵素ではタンパク質成分をアポ酵素といいます）．アポ酵素はそれ自身では酵素としては不活性ですが，補因子と結合する（ホロ酵素とよびます）と活性をもつようになります（図6-2）．補因子のうち有機物を特に補酵素といい，これらの多くはビタミンからつくられます．

図6-2 ビタミンは酵素のはたらきを助ける

B. 代謝経路ではたらくビタミンたち

ビタミンが代謝経路のどこではたらいているかをみてみましょう．例えば，糖代謝や脂質代謝で何度も出てきたNAD^+や$NADP^+$はビタミンB_3であるナイアシンが，FADはビタミンB_2であるリボフラビンが，それぞれアデニンヌクレオチドに結合してできた化合物です．これらの補酵素は，脱水素酵素などの酵素が触媒する酸化還元反応で電子の受け渡しを手伝う役割がありました（第3章）．また，CoAはビタミンB_5のパントテン酸が3′–ホスホアデノシンと結合したものです（**発展学習図3-1**）．また，糖代謝でピルビン酸からアセチルCoAへの変換を触媒する酵素複合体である**ピルビン酸脱水素酵素**（**図3-3**）は，ビタミンB_1（チアミン）にリン酸が結合したチアミンピロリン酸（TPP）とよばれる補酵素を必要とします．ピルビン酸脱水素酵素は別々の活性をもつ3つ酵素から構成される複合体で，TPP，NAD^+，FAD，リポ酸などの補酵素を使いながら，酸化的脱炭酸の一連の反応を効率よく触媒します（詳しい反応機構に関しては，発展学習参照）．

他のビタミンも酵素の活性を調節するうえで重要なはたらきをしています．ビタミンAは目の網膜のはたらきに必要です．網膜には光を受容する細胞が並んでおり，このなかに**ロドプシン**という光を感じるタンパク質がたくさん含まれています．ロドプシンはオプシンというタンパク質にビタミンAが結合してできたものです．受容細胞が光を感じると，ロドプシンは再びビタミンAとオプシンに分離します．この構造変換が視覚シグナルとして神経によって脳まで運ばれます．また，血液凝固に必要なプロトロンビンというタンパク質が肝臓でつくられる際に必要なのがビタミンKです．よって，これが不足すると出血が止まりにくくなります．

そのほかにも，血液をつくるのにB_6，B_{12}，C，B_9，骨の形成にはA，C，D，皮膚の形成にはA，B_1，B_6，C，B_3，B_5といった具合に，体のなかのさまざまな場所でいろいろなビタミンが必要とされています．すべてのメカニズムが解明されているわけではありませんが，いずれも何らかの酵素に結合して，その活性を調節するはたらきがあると考えられています．

- ビタミンは酵素の活性を助けるはたらきがある
- 糖質や脂質の代謝経路ではたらいているNAD^+，FAD，CoAなどもビタミンからつくられる
- ビタミンは体のさまざまな場所で必要とされている

発展学習

ピルビン酸脱水素酵素における補酵素のはたらき

　解糖系で生産されたピルビン酸をアセチルCoAへと変換する反応は，ピルビン酸脱水素酵素が触媒します．ピルビン酸脱水素酵素はピルビン酸脱炭酸酵素，ジヒドロリポ酸脱水素酵素，ジヒドロリポ酸トランスアセチラーゼ，の3つの酵素からなる複合体で，それぞれTPP（チアミンピロリン酸），NAD^+とFAD，リポ酸を補酵素にもっています（**発展学習図6-1**）．

　ピルビン酸は，まずピルビン酸脱炭酸酵素に取り込まれ，TPPにアセチル基を移して二酸化炭素を放出します（ステップ①）．TPPに移されたアセチル基（ここではヒドロキシエチル基）は次にジヒドロリポ酸トランスアセチラーゼのもつリポ酸にアセチル基を受け渡し（ステップ②），もとのTPPにもどります．リポ酸が受け取ったアセチル基は同酵素内でCoAへと移され（ステップ③），還元型リポ酸が残ります．これはすぐにジヒドロリポ酸脱水素酵素がもつFADにより酸化されてリポ酸へと戻ります（ステップ④）．これで生成した$FADH_2$は同酵素内でNAD^+により還元され，もとのFADに戻ります（ステップ⑤）．このように，3つの酵素がそれぞれ異なる補酵素を利用することで，複雑な酸化的脱炭酸という化学反応を効率よく進行させているのです．

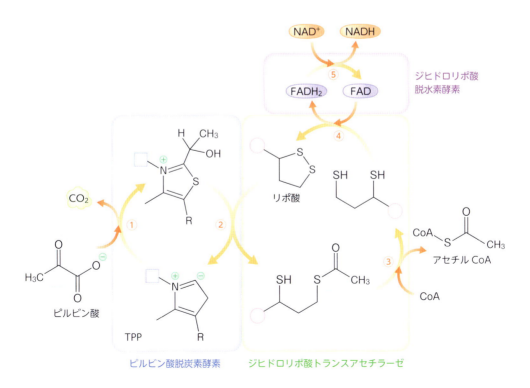

発展学習図6-1　ピルビン酸脱水素酵素における補酵素のはたらき

4. ミネラルのはたらき

A. ミネラルとは

酵素の補因子には，ビタミン以外にも無機物の金属イオンなどがあります．例えば，アルコールを分解するアルコールデヒドロゲナーゼは亜鉛，チトクロム C オキシダーゼは鉄，グルタチオンペルオキシダーゼはセレンが必須です．ここでは，これらの金属（ミネラル）についてまとめて学びましょう．

細胞を構成している有機物は，タンパク質，糖質，脂質で，これらは酸素，炭素，水素，窒素などの元素によりできています[1]．この 4 元素以外の元素をまとめてミネラル（無機物）とよんでいて，カルシウム（1.8％），リン（1.0％），カリウム（0.4％），硫黄（0.3％），ナトリウム（0.2％），塩素（0.2％），マグネシウム（0.1％）が含まれます（表6-2）．これら 7 種のミネラルは，メジャーミネラルとよばれています．

[1] この 4 種だけで全体の 96％を占めます．

B. メジャーミネラルのはたらき

（1）カルシウム

カルシウムは人体で最も多いミネラルで，体重 60 kg の人だと 1.1 kg ものカルシウムを体内にもっていることになります．このうちの 99％はリン酸と結びついてヒドロキシアパタイトという固くて丈夫な結晶になり，歯や骨の主成分になっています（図6-3 ⓐ）．残りの 1％は血液中に溶けています．食べ物に含まれていたカルシウムは腸管からビタミン D の助けによって体内に吸収され，血液に乗って全身の細胞に運ばれます．そこで，筋肉の収縮，神経細胞のシグナル伝達，酵素活性の調節，血液凝固，血圧のコントロールなどに使われています．

血液中のカルシウムと骨に蓄えられたカルシウムとは平衡（バランス）状

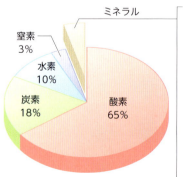

表6-2　メジャーミネラルの種類と割合

元素	存在比（％）	重量（g）*
カルシウム（Ca）	1.8	1,100
リン（P）	1.0	600
カリウム（K）	0.4	240
硫黄（S）	0.3	180
ナトリウム（Na）	0.2	120
塩素（Cl）	0.2	120
マグネシウム（Mg）	0.1	60

＊体重 60 kg のヒトの場合．

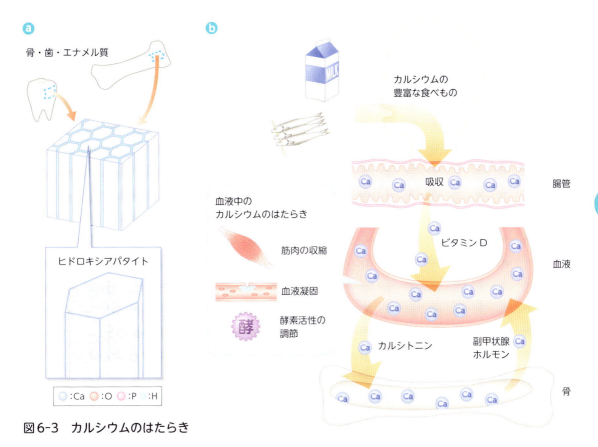

図6-3 カルシウムのはたらき

態にあり，血液中のカルシウム濃度が低いと副甲状腺ホルモンのはたらきによって骨から血液へと溶け出します．また，血液中に十分な量のカルシウムがある場合には，カルシトニンのはたらきによって骨に取り込まれます．骨は，カルシウムやマグネシウムなどのミネラルの貯蔵庫として大切なはたらきをしています．

(2) リン

リンはヒドロキシアパタイトとして骨や歯の重要な成分として存在しているだけでなく，第1章で学んだアデノシン三リン酸（ATP）や，遺伝子の本体であるデオキシリボ核酸（DNA）やリボ核酸（RNA）（第8章）にも含まれる重要なメジャーミネラルです．また，リン酸はタンパク質の水酸基に結合してそのはたらきを活性化したり，不活性化したりするスイッチとしてもはたらいています（第11章）．

(3) マグネシウムと硫黄

マグネシウムは酵素の活性に不可欠な補因子として機能しています．例えば，糖代謝でグルコースからグリコーゲンを合成する酵素であるグリコーゲンシンターゼはマグネシウムを補因子として必要とします．マグネシウムは

補因子としてのはたらき以外にも，タンパク質同士の結合やタンパク質と
DNAとの結合にも必要です．これは，マグネシウムイオンが2価の正電荷
をもっていることと深い関係があります．

硫黄は補因子としての機能よりも，タンパク質を構成する重要な元素とし
てはたらいています．タンパク質は20種のアミノ酸から構成されていて，
そのうちメチオニンとシステインは硫黄を含んでいます（第9章参照）．よっ
て，硫黄も細胞にとってなくてはならない元素です．

(4) ナトリウムとカリウム

ナトリウムとカリウムはイオンとして細胞質や細胞外液に大量に溶けてい
ます．動物細胞の細胞膜にはATPのエネルギーを使ってナトリウムを細胞
外に，カリウムを細胞内に能動輸送するタンパク質（ナトリウムポンプ，別
名：ATPアーゼ）が存在し，このはたらきにより細胞内は低ナトリウム・
高カリウム，細胞外は高ナトリウム・低カリウムの状態に保たれています．
これらイオンの濃度勾配のため，細胞内は細胞外に比べて60 mV程度電位
が低くなっています．神経細胞の興奮伝達には，これらイオンの流れが重要
な役割を果たしています（第11章参照）．

C. マイナーミネラル

生体内にはメジャーミネラル以外にもさまざまな金属が存在しています．
鉄，亜鉛，セレン，マンガン，銅，モリブデン，コバルトなどの金属は体重
量の0.005％以下しか含まれておらず，マイナーミネラルに分類されます．
しかし，どれもとても重要な役割をもっています（**表6-3**）．特に酵素の補
因子としてはたらいていることが多く，ビタミンと並んで，体の調子を整え
るのになくてはならない物質です．

鉄は，酸素を運ぶヘモグロビンや貯蔵するミオグロビンというタンパク質
に含まれています．鉄はポルフィリン環とよばれる構造の中心に結合してお
り，ヘム鉄を形成しています（**図6-4**）．ヘモグロビンが酸素を捕まえたり

表6-3　マイナーミネラルの種類と割合

元素	存在比（％）	重量（g）*	補因子となる酵素
鉄（Fe）	0.004	2.4	ヘモグロビン，ミオグロビン，電子伝達系
亜鉛（Zn）	0.002	1.2	アルコール脱水素酵素
セレン（Se）	0.0003	0.18	SOD（活性酸素分解酵素）
マンガン（Mn）	0.0003	0.18	SOD，乳酸脱水素酵素，アルギニン分解酵素
銅（Cu）	0.0002	0.12	SOD，電子伝達系，チロシナーゼ，コラーゲン合成

＊：体重60 kgのヒトの場合.

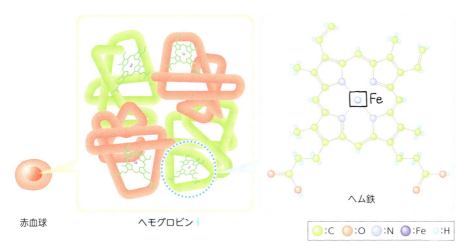

図6-4 ヘモグロビンではたらく鉄

放出したりする反応は，このヘム鉄で起こります．鉄分が不足すると貧血気味になるのはこのためです．また，第3章で学んだ電子伝達系では，ミトコンドリア内膜で電子の受け渡しをする複合体の反応中心にヘム鉄や銅が含まれています．この鉄や銅が複合体内部で一連の酸化還元反応を受けることにより，最終的に電子が酸素に渡されて水になります．

サプリメントとうまくつき合うには

ビタミンやミネラルはヒトが健康に生きていくうえで必要不可欠です．ヒトはこれらを自分の体内でつくり出すことができないので，食べ物から摂取するしかありません．サプリメントはそれを補う手段として有効ですが，脂溶性ビタミンや一部のミネラルでみられるように，過剰摂取の危険性などをよく理解したうえでうまくつき合う必要があるのはいうまでもありません．

- ミネラルとは炭素，酸素，窒素，水素以外の元素のこと
- ミネラルはメジャーミネラルとマイナーミネラルに分類される
- ミネラルはタンパク質や核酸の構成元素であったり，酵素の補因子であったりする

章末問題

❶ 13種のビタミンを脂溶性と水溶性に分類せよ（❷参照）．
❷ ビタミンAのはたらきを説明せよ（❸参照）．
❸ 体内での鉄のはたらきを説明せよ（❹参照）．

第Ⅱ部

生命体をつくる
情報と構造

第II部 生命体をつくる情報と構造

はじめに

1. 子は親に似るが同じではない

　ことわざで「トンビがタカを産む」ことはあっても，生物的にこれはあり得ません．カエルの子はいつでもカエルですし，トンビからはトンビしか産まれません．しかし，カエルの子どもは親ガエルに似てはいますが，細部をみると全く同じというわけではありません．人間の親子だって全体としては似ていますが，全く同じことはないでしょう．生物の体はすべて細胞からできています．ヒトであれば，200種類以上の細胞が約60兆個集まってできています．これらのすべての細胞は，もとをたどれば1つの受精卵からつくられたものです．このことは，複雑な体をつくりあげるのに必要なすべての情報が1つの細胞の中に保存されていることを意味します．

　第I部でみなさんは，細胞や私たちの体が生きていくためにいかにエネルギーをつくり出しているかを詳しく学びました．第II部では，細胞がそのエネルギーを使って命を維持し，遺伝情報を継承するメカニズムを学びます．

2. 第II部で学ぶこと

　細胞は生命の最小単位です．第7章では，まず細胞の構造を学びます．細胞は細胞膜で外界と隔てられていますが，その内部にはさまざまな細胞内小器官をもっています．細胞内小器官はそれぞれかたちやはたらきが異なり，細胞の命を維持するためにうまく分業がなされています．第I部でくり返し出てきたミトコンドリアも細胞内小器官の1つで，電子伝達系やTCA回路，脂質の酸化，などを行っています．

　核も細胞内小器官の1つです．核には細胞の設計図といわれるDNAが保管されています．DNAはデオキシリボ核酸という化学物質で，ワトソンとクリックが解き明かした「二重らせん」構造をしていることはあまりにも有名です．DNAは遺伝物質（遺伝情報が書き込まれている物質）であり，DNAに書き込まれた情報が子の細胞に受け継がれることにより，親と同じ遺伝子をもった新しい細胞が誕生するわけです．第8章では，このDNAの構造と複製のメカニズムについて分子レベルで学びます．

第9章では，DNAに書き込まれた遺伝情報をもとにいかにして細胞や個体がつくられるかを学びます．DNAを構成するヌクレオチドの塩基配列情報はRNAとよばれる物質へと写し取られ，最終的にはタンパク質のアミノ酸配列へと変換されます．遺伝子の情報はタンパク質のアミノ酸配列情報なのです．

遺伝子の塩基配列情報に基づいて，私たちの体では40,000種類以上のタンパク質がつくられて，さまざまな場所と場面ではたらいています．第10章では，これらのタンパク質の細胞内や体内でのはたらきについて学びます．タンパク質は酵素ともよばれ，さまざまな化学反応を触媒することが主な役割です．そのほかにも細胞の命を維持するために多種多様なタンパク質が細胞内では活動しています．

タンパク質が担う重要なはたらきの1つにシグナル伝達があります．第11章で学ぶように，細胞は周囲の環境や細胞からシグナルを受け取り，それに対応する能力をもっています．細胞外のさまざまなシグナル物質は，細胞表面の特異的な受容体に結合し，細胞内へのシグナルへと変換されます．細胞内では，タンパク質のリン酸化，イオンの濃度変化などがタンパク質のシグナルをさらに伝達し，最終的に遺伝子発現を調節したり，別の細胞へとシグナルを伝えたりします．

このように細胞は周囲とコミュニケーションしながら生きています．そして，最終的には，最も大切な細胞分裂により子孫を増やします．これにより，自分自身は死んでも，自分の遺伝子を後生へ受け渡すことができます．第12章では，細胞分裂の過程がいかに進行するかとともに，細胞周期がいかにコントロールされているかを学びます．細胞分裂は自分の遺伝子のコピーを次世代に伝える重要な仕事です．わずかなミスも許されません．そのために，細胞は何カ所もチェックポイントを設け，その進行をこまめにチェックしながら分裂を続けているのです．

3. 似ているけど同じではない理由

動物の子が親に似ているけど少し異なるのは，多くの動物が有性生殖で子孫を増やすからです．有性生殖ではオスの配偶子（精子）とメスの配偶子（卵）とが受精することで受精卵が誕生し，子の個体ができあがります．減数分裂によりつくられた1組の染色体セットをもつ配偶子2つが受精によりあわさり，あらたな2セットの染色体をもつ細胞が誕生します．その組み合わせは2^{23}以上．このようにして遺伝子を混ぜることで，少しだけ異なる個体をつくり出しているのです．

第Ⅱ部　生命体をつくる情報と構造　**99**

第II部　生命体をつくる情報と構造

7章

細胞の構造と機能

―昆布のダシは
海の中で出ないの？

　日本料理に欠かせない昆布ダシ．みなさんも家庭で料理をするときに昆布を使ってダシを
とることがあると思います．昆布にはうまみ成分であるグルタミン酸が大量に含まれていて，
これが水に溶け出してあの上品なダシができます．では，昆布が海の中で育っているときに
ダシ成分は逃げてしまわないのでしょうか．また，海から引き上げた昆布をそのままお湯の
中に入れてもおいしいダシは出るでしょうか．昆布からおいしいダシが出るしくみを理解す
るには，細胞のかたちとはたらきを理解する必要があります．この章ではまず真核細胞の内
部構造について学びます．そして，バクテリアなどの原核細胞との違いを比較しながら，細
胞がいかにして生きているかを理解しましょう．

100　大学で学ぶ 身近な生物学

Keyword ▶ 細胞の構造／細胞内小器官のかたちとはたらき／真核細胞と原核細胞の違い

1. 細胞の発見

図7-1　フックの見たコルクの切片

　細胞の大きさは1mmの数分の1〜数百分の1なので，私たちの肉眼で見るのはほぼ不可能です．細胞の構造に関する研究は，顕微鏡の技術とともに進化したといっても過言ではありません．世界ではじめての顕微鏡は，1590年オランダのめがね職人，ジェンセン親子によってつくられました（父親のハンスと息子のサハリアス）．2枚のレンズを組み合わせただけの単純な顕微鏡で，望遠鏡のようなかたちをしていました．この顕微鏡で得られる倍率は3〜9倍だったといわれていますので，小さな生物を拡大することはできても，細胞1つ1つを観察するには不十分な倍率でした．

　顕微鏡を一躍有名にしたのがイギリスの自然哲学者ロバート・フックです．1665年，彼は自分で作製した顕微鏡でコルクの切片（薄くスライスしたもの）を観察しました．そこで彼がみたものは，びっしりと並べられた小さな区画（小部屋）でした（図7-1）．当時，ヒトを含めた「生物」はいったい何からできているのかという問題に対する答えを求める研究が盛んに行われていました．私たちの体は目に見えない小さい粒（粒子）からできていることは想像されていましたが，その粒の正体が何かはわかっていませんでした．

　フックの発見は，コルクという植物片が丸い粒ではなく中が空洞の小さな小部屋が集まってできていることをみつけたという点で大きな衝撃だったのです．もちろん，学校で生物学を勉強してきたみなさんは，それが植物細胞の細胞壁であることは容易に理解できるでしょう．しかし，日本では江戸時代です．生物が何からできているかわからなかった時代に，顕微鏡でミクロの世界への扉を開いたフックの業績は偉大なものでした．彼はこの小部屋をCellと名づけ，これが今でも細胞を意味する英語として使われています．彼は細胞という言葉の生みの親なのです．

- 顕微鏡を最初に発明したのはジェンセン親子
- 顕微鏡で最初に細胞を見たのはロバート・フック
- 細胞とは，小さな小部屋という意味

2. 細胞の構造

A. 細胞中の小さな器官：細胞内小器官

　フックの業績から数百年の間に，顕微鏡はさらに進化し，細胞内の詳細な構造が明らかにされました．私たちの体がさまざまな器官が集まってできて

第Ⅱ部　生命体をつくる情報と構造

いるのと同じように，細胞も内部にさまざまな器官をもっていて，それらが自分の役割を果たすことで，細胞の命が維持されています（**図7-2**）．このような細胞内の器官を**細胞内小器官**といいます．**核**，**ミトコンドリア**，**ゴルジ体**，**小胞体**，植物細胞であればさらに**液胞**や**葉緑体**といった細胞内小器官が集まって細胞を構成しています．

B．細胞内部は脂質膜によって仕切られている

　細胞内小器官の特徴は，**脂質膜**で囲まれていることがあげられます．細胞内小器官を構成する脂質膜（生体膜）は，構造的には**細胞膜**とほぼ同じです．第4章で学んだように，脂質は脂肪酸とグリセリンとがエステル結合でつながったもので，脂肪酸の長い炭化水素鎖のせいで水と混じりにくい性質をもっています（**図7-3**）．生体膜を構成する脂質の多くはリン脂質で，グリセリンの3つの水酸基のうち，2つが脂肪酸とエステル結合でつながり，残りの1つがリン酸を含む官能基とつながっています（**図4-5**）．脂肪酸の炭化水素鎖が水と交わりにくい（疎水性）のに対して，リン酸は電離（イオン化）して水ととても交わりやすい性質（親水性）をもっています．つまり，リン脂質は正反対の性質をもつ官能基を分子内にもっているのです．

　リン脂質が生体膜のような二次元シートになるときには，親水性の頭を水と接する表面に露出し，疎水性のしっぽを内部に向け合った配置をとっています．シート表面はリン酸基が露出しているので水となじみますが，シート内部は炭化水素鎖で満たされているので，水を通しにくい構造をしています（**図7-3**）．

　細胞質に存在するイオン，タンパク質，糖は，基本的に水になじみやすいものです．細胞膜は内部の疎水的環境のため，これらの水になじみやすいものを通しにくいという性質があります．これによって，細胞の内と外，また細胞質と細胞内小器官内部は隔てられているのです．しかし，物質の移動ややりとりが全くないかというとそうではなく，脂質膜に埋め込まれたさまざまな輸送タンパク質やチャネルタンパク質により，選択的に物質のやりとりが行われています（**図7-3**）．第11章で学ぶ神経信号の

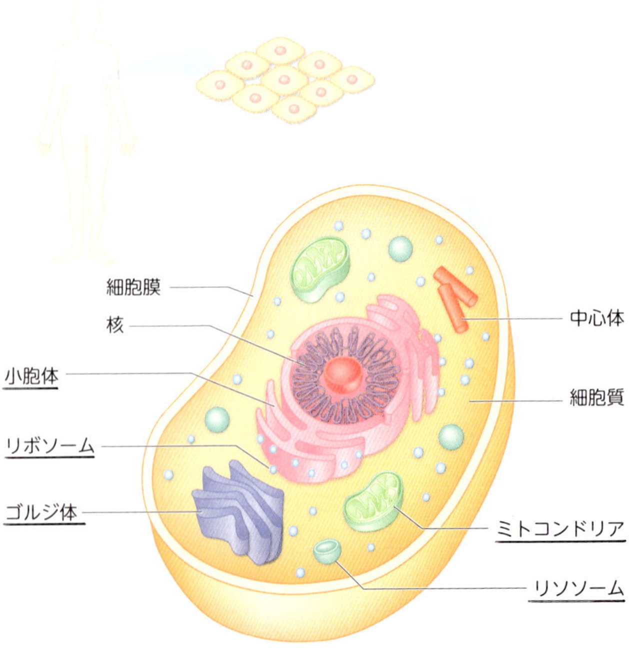

図7-2　細胞は細胞内小器官が集まってできている

細胞膜
核
小胞体
リボソーム
ゴルジ体
中心体
細胞質
ミトコンドリア
リソソーム

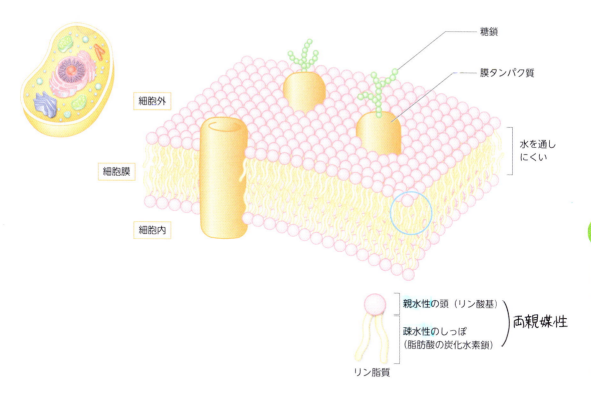

図7-3 生体膜の内部は疎水性
生体膜はリン脂質二重膜にタンパク質が埋め込まれている．膜タンパク質の多くは外側に糖鎖が付加されている．

伝達には，このようなイオンチャネルのはたらきが重要な役割を果たしています．

- 細胞内にはさまざまな細胞内小器官が存在する
- 細胞内小器官は脂質膜で囲まれている
- 生体膜は親水性と疎水性の二重層を形成している

3. 細胞内小器官はそれぞれはたらきをもっている

A. 遺伝子をとじ込めている核

　核は内部に遺伝子の本体である<u>染色体</u>を含んでいて，細胞の生存・増殖にとって重要な器官です．染色体は<u>デオキシリボ核酸（DNA）</u>とタンパク質からつくられています（第8章）．DNAには個体をつくるためのすべての遺伝情報が書き込まれていて，細胞分裂に先立って複製（コピー）され，娘細胞に分配されます．これがうまくいかないと，分裂がうまくいかなかったり，分裂したとしても，一部の遺伝情報を欠損した細胞になったりしてしまいます．

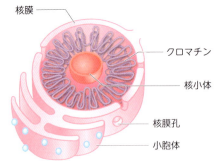
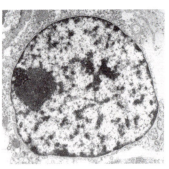

図7-4 核の構造
DNAはヒストンとよばれるタンパク質と結合して太い繊維（クロマチン繊維）を形成して核内に存在している．画像：駒崎伸二博士のご厚意による．

　核は核膜という脂質膜で囲まれていて，細胞質と隔てられています（図7-4）．核膜は染色体と接している内膜と，粗面小胞体とつながっている外膜との二層の膜でできています．内膜と外膜は核膜孔❶を介してつながっていて，この核膜孔が細胞質と核内部との通り道になっています．多くの細胞では，細胞が分裂する際に，核膜は崩壊し，染色体が細胞質に放出されます．このとき染色体は凝縮し，X型やY型に形を変えます．タマネギの根っこの先端を顕微鏡で見たことがある人は覚えているのではないでしょうか．根の先端は伸長するため活発に細胞分裂が起こっているので，凝縮した染色体にお目にかかるチャンスが多いのです．染色体が娘細胞に分配されて分裂がおわると，染色体はふたたびほどかれて，周囲を核膜に囲まれた「核」に戻ります．核の内部には染色体以外にも，リボソームの工場である核小体❷（図7-4）や，スプライシング（第9章）を行うための複合体❸などが存在しています．

❶核膜孔には多くのタンパク質からできている核膜孔複合体が形成され，通過する分子を制限しています．

❷核小体では，リボソームRNAの転写およびプロセシング，リボソームタンパク質との集合が行われます．

❸スプライソソームとよばれ，タンパク質とRNAの複合体です．

B. ミトコンドリアはエネルギーの生産基地

　ミトコンドリアは，エネルギーの生産基地です．第3章で学んだTCA回路や電子伝達系はそれぞれミトコンドリアのマトリクス（基質）および内膜で進行します（図7-5）．ミトコンドリアは自ら分裂して数を増やしますが，細胞の分裂と同調しているわけではありません．娘細胞に分配されるときも，細胞質分裂の際にどちらかの娘細胞にランダムに取り込まれるだけです．実は，ミトコンドリアは基質内部にDNAをもっていて核内の染色体と異なる遺伝子を独自に維持していますし，リボソームももっています．まるで1つの細胞のようですね❹．

　また，精子と卵子が受精して受精卵になるときに，卵細胞がもっていたミトコンドリアはそのまま受精卵に受け継がれますが，精子のミトコンドリアはほとんど受精卵に含まれません．精子のミトコンドリアはそのしっぽの部

❹ミトコンドリアは，原核細胞が真核細胞へと進化していくなかで，宿主細胞が別の細胞を取り込んだなごりであると考えられています（共生進化説）．取り込んだ後に核とミトコンドリアの間でDNAなどのやりとりがあったと考えられていますが，完全に核に支配されることなく，現在でも少しのDNAと独自のリボソームでタンパク質の合成を行っているようです．

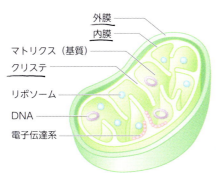
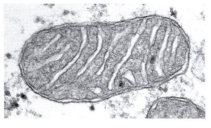

図7-5 ミトコンドリアの構造
画像：駒崎伸二博士のご厚意による．

分に集中していて（泳ぐのに大量のエネルギーを必要とするからです），染色体を格納している頭部にはミトコンドリアはほとんど含まれていません．よって，子が受け継ぐDNAの量は，父方と母方からきっちり50％ずつではなく，厳密にいうとミトコンドリアDNAの分だけ母方から受け継ぐDNAの方が多いということになります．母親強し，です．

C. 小胞体とゴルジ体はタンパク質の輸送システム

小胞体は細胞内タンパク質輸送の基地としてはたらいています．細胞質ではたらくタンパク質は細胞質に存在するリボソームで合成されます（第9章）が，タンパク質によっては，細胞内の別の場所に運ばれてはたらくものもたくさんあります．細胞膜や細胞外ではたらくタンパク質は，細胞質ではなく小胞体に付着したリボソームで合成されます[5]．合成されるとすぐに小胞体膜に挿入されるか小胞体内に閉じ込められ，そこから輸送小胞に乗ってゴルジ体へ送られ，最終的にリソソームや細胞膜，細胞外へと輸送されます（図7-6）．

[5] リボソームが結合した小胞体を，その見た目から粗面小胞体，リボソームが結合していないものを滑面小胞体とよびます．

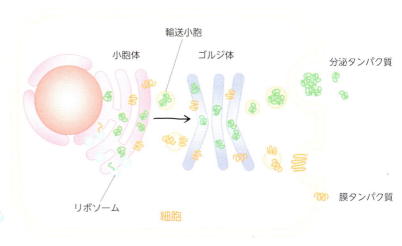

図7-6 細胞内のタンパク質輸送のしくみ

第Ⅱ部 生命体をつくる情報と構造

D. リソソームはタンパク質分解の基地

　リソソームは脂質膜で囲まれた小胞で，タンパク質の分解や老廃物の処理場としてはたらいています．細胞が生きていくうえで，多くの生体高分子が合成と崩壊（分解）をくり返しています．合成と分解の速度が同じであれば，全体としてみると変化がないようにみえます．しかし，内部では多くの分子が合成と分解によって入れ替わっているのです．これを動的平衡といいます．例えば，私たちの体を構成する細胞は合成と崩壊（分裂と死）によって動的平衡が保たれているので，体の大きさは大人になるとほとんど変化しません．これと同じように，細胞内のタンパク質も絶えず合成と分解によって新しく入れ替わることで動的平衡を保っています．リソソームはそのうちの分解を司る器官です．

　細胞内で不要になったタンパク質はリソソーム内に集められ，内部に蓄えられている分解酵素によりアミノ酸までバラバラにされた後，再び合成に使われます❻．リソソーム内部は常に強い酸性に保たれていて，タンパク質の変性が進みやすい環境になっています．リソソーム内のタンパク質分解酵素は，このような酸性条件下で正しく機能できるように設計されていて，逆に細胞質では活性が落ちてしまいます．これは細胞にとって重要な意味をもっています．タンパク質分解酵素はとても危険な酵素です．もしこれが細胞質に漏れ出してしまえば，細胞は分解されて死んでしまうでしょう．リソソームに含まれる分解酵素は，酸性条件下ではたらくように設計されているので，万が一細胞質に漏れ出した場合には，はたらきが著しく低下するようになっているのです．万が一に備えた安全装置ですね．

❻一部の免疫細胞では，細胞外から取り込んだ異物をリソソームに送り，バラバラに分解することで外敵から身を守ります．

・核は染色体を収納している
・ミトコンドリアはエネルギー生産を行う
・小胞体は膜タンパク質などの合成，輸送基地
・リソソームはタンパク質分解を行う

4. 原核細胞と真核細胞

　これまでみてきた細胞内の構造は，真核細胞のもので，私たちヒトをはじめ，すべての動物，植物，カビ，酵母，藻類が真核生物です．真核細胞とは，細胞内に核をもっていて，DNAがその中に閉じ込められている細胞のことです．これに対して，染色体DNAが細胞質に存在していて核をもたないものを原核細胞とよび，大腸菌やサルモネラ菌などの細菌がこれに分類さ

表7-1　真核細胞と原核細胞の違い

	原核細胞	真核細胞
ゲノム	細胞質の核様体	核内の染色体
細胞内小器官	ない	ミトコンドリア，小胞体など
染色体	1倍体（1個）	2倍体以上（複数個）
DNA	1個の環状DNA	複数個の線状DNA
遺伝子数	3,000～4,000	5,000～100,000
分裂様式	無糸分裂	有糸分裂
生物の例	大腸菌，サルモネラ菌などの細菌すべて	ヒト，動物，植物，昆虫，カビ，酵母

有糸分裂では，分裂期に紡錘体が形成され，染色分体を両極に引き寄せるが，無糸分裂では，紡錘体が形成されずに染色体分配が進行する．

れます（**表7-1**）．原核細胞は真核細胞と比較して小さく，例えば大腸菌だと，数μmほどしかありません．真核細胞が数十～100μmであるので，数十倍の違いがあります．原核細胞は核をもたないため，核小体もありません．リボソームの合成は細胞質で行われます．また，原核細胞はタンパク質を輸送するための小胞体やゴルジ体などの細胞内小器官もありません❶．膜タンパク質や分泌タンパク質もすべて細胞質のリボソームで合成されてから膜に挿入されたり膜を越えて分泌されたりします．

❶真核細胞のなかでも一部の特殊な細胞は細胞内小器官をもっていません．ヒト赤血球は核とミトコンドリアをもっていません．

細胞内小器官の違い以外にも，原核細胞と真核細胞とでは異なる点がいくつもあります．真核細胞では合成されたRNAはスプライシングという過程で編集されてからタンパク質合成に使われますが（第9章），原核細胞ではこの作業はありません．また，糖，脂質，アミノ酸の代謝経路にも違いがあったり（第3章），ビタミンの合成能力に関しても原核細胞と真核細胞で大きな違いがあることもあります（第6章）．これは，私たちのような動物と細菌とでは生育環境や栄養状態などが異なり，環境変化に対する適応性なども大きく異なるからです．

ヒトを含め多くの動物は体内にさまざまな細菌をもっていて，彼らと共生関係にあります．私たちは，腸内などの繁殖に適した環境を彼らに提供する代わりに，細菌がつくり出す物質・栄養素をいただくという，相互利益（もちつもたれつ）の関係を築きながら生活しているのです．また，酒，味噌，醤油，酢などの調味料をつくるときに行う発酵も，体内共生ではありませんが，人間と細菌のよい関係を示すものであるといえるでしょう（コラム参照）．

・すべての細胞は核をもつ真核細胞と核をもたない原核細胞とに分類できる
・原核細胞は核や小胞体などの細胞内小器官をもたない
・私たちはさまざまな原核細胞と共生しながら生きている

第Ⅱ部　生命体をつくる情報と構造

5. 細胞の増殖をコントロールする細胞周期

　私たちの体を構成する細胞は，常に分裂をくり返しているわけではありません．細胞は今自分が増えるべきか，じっとするべきかを判断しながら生きています．1個の受精卵から体ができあがる過程（これを発生といいます）では，細胞は分裂してその数を増やすとともに，多くの種類の細胞に変身（この過程を分化といいます）して多様な組織や器官をつくらねばなりません．肝臓の細胞になるのか，神経細胞になるのか，また，どのタイミングで変身するのか．これらがすべて厳密にコントロールされることで私たちの体はできあがります（細胞分裂に関しては第12章，発生に関しては第13章で詳しく学びます）．

　細胞が増殖するときは，まず染色体をコピー（複製）してからそれらを正確に娘細胞に分配せねばなりません．そのために，真核細胞では，DNAの複製と細胞分裂とが連携してコントロールされていて，そのサイクルを細胞周期とよんでいます．細胞周期のサイクルは，DNAを複製するS期，その後のG2期，染色体を分配して細胞分裂を行うM期，その後のG1期の4つのステップのくり返しで進行します（図7-7）．DNAを複製するS期と分裂期とが別々になっているのが重要です（DNAの複製に関しては，第8章で詳しく学びます）．これにより，複製が正確におわらないと分裂期に進めな

Column

発酵と日本人

　日本をはじめ，世界中にはさまざまな発酵食品があります．発酵とは，微生物のはたらきにより，食品が本来含んでいる成分以外の成分をつくり出し，風味を増したり，保存性を高めたりすることです．身近な食品ですと，味噌，醤油，酢，日本酒をはじめ，納豆，カツオ節もそうですし，お茶にも発酵が利用されていますね．世界的にみると，ビール，ワイン，ヨーグルト，パン，などなど．

　発酵に利用される微生物は食品によりさまざまですが，乳酸菌などのバクテリアや，酵母，コウジ菌などのカビがあります．また，日本酒のように，まずコウジ菌がデンプンを分解し，その後，酵母や他の微生物が糖質をアルコールに変えるという，共同作業も少なくありません．仕込んだもろみ内部では，酵母がグルコースなどの糖質を解糖し，ピルビン酸をつくります．もろみ内部は酸素が届きにくい環境ですので，TCA回路や電子伝達系が進行せず，ピルビン酸はピルビン酸デカルボキシラーゼのはたらきによりアセトアルデヒドと二酸化炭素に分解され，アセトアルデヒドはさらにアルコールデヒドロゲナーゼにより還元されてエタノールになります．

　発酵では，糖質の分解のみならず，タンパク質の分解も盛んに行われ，多くのアミノ酸が生成します．これが，醤油や味噌の複雑な「うまみ」をつくり出しているのです．多湿な気候である日本では，さまざまな発酵技法が発達し，食品の保存はいうまでもなく，豊かな食文化の発展に大きな貢献をしました．

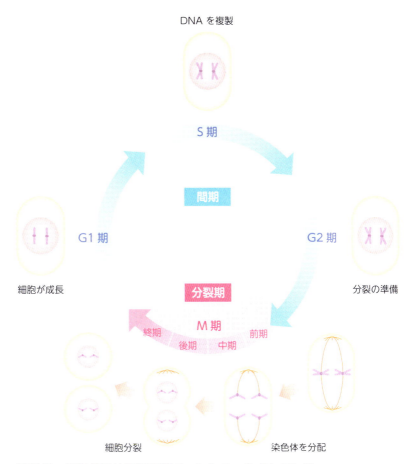

図7-7 細胞分裂は細胞周期でコントロールされている

いしくみになっているのです．DNAの複製エラーは，分裂している細胞（特に生殖細胞）にとって致命的です．複製エラーの確率はとても低いものですが，ゼロではありません．万が一エラーが生じた場合には，分裂期に進む前に修復されるか，もしくは細胞が自らの命を絶つという防御機能が備わっています（細胞死に関しては第18章で詳しく学びます）．

・私たちの体の細胞は常に分裂をくり返しているわけではない
・細胞分裂はDNAの複製と密接に関係している
・細胞周期にはM期，G1期，S期，G2期の4つが含まれる

6. 細胞にとって大切な水

A. 細胞の活動は水と密接に関係している

　生き物の生命活動に水は必要不可欠です．ヒトの場合，成人では体重の60％が水です．これには，血液などの体液と，細胞内部に存在する水とがあります．ヒトは1日に2.5リットルの水を外部から摂取する必要があるといわれていて，これが十分でないと死に至ることもあります．それくらい生命活動と水は切っても切れない関係なのです．細胞の中に目を向けても，ほとんどすべての生体化学反応は水がないと進行しません．タンパク質の構造（第10章）も，酵素反応も，すべて水が必要です．

B. 冷凍や乾燥により細胞は破壊される

　水は常温で液体の物質です．水分子は極性をもった分子なので，お互いが水素結合で結ばれています．この結合のおかげで，水は常温で液体として存在できるのです．液体では，水素結合は常に切れたりつながったりをくり返しながら，比較的自由に動き回っています．しかし，氷点下になって液体から固体（氷）になると，水分子の動きは著しく低下し，水素結合でしっかり結ばれた結晶になります．こうなると，細胞の構造は大きなダメージを受けます．これまで液体の水で守られていたタンパク質は，周りの水が結晶化してしまうと構造が変化し，たとえあとで液体に戻したとしても，タンパク質は元に戻らないという事態に陥ってしまいます．細胞膜や細胞内小器官も同じです．水が結晶化することによって生体膜は大ダメージを受け，再び溶かしたときには，元通りに戻らなくなります❶.

　冷凍と同様に，乾燥もまた細胞やタンパク質に大きなダメージを与えます．細胞内の水分が少なくなると，タンパク質などの機能が低下し，細胞は生きていられなくなります❷.

❶冷凍庫で一度凍らせた肉を常温で解凍すると，水分が出てしまっていかにもおいしくなさそうな状態になってしまいます．これは，肉の細胞が壊れて，内部の水が外にしみ出てきたからです．このとき，肉のうまみも外に出てしまいます．

❷これを逆に利用したのが乾燥による食品の長期保存です．生の魚を常温で置いておくとすぐに雑菌が繁殖して腐敗してしまいますが，干物にすると常温でも格段に日もちします．食品に含まれる水分と雑菌の繁殖率との間には強い相関関係があります．

─海の中でダシが出ない理由

　乾燥などにより細胞が壊れると，リソソームに閉じ込められていたさまざまな分解酵素が放出され，周辺のタンパク質をゆっくり分解しはじめます．生きた細胞であれば安全システムがはたらきますが，細胞自体が崩壊してしまうと分解酵素は徐々にタンパク質をアミノ酸へと分解し，複雑なうまみをかもし出します．タイは締めたばかりよりも1日置いた方がおいしいのもこの理由ですし，肉もゆっくりと熟成させた方がうまみが増すのも同じ理由です．昆布も同じで，一度乾燥させて組織を壊すとさまざまな分解酵素が放出

されて，これがゆっくりとタンパク質を分解して多くのアミノ酸を生み出します．ですので，海の中で元気に育っている昆布はそもそもうまみ成分を含んでおらず，海に流れ出すこともなければ，そのままお湯で煮たところで簡単にうまみが出てくることもありません．

・冷凍や乾燥により細胞は壊れる
・細胞が壊れると細胞内小器官も壊れ，分解酵素などが放出される
・放出されたタンパク質分解酵素はタンパク質を分解し，うまみ成分であるアミノ酸をつくり出す

章 末 問 題

❶ 真核細胞がもつ細胞内小器官の名称とそのはたらきを答えよ（❸参照）．
❷ 細胞膜ではたらくタンパク質がつくられてからそこまで運ばれる過程を説明せよ（❸参照）．
❸ 真核細胞と原核細胞の相違点について説明せよ（❹参照）．

第Ⅱ部　生命体をつくる情報と構造

DNAの構造とはたらき

8章

―DNA, 遺伝子, 染色体はどう違うの●

最近，遺伝子という言葉をニュースでよく耳にします．最近では知らない人がいないくらい遺伝子という言葉は私たちの日常生活にあふれています．遺伝子治療，遺伝子組換え作物などなど．遺伝子は私たちの体のかたちを決める設計図であり，親から子へと受け継がれるものです．しかし一方で，DNAという言葉もよく耳にします．高校で生物を選択した人であれば，DNAは遺伝物質であり，デオキシリボ核酸という名前があることも知っているでしょう．また，ゲノムという言葉もあります．生命科学に少しでも興味がある人は，ヒトゲノムプロジェクトや，イネゲノムプロジェクトなどの言葉を聞いたことがあるかもしれません．遺伝子，DNA，ゲノムは同じものなのでしょうか．タマネギの根っこを顕微鏡で観察したときに見えた染色体は，これらとは別物なのでしょうか．この章では，遺伝子の正体であるDNAの構造，複製のしくみなどを学びましょう．

112　大学で学ぶ 身近な生物学

Keyword ▶ DNAの構造とはたらき / DNA，遺伝子，染色体の違い / DNAの複製

1. 遺伝物質の正体は何か？

　メンデルがエンドウマメの研究から遺伝の法則をみつけたのが1865年．発表当時はばかげた絵空事として人々に全く受け入れられませんでした．親の形質が子に受け継がれることを遺伝といいます．しかし当時，親の形質が子に伝わるしくみは全くわかっていませんでした．何らかの物質が親の体内にあって，その物質が子に受け継がれることによって形質も伝わるであろうと考えられていただけです．1900年前半には，その遺伝物質（遺伝子）の正体を探す研究が盛んに行われました．細胞内に含まれる生体高分子のなかで，候補としてあげられていたのがタンパク質と核酸です．このどちらが遺伝子の正体なのでしょうか．

　グリフィスやアベリーの肺炎双球菌を使った実験，さらにはハーシーとチェイスが行ったT2ファージの実験（1952年）を経て，ようやく，遺伝子の正体はタンパク質ではなく核酸であるということで落ち着きました（コラム参照）．そして，1953年のワトソンとクリックの二重らせんの発見へとつながり，分子生物学の時代が幕を開けたのです．

・親の形質が子に受け継がれることを遺伝という
・遺伝子の正体は核酸

Column

遺伝子の正体は核酸だ：ハーシーとチェイスの実験

　DNAの二重らせんが報告される前の時代では，遺伝物質の正体は何であるかという議論には決着がついていませんでした．候補は核酸（DNAやRNA）とタンパク質に絞られていましたが，4種類しかないDNAに対して，20種類のアミノ酸から構成されるタンパク質の方が，遺伝情報を運ぶ物質として有力な候補でした．この議論に決定的な結論を出したのがアメリカの遺伝学者であるアルフレッド・ハーシーとマーサ・チェイスです．1952年に報告したこの実験は，ハーシー・チェイスの実験として有名です．

　彼らは大腸菌に感染して増殖するT2ファージというウイルスを使いました．ファージはほぼ核酸とタンパク質のみからできているので，このどちらかが遺伝子であると考えたのです．彼らは放射性同位体であるリン32（リンはDNAには存在するが，タンパク質には含まれない）でファージのDNAを，硫黄35（硫黄はタンパク質中には存在するが，DNAには含まれない）でタンパク質をラベルしました．このラベルされたファージを大腸菌に感染させ，感染した細胞をミキサーで撹拌してからファージの外殻と大腸菌とに分離しました．ファージをリン32でラベルした場合は，大腸菌の細胞からのみ検出され，タンパク質の外殻からは検出されませんでした．逆に，硫黄35でファージをラベルした場合はタンパク質の外殻からのみ検出され，大腸菌からは検出されませんでした．これによって「バクテリアに感染する遺伝物質はDNAである」ことが裏づけられたのです．

第Ⅱ部　生命体をつくる情報と構造

2. DNAの二重らせん構造を解明したワトソンとクリック

　1950年代になって，遺伝物質の正体は核酸であるという考えが広く認められるようになりました．しかし，核酸がどのようにして遺伝情報を複製して子孫に伝えるかというしくみについてはまだ理解されていませんでした．当時，アメリカの研究所にいたジェームス・ワトソンとフランシス・クリックは，核酸，特にデオキシリボ核酸（DNA）の構造を解明してノーベル賞を受賞しました．彼らは，DNAの結晶構造や，それまでに報告されていたさまざまな情報を検討し，DNAが2本のヌクレオチド鎖が寄り添ってらせん状の構造をしているというモデルを提唱しました（**図8-1**）．彼らのモデルは後の研究者によりさらに検討が重ねられ，現在，私たちが知っている二重らせんへと受け継がれています．

　彼らの発見の偉大な点は，DNAが自分と全く同じコピーをつくる（複製する）原理を，化学物質の構造から説明したことです．2本の鎖がらせんを形成するときに塩基（A, G, C, T）がペアをつくるわけですが，必ずA（アデニン）はT（チミン）と，G（グアニン）はC（シトシン）と手をつなぐ

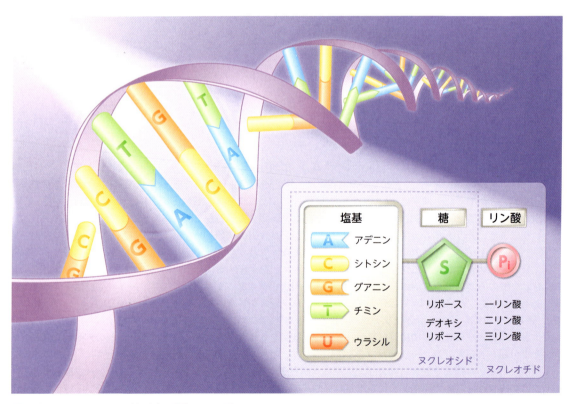

図8-1　ヌクレオチド鎖が寄り添って二重らせんをつくる
DNAの場合，A,C,G,Tの4種類の塩基がデオキシリボースと結合し，RNAの場合はA,C,G,Uの塩基がリボースに結合する．

という法則をその構造から提唱したのです．この法則が成り立っている限り，一方の鎖の構造（塩基の並び方）が決まると，もう片方の構造（配列）が自動的に間違えることなく決まるという「複製」が可能となります．このような複製のしくみを半保存的複製といいます．

- DNAの二重らせん構造はワトソンとクリックにより提唱された
- 塩基対合の法則に従って，DNAが複製される

3. DNAの二重らせんを解剖する

A. 核酸を構成するヌクレオチド

核酸の構成単位をヌクレオチドとよびます．ヌクレオチドは，塩基，糖，リン酸の3つのパーツから構成され，それぞれにいくつかのバリエーションがあります（図8-1）．例えば塩基はアデニン，グアニン，シトシン，チミン，ウラシルの5種類，糖はリボースとデオキシリボースの2種類，リン酸は一リン酸，二リン酸，三リン酸の3種類といった具合です．しかし，すべてのパーツを自由に組み合わせることはできず，組み合わせにはある程度の制限があります．例えば，DNAの場合は，糖はデオキシリボースで，塩基はA, G, C, Tの4種類，リボ核酸（RNA）の場合は糖にリボースを使って，塩基はA, G, C, Uの4種類です❶．

糖と塩基がつながったものをヌクレオシドといい，アデニンとリボースの組み合わせはアデノシン，グアニンとリボースの組み合わせはグアノシンといったように名前がつけられています．私たちの体内におけるエネルギー通貨として機能しているATPは正式名称をアデノシン三リン酸といいます（第1章）．つまり，これはアデノシン（アデニン＋リボース）にリン酸が3つ結合した化合物であるということがその名前からわかります．その他にもグ

❶ヌクレオチドに含まれるリボースやデオキシリボースの炭素原子の番号について．規則通りに，アルデヒド基の炭素を1位として，五員環を時計回りに5位まで番号をつけますが，ヌクレオチドの場合は数字に「′」をつけます．これは，ヌクレオチド内の塩基の方が順位が高いので，まず塩基内の原子に1から順に割りあてるからです．リボースはその次に割りあてますが，塩基の種類によってリボース内の原子番号が変化するとややこしいので，リボースは独自に1′, 2′…と「ダッシュ」を付加した数字を割りあてます．よって，塩基が結合している炭素は1′，リン酸基が結合している炭素は5′となります（欄外解説図）．

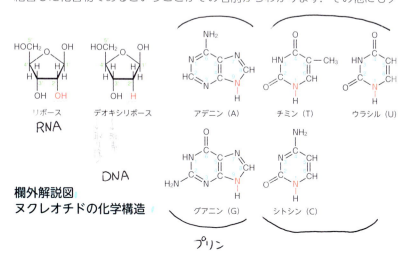

欄外解説図
ヌクレオチドの化学構造

アニン＋リボース＋二リン酸，であればグアノシン二リン酸（GDP）といった具合に名前がつけられます．

B. ヌクレオチドが重合してDNA鎖に

❷1つのリン酸基が別々の糖の水酸基とエステルを形成するので，この結合をリン酸ジエステル結合とよびます．

DNAやRNAの鎖では，これらのヌクレオチドが一列に結合してポリマーを形成しています．糖がもつ水酸基とリン酸基との間でエステル結合❷が形成され，ヌクレオチドが一列につながっています（図8-2）．ただし，ヌクレオチドを常温の水溶液中で混ぜてもこのエステル結合はできません．ヌクレオチドの重合反応は，ヌクレオシド三リン酸を材料としてポリメラーゼなどの酵素の助けをかりて進行します（❹）．

ヌクレオチド鎖が二重らせんをつくる際には，塩基を介して2本の鎖がお互いに結合します．塩基には酸素や窒素といった原子が多く含まれていて，これらが水素結合を形成して塩基どうしの対合（塩基対合）ができあがります（図8-2）．水素結合の対合ができるパターンは塩基の構造と原子配置により厳密に決定され，これが，AとT，GとCというペアを約束しています❸．二重らせんを形成したDNAはリン酸と糖のエステル部を分子の外側に，対合した塩基を内側に突きだした状態で水溶液中に存在します．一般的なDNA二重らせん1回転のピッチは3.4 nmで，このなかに10のヌクレオチド（塩基）が含まれています．

❸RNAの場合，Tの代わりにUがAと塩基対合します．

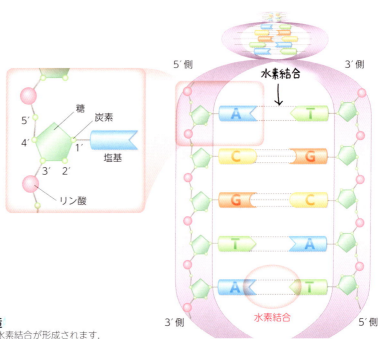

図8-2　DNA二重らせんの構造
A-Tペアでは2つ，G-Cペアでは3つの水素結合が形成されます．

- DNAの構成単位はヌクレオチド
- ヌクレオチドは，糖，塩基，リン酸から成る
- ヌクレオチドのポリマーが塩基同士の水素結合により二重らせんをつくる

4. DNAの複製と維持

A. DNAポリメラーゼが新しいDNAを合成する

❶活発に分裂を続ける大腸菌などでは細胞分裂とDNAの複製とは厳密にリンクしていません．よって，1つの細胞が複数のゲノムコピーをもつことがよくあります．

　多くの細胞では，1回の細胞分裂のたびに1回DNAを複製します❶．前述のように，ヌクレオチドが重合して新しいDNA鎖を合成するにはDNAポリメラーゼという酵素の助けが必要です．細胞内のDNAポリメラーゼはヌクレオチド三リン酸を材料にして新しいポリヌクレオチド鎖を合成します（図8-3 ⓐ）．

　DNAポリメラーゼが新しい鎖を合成するには，材料の他に設計図が必要です．この設計図となるのが，鋳型となるDNAです．DNAポリメラーゼは鋳型となるDNA鎖の塩基配列を読み取って，その配列に相補的な配列（AとT，GとC）をもつ新しいDNAを合成するのです．DNAポリメラーゼがヌクレオチドを重合する反応には方向性があり，必ずデオキシリボースの5′側から3′側の方向に合成します．

　複製されるべきDNAは二重らせん構造をしているので，塩基を分子の内側に隠しています．これではDNAポリメラーゼの鋳型としてはたらくことはできません．複製の開始は複製開始点とよばれるゲノム上の場所からはじまります．複製開始点は，原核生物の場合，特定の塩基配列により決められていますが，真核生物の場合，明確な配列がありません❷．複製開始点に複製開始因子とよばれるタンパク質が結合し，二重らせんを少し開裂させることで複製ははじまります．つづいて，ヘリカーゼという酵素がDNAの二重鎖をほどいて塩基を露出させます（図8-3 ⓐ）．

❷大腸菌のような細菌のゲノムには複製開始点が1ヶ所しかありませんが，ヒトのように大きなゲノムには何ヶ所もの複製開始点が存在しています．

❸真核細胞のほうが大腸菌などの原核細胞よりも遅いのは，真核細胞の核内ではDNAはクロマチンという複雑な構造をしているからだと考えられています（❻）．

　このようにして開裂したDNAに対してDNAポリメラーゼが結合し，露出した塩基配列を読み取って新しいDNA鎖を合成します．よって，ヘリカーゼによるDNA鎖の開裂が先行し，そのすぐ後をDNAポリメラーゼによる合成反応が追いかけるという順番で複製が進行します（DNA複製の詳細は発展学習を参照）．大腸菌の場合，その速度は毎秒数百ヌクレオチド，真核細胞の場合でも毎秒50ヌクレオチド程度といわれています❸．

第Ⅱ部　生命体をつくる情報と構造　**117**

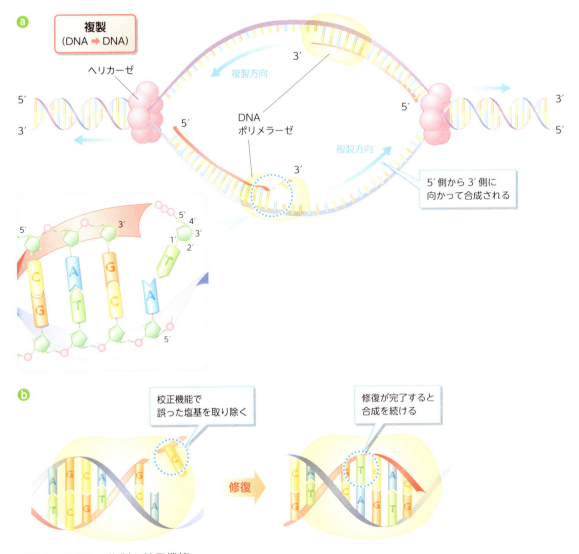

図8-3 DNAの複製と校正機能

B. 複製のミスを修復するしくみ

　　　　　　　　　DNAポリメラーゼが鋳型の塩基配列を読み取って新しいDNAを合成する際に，ミスをすることはないのでしょうか．実は，DNAポリメラーゼはたまにミスをします．その頻度は数千ヌクレオチドに1回といわれています．これを少ないと感じますか，多いと感じますか？ ヒトのゲノムに含まれる塩基数は60億塩基対です．もしこれを複製する際に，数千分の1の頻度でミスをしていたらどうなるでしょう．1回の細胞分裂のたびに数百万もの複製ミスが生じます．このペースで細胞分裂を数十回くり返せば，私たちのゲノムの塩基配列はすっかり別物になってしまうでしょう．実は，DNAポリメラーゼにはエラーを修復する機能が備わっています．

発展学習

DNA複製における方向性

　DNA複製では，ヘリカーゼがDNA二重らせんをほどき，そのあとをDNAポリメラーゼが追いかけるようにして新しい相補鎖を合成します．いかなる場合でもDNAの合成は5′から3′方向に進むので，2本のDNA鎖のうち，必ず片方はヘリカーゼの進行と反対方向に合成を進めねばなりません（**発展学習図8-1**）．ヘリカーゼの進行と同じ方向に合成する場合（リーディング鎖）は，問題ありませんが，その反対の鎖（ラギング鎖）では，ヘリカーゼの進行とともに，新たなDNAポリメラーゼが鋳型に結合し，合成を開始せねばなりません．

　DNAの合成が開始されるとき，短いRNAが鋳型に結合することが必要です（RNAプライマー）．このRNAを足がかりにDNAポリメラーゼは新しいDNA鎖の合成を開始します．ラギング鎖の場合，DNAポリメラーゼはやがて，少し前に合成したDNA鎖の5′末端に到達します．ここでDNAポリメラーゼはRNAプライマーを除去し，新しい鎖の合成を完了します．最後にリガーゼが隙間を埋めて（リン酸ジエステル結合をつくって）合成完了となります．ラギング鎖で一時的にみられる短いDNA断片のことを，Okazakiフラグメント（断片）とよびます．

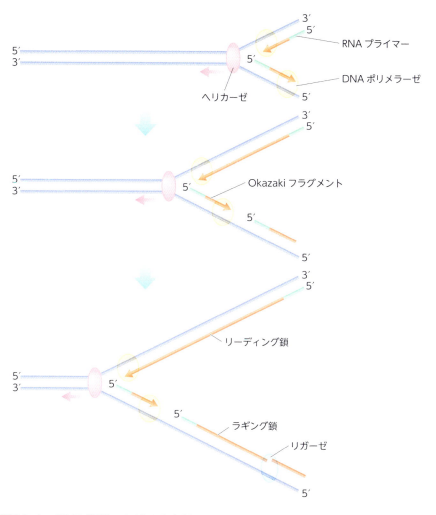

発展学習図8-1　DNA複製における方向性

合成時にたまたま間違えて取り込んでしまったヌクレオチドは，DNAポリメラーゼ自身の校正機能により発見，除去されます（図8-3 ⓑ）．こうして，最終的なエラーの確率を10億分の1程度に抑えているのです．ヒトの全DNAを複製しても，数個の間違いしか残さないのは驚きですね．

DNA塩基配列は，複製時のエラーのみならず，自然界のいろいろな要因により損傷・変化を受けることがあります．紫外線や有害物質などにさらされたDNAの塩基は化学反応により別の構造に変化してしまいます（チミンダイマーなど第14章参照）．これにはDNAポリメラーゼの校正機能は通用しません．このように外的要因によって損傷を受けたDNAは修復酵素たちによってみつけられ，除去・修復されます．私たちのDNAは常にこのようなガードマンにより守られているのです（図14-5）．

- DNAポリメラーゼは二重らせんの片方の鎖を鋳型として新しいDNA鎖を合成する
- DNAポリメラーゼは必ず5′から3′方向に向けてヌクレオチドを合成する
- DNA二重らせんをほどくのはDNAヘリカーゼ
- DNAポリメラーゼは複製エラーを修復する校正機能をもっている

5. DNAの塩基配列はタンパク質のアミノ酸配列をコードする

A. 遺伝情報の流れ：セントラルドグマ

DNAが遺伝物質であって，二重らせん構造が半保存的複製を可能にしていることはわかりました．では，DNAに書き込まれている「遺伝情報」とはいったいどのようなものなのでしょうか．DNAは4種類のヌクレオチドが鎖状に連なってできた化学物質です．化学物質がもつ情報とはいったい何なのでしょうか？

真核細胞も原核細胞も，DNAの塩基配列情報はまずRNAに写し取られます（図8-4 ⓐ）．DNAが複製されるときのように，DNAの一方の鎖を鋳型として，RNAポリメラーゼがRNAを合成します（第9章参照）．この反応を転写とよびます．ここでは，DNAのA，T，G，CがRNAのU，A，C，Gという塩基と相補的な2本鎖を一時的に形成しながらRNAが合成されます．

RNAはDNAの塩基配列情報を写し取った後，その情報をタンパク質の合成装置であるリボソームに渡します．リボソームはRNAに書かれた塩基配列の情報をもとに，アミノ酸をつなげてタンパク質を合成します（第9章参照）．この反応を翻訳とよびます．タンパク質はアミノ酸が連なってできたポリマーです．つまり，DNAのもつ塩基配列情報は，最終的にタンパク質

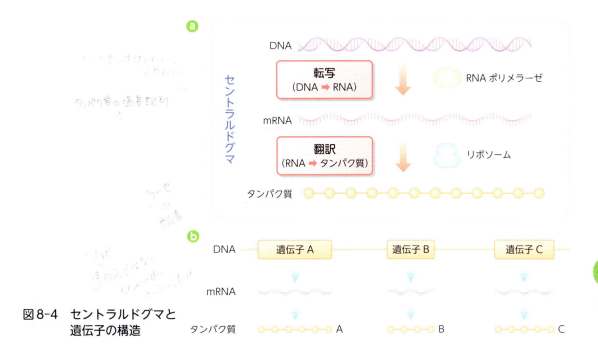

図8-4 セントラルドグマと遺伝子の構造

のアミノ酸配列の情報に変換されます．この情報の流れを<u>セントラルドグマ</u>といいます．

　タンパク質の最も重要なはたらきの1つは化学反応の触媒機能です．タンパク質は別名を<u>酵素</u>といい，なんらかの化学反応を触媒したり，調節したりする重要な役割をもっています．酵素としてのはたらき以外にも，細胞の骨格をつくったり，染色体を折りたたんだり，細胞にとって欠かせないはたらきをしています．私たちの細胞には数万種類のタンパク質が存在していると考えられていて，それらのすべてが正しく機能することで，細胞の命が維持されているのです．

B. DNAのすべてが遺伝子ではない

　DNAがタンパク質のアミノ酸配列をコードしている遺伝物質であるということは，DNA＝遺伝子と考えてよいのでしょうか．残念ながら，厳密には違う意味で使われています．DNAはデオキシリボ核酸という化学物質の名前です．遺伝子という言葉の意味は時代とともに少しずつ変化してきました．もともとは，正体のわからない遺伝物質という意味で使われていましたが，DNAの二重らせんが解明されて，そのはたらきのしくみが明らかになった今日，遺伝子とはDNA鎖の中で1つのタンパク質をコードしているまとまりのことを指しています（図8-4 ⓑ）．ビードルとテイタムが提唱した，<u>一遺伝子一酵素説</u>❶はこのことをいっています．

❶ 1つの酵素は1つの遺伝子によりコードされているという説．アカパンカビの実験により，ビードルとテータムにより提唱された．

❷遺伝子の長さは数百塩基対から数十万塩基対に至るまで，実にさまざまです．

しかし，細胞がもっているDNAのすべてが遺伝子であるとは限りません．タンパク質をコードしていない領域は遺伝子とはよびません❷．では，ヒトの全DNAの中で「遺伝子」はどれぐらいを占めているのでしょうか．実はヒト全DNAの中で遺伝子は1％程度しか含まれていません．残りの99％はタンパク質をコードしていないDNAなのです（図8-4 ❺）．大腸菌では88％が遺伝子なので，ヒトよりはるかに無駄が少ないようですが，それでも大部分はタンパク質をコードしていないというのは驚きです．ヒトのDNAは，長い進化のなかで多くのDNAを外から取り込み，使えるものは遺伝子として残りましたが，変異が入ったりして機能を失ったものは淘汰されてその配列だけが染色体上に残ったのです❸．

❸最近の研究により，タンパク質をコードしていないDNA領域にもいろいろなはたらきがあることが明らかになりつつあります．単なる残りものと思われていたDNAが再び脚光を浴びる日がきているのです．

・セントラルドグマとは，DNA ─（転写）➤ RNA ─（翻訳）➤ タンパク質の流れ
・DNAの中でタンパク質をコードしているまとまりを遺伝子とよぶ
・ヒトの全DNAの中で遺伝子は1％程度

6. DNAから染色体へ

A. ゲノムサイズと遺伝子

❶生殖細胞や，生後に損傷を受けた細胞は別です．

ヒトでも他の動物でも植物でも，ある個体を構成する細胞に含まれるDNAはすべて同じです❶．ヒトの細胞1個に含まれるDNAの数は46本．これらを足すと60億塩基対にもなり，この上に数万個の遺伝子が散在しています．ある細胞がもつDNA全体のことをゲノムとよびます．ヒトゲノムプロジェクトという言葉を聞いたことがあるかもしれません．これは，ヒトの細胞に含まれるDNAをすべて解読しようというプロジェクトで，2003年に完了しました．

生物種によってゲノムのサイズはまちまちです（表8-1）．高等な動物ほ

表8-1 生物種によるゲノムの違い

生物種	ゲノムサイズ（Mbp）	遺伝子数	遺伝子の割合（％）
大腸菌	4.64	4,300	88
酵母	12.5	6,000	70
ショウジョウバエ	123	13,500	20
シロイヌナズナ	115	25,000	29
ヒト	3,289	30,000	1.3
アメーバ	670,000	不明	不明

ど大きなゲノムサイズをもっているかというと，必ずしもそうではありません．また，ゲノムサイズと遺伝子の数の間にも明確な相関関係はないようです．細胞が生きていくうえで必要な遺伝子の数は，種が異なっても似たような数字になります．しかし，ゲノムサイズはその種が生きてきた環境などに大きく依存するので，種間で大きく異なるようです．

B. DNAはどのように核内に収められているのか

❷塩基と塩基の間隔が0.34 nmですので，60億塩基対では，$0.34 \times 10^{-9} \times 6 \times 10^{9} \fallingdotseq 2$ となります．

ヒトの細胞1個に含まれるDNAをまっすぐに伸ばすと約2 mの長さになります[❷]．これが10 μm程度の核の中に収められているのですから驚きです．20 kmのヒモを10 cm程度の野球ボールにとじ込めることを想像すれば，その難しさがわかるでしょう．単にぐちゃぐちゃと押し込めただけではDNAは絡まってしまって，転写や複製といった反応がうまくいかなかったり，分裂期に染色体を正しく分配できなくなったりという問題が生じます．真核細胞にはDNAをうまく核内に収めるしくみが備わっています．

DNA二重らせん鎖はヒストンというタンパク質に約2回巻きついて，ヌクレオソームとよばれる構造単位を形成しています（図8-5）．ちょうど小

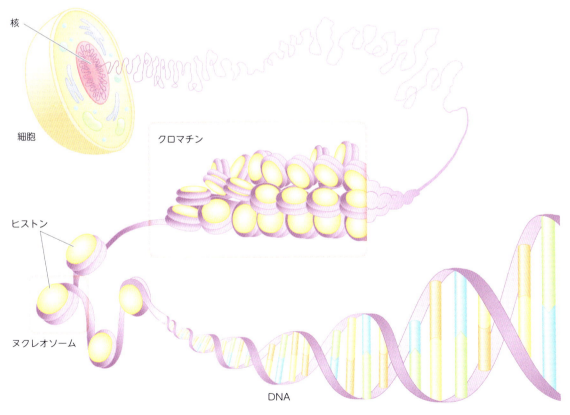

図8-5　DNA鎖を核内部に収納するしくみ

さな糸巻きに糸が巻きついているのを思い浮かべるとわかりやすいかもしれません．1つのヌクレオソームには約200塩基対のDNAが巻きついていて，DNA上には実に多くのヌクレオソームが並んでいます．実際に真核細胞からDNAを抽出して高解像度の顕微鏡で見ると，DNA上にヌクレオソームが並んでいるのが見えます．ヌクレオソームのヒモはさらに折りたたまれてクロマチン繊維を形成し，これが核の中に収められています．染色体というと，XやYの形をしたものを思い浮かべるかもしれませんが，あれは細胞分裂期のみにみられる凝縮した染色体の姿です．分裂期には，クロマチン繊維がさらに高度に折りたたまれて，あのような凝縮した染色体になるのです（第12章参照）．

─DNA，遺伝子，ゲノム，染色体の歴史

DNA，遺伝子，ゲノム，染色体，これらの言葉はそれぞれに歴史があり，意味も時代によって変化してきました．1800年代中頃，スイス人のネーゲリは植物細胞の細胞分裂を観察するなかで，細胞が分裂するときには核が消えて染色液でよく染まる棒状のものが現れて娘細胞に分配されることを発見しました．そして彼はこの棒状の物体を「染色体」と名づけました．その後，ドイツのシュトラスブルガーやフレミングが，細胞によって染色体の数や大きさが異なることを発見し，染色体が遺伝物質を含んでいるという考えが受け入れられるようになりました．しかしこのとき，染色体がDNAという物質からできていると考えた人はいなかったでしょうし，その塩基配列がタンパク質のアミノ酸配列をコードしているなんて夢にも思わなかったでしょう．私たちの身近にある先端医療や農業，食品産業などは，200年以上に及ぶ遺伝や細胞に関する研究の上に成り立っているのです．

・細胞に含まれるDNAの長さや数は，種によって大きく異なる
・ヒトの細胞には46本のDNA（染色体）が含まれている
・DNAはヒストンに巻きついてヌクレオソームを形成して核内に収められている

章・末・問・題

❶ DNAとRNAの構造上の違いを説明せよ（❸参照）．
❷ DNAの複製機構について説明せよ（❹参照）．
❸ セントラルドグマとは何か説明せよ（❺参照）．

第Ⅱ部　生命体をつくる情報と構造

DNAからタンパク質へ

9章

―DNAは細胞の設計図ってどういう意味？

　ゲノムDNAに書き込まれたすべての遺伝情報は，私たちの体をつくるのに必要な設計図です．家を建てるにも設計図が必要です．玄関の場所や台所のレイアウト，寝室の大きさや電気配線や水道配管など，家を建てるのに必要な情報が記されています．家具などの配置まで描かれていると，具体的でよりよい設計図となります．しかし，設計図だけでは家は建ちません．その設計図をもとに実際に家を建てる人と材料が必要です．設計図をみて，何をどの順番でつくっていくのか判断しながら必要な材料と人材を調達して指示せねばなりません．家の骨組みができていないのに水道配管屋さんがやってきてもすることがありません．何をどんな順番でつくったらよいかまで設計図に描かれていると間違いが起こりにくくなります．DNAの遺伝情報が4種類の塩基で書かれていることを第8章で学びました．この章では，DNAに書かれている遺伝情報が実際にどのように利用されながら細胞がつくり上げられていくかを学びます．

第Ⅱ部　生命体をつくる情報と構造　**125**

Keyword ▶ 遺伝暗号の流れ／遺伝子発現のしくみ／転写と翻訳のしくみ／タンパク質の構造

1. 遺伝子のスイッチを制御するしくみ

ヒトの細胞1個の中には，60億塩基対のDNAが46本の染色体にわかれて存在しています．ここに数万個の遺伝子が点在していて，タンパク質のアミノ酸配列をコードしています．しかし，ゲノム全体の中で遺伝子が占める割合はわずか数％です（**図9-1**）．99％以上の部分はアミノ酸をコードしていません．遺伝子の情報はまずRNAポリメラーゼによりRNAへと写し取られます（第8章）が，RNAポリメラーゼはどのようにして膨大なゲノム中のわずかな遺伝子をみつけるのでしょうか．DNAは化学物質ですので，タンパク質をコードするしないにかかわらず，全く同じ構造をしています．

A. 遺伝子の存在を知らせるプロモーター

遺伝子は，アミノ酸をコードしている領域のすぐ近傍に，**プロモーター**とよばれる領域を必ずもっています（**図9-1**）．プロモーターは転写調節領域ともよばれ，「ここに遺伝子がありますよ」というサインとして機能します．

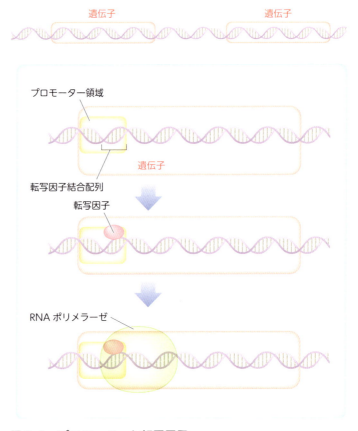

図9-1　プロモーターと転写因子

プロモーターは特定の塩基配列から構成されていて，この配列を認識するタンパク質が結合することにより，RNAポリメラーゼに「ここからRNAをつくってください」という指令を出します．このようなタンパク質のことを転写因子といいます．

　細胞内には転写因子が数百種類も存在しており，これらが対応するプロモーター配列に結合することで，RNAポリメラーゼによる転写反応のスイッチを制御しているのです．スイッチをOFFにする転写因子もありますし，1つの遺伝子が複数の転写因子により制御されていることもあります．RNAを合成するのはどの遺伝子であってもRNAポリメラーゼです．しかし，そのスイッチを決めているのは数多くの転写因子であるというわけです❶．

❶転写のスイッチがONになることを特に「遺伝子が発現する」もしくは「転写が活性化される」といいます．

B. 転写因子が遺伝子発現パターンと細胞の性質を決める

　転写開始（遺伝子の発現）が転写因子により制御されているということは，同一のゲノム（遺伝子）をもっていても，転写因子の組み合わせにより大きく性質の異なる細胞がつくり出されることを意味しています．詳しくは第13章で学びますが，1つの受精卵が分裂をくり返して個体になる過程（発生過程）では，遺伝子の発現パターンが次々に変化して，多様な形や性質をもった細胞が生まれます．このように，転写因子は，遺伝子発現の「場所」と「時間」を厳密に制御しています．第16章で述べるiPS細胞も，さまざまなクローン技術も，この転写制御と深く関係しています．

・遺伝子はプロモーターとよばれる領域をもつ
・転写因子とよばれるタンパク質は，プロモーター内のDNAに結合して転写の開始を調節する
・さまざまな転写因子により遺伝子の発現は厳密に制御されている

2. RNAポリメラーゼがRNAを合成する

A. DNAをほどきながらRNAを合成するRNAポリメラーゼ

　転写因子が結合してスイッチがONになった遺伝子のプロモーターでは，RNAポリメラーゼが転写反応を開始します（**図9-2**）．転写因子が結合した場所からやや下流（3′側）から転写を開始します．このとき，DNA複製と同じように，鋳型DNAの二重らせんを開裂せねばなりません．DNAポリメラーゼがヘリカーゼの助けを借りて2本鎖を開裂したのに対して，RNAポリメラーゼはヘリカーゼのはたらきをもつサブユニットをもっています．

第Ⅱ部　生命体をつくる情報と構造　**127**

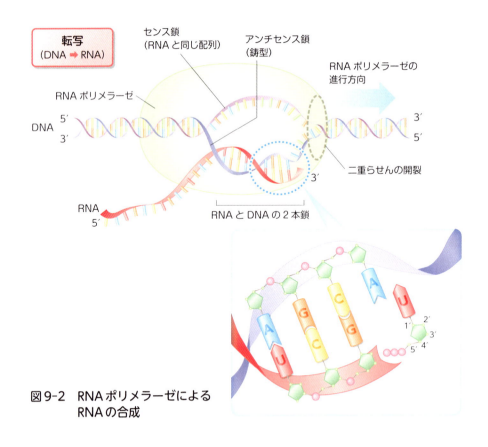

図9-2 RNAポリメラーゼによる RNAの合成

このように，RNAポリメラーゼは複数の異なるはたらきをもったタンパク質が集合してできたホロ酵素です．

B. RNA合成のしくみ

RNAポリメラーゼが新しいRNA鎖を合成する過程は，DNAポリメラーゼがDNA鎖を合成する過程に似ています．鋳型となるDNAの塩基に相補的なヌクレオチド三リン酸を，合成鎖の3′末端の水酸基にエステル結合させます（図9-2）．DNA複製の場合と同じく，合成の方向は5′から3′の方向に進みます．DNAを構成するヌクレオチドがデオキシリボヌクレオチドであるのに対して，RNAはリボヌクレオチドです．DNAと異なり，2位の炭素にも水酸基がついています．また，DNAを構成するヌクレオチドはA，T，G，Cの4種類でしたが，RNAの場合は，A，U，G，Cの4種類で，T（チミン）のかわりにU（ウラシル）が使われています．よって，DNA：RNAの塩基対合は，A：U，T：A，G：C，C：Gという組み合わせになります．

DNA複製と異なり，RNAポリメラーゼが鋳型とするDNA鎖は2本のうちのどちらか片方だけです．どちらの鎖を鋳型にするかは，プロモーターの

方向で決まります．プロモーターの方向が遺伝子の方向となるわけです（図9-2）．ゲノム上で遺伝子の方向はバラバラで，遺伝子によってどちらの鎖が鋳型となるかは異なります．合成されるRNAと同じ配列をもつ方のDNA鎖を**センス鎖**，それとは反対にRNAポリメラーゼの鋳型となる方の鎖を**アンチセンス鎖**といいます．

C. 転写のおわりを知らせるターミネーター

転写の開始位置はプロモーターにより決められていましたが，おわりはどのようにして決められているのでしょう．転写のおわりもやはり特定の塩基配列により決められていて，この配列を**ターミネーター**といいます．プロモーターに比べてターミネーターは，必ずしも厳密な配列があるわけではありません．転写の開始がプロモーターにより厳密に制御されているのに対して，おわりは比較的ルーズに決められているようです．

- RNAポリメラーゼはホロ酵素である
- RNAポリメラーゼはDNAの片側の鎖を鋳型としてRNAを合成する
- 鋳型となるDNA鎖をアンチセンス鎖，反対側をセンス鎖とよぶ
- 転写のおわりを決める配列をターミネーターという

3. 合成されたRNAは修飾を受けた後，細胞質に運ばれる

RNAに写し取られたDNAの塩基配列は，最終的にリボソームによりアミノ酸配列へと変換されます．この反応を**翻訳**といいます．大腸菌などの原核細胞では，染色体もRNAポリメラーゼもリボソームもすべて細胞質に存在するので，合成されたRNAはただちにリボソームにより翻訳されます．しかし，真核細胞の場合，合成されたRNAが翻訳されるまで，いくつかの重要なステップを経る必要があります．

A. 転写されたRNAの両末端には修飾が付加される

真核細胞の核内で転写されたRNAは，まず核内でさまざまな修飾を受けます．これらをまとめて**プロセシング**とよびます（図9-3）．合成されたRNAの5′側の末端には，まず**キャップ**とよばれる構造が付加されます（キャッピング）．これは，グアニンヌクレオチドに似た化合物で，RNAの5′末端を保護するはたらきがあると考えられています❶．また，3′末端にはアデニンヌクレオチドが多数並んだ**ポリA**とよばれるしっぽが付加され，細胞質で

❶キャップの正体は，7-メチルグアノシンというヌクレオチドで，これが，RNAの5′末端に5′-5′のトリリン酸エステル結合しています．

第Ⅱ部 生命体をつくる情報と構造 **129**

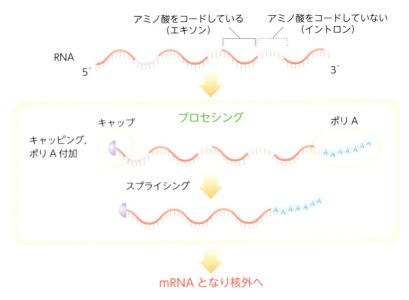

図9-3 転写後のRNAプロセシング

の安定性が向上されます．これらの修飾は転写反応が完了した後にRNAに施されるため，鋳型DNAの遺伝情報を含んでいません．

B. RNAから余分な配列を取り除くスプライシング

　末端を保護されたRNAは，さらにスプライシングという重要なプロセスを経てようやくメッセンジャーRNA（mRNA）になります．スプライシングは真核細胞に特有のプロセスで，RNAの中からアミノ酸をコードしていない部分を切り取る作業のことを指します．実は，真核細胞の遺伝子DNAはすべてアミノ酸をコードしているわけではありません．コードしている領域（エキソン）とコードしていない部分（イントロン）とが交互に並んでいます（図9-3）．

　RNAポリメラーゼはイントロンとエキソンを区別できないので，プロモーターからターミネーターまで一気に合成します．そのため，合成されたばかりのRNAはイントロンもエキソンも両方含んでいることになります．これから不要なイントロンを切り出して，エキソンだけをつなぎ合わせる作業がスプライシングです．スプライシングは，核内に存在する酵素複合体により触媒されます[2]．このようにして，真核細胞の核内で転写されたRNAは，キャッピング，ポリA，スプライシングを経てようやくmRNAとなって，核外へと運ばれます．

[2]この複合体を「スプライソソーム」といい，タンパク質とRNAから成ります．

C. mRNAは核内から細胞質へ

　リボソームは細胞質に存在するため，核内で準備されたmRNAは，細胞質に運ばれてから翻訳されることになります．核をもたない原核細胞では，そもそも細胞質でRNAが合成されるため，この移動は必要ありませんが，真核細胞の場合，mRNAは核膜に存在する核膜孔（図7-4）とよばれる通り道を通って細胞質に運ばれます．

　DNAと異なり，mRNAは一本鎖なので，ヒモ状ではなく，分子内でさまざまな塩基対合を形成しながら複雑に折りたたまれています．この折りたたまれたmRNAを核膜孔複合体を通過させて細胞質へ運ぶには，輸送因子とよばれる特別なタンパク質の助けが必要です（mRNAの核外輸送機構に関しては，発展学習を参照）．

- ・真核細胞の核内で合成されたRNAは，核内でさまざまなプロセシングを受ける
- ・RNAからイントロンを取り除き，エキソンだけをつなぎ合わせる過程をスプライシングという
- ・プロセシングがおわったRNAをmRNAとよび，核膜孔を通って細胞質に運ばれる

4. リボソームによるタンパク質の合成

A. 塩基配列からアミノ酸配列への情報変換

　細胞質へ到達したmRNAは，ようやくリボソームにより翻訳されます．RNAを構成する塩基はA, U, G, Cの4種類．一方，タンパク質を構成するアミノ酸は20種類なので，少なくとも3つの塩基で1つのアミノ酸をコードしなくてはなりません．3つの塩基の並びをコドンとよび，1つのコドンで1つのアミノ酸をコードしています．よって，コドンの種類は$4^3 = 64$通りになります．アミノ酸は20種類なので，複数のコドンが同じアミノ酸

発展学習

RNAの核外輸送

　核内で輸送されたRNAはキャップ，ポリAを付加されて，スプライシングを受けた後，核膜に存在する核膜孔を通って細胞質へと運ばれます．このときに通過を手助けするのが，核外輸送因子とよばれるタンパク質群です．RNAは分子内で塩基対合を形成し，小さく折りたたまれています．これに核外輸送因子が結合して，核膜孔を通りやすい性質に変えます．この核膜孔は，細胞質から核内へのタンパク質の輸送の通り道であり，この場合は，核内輸送因子とよばれるタンパク質が通過を手助けします．このように，核内と細胞質との間では，盛んに物質のやりとりが行われていて，核膜孔はその交通要所なのです．

第Ⅱ部　生命体をつくる情報と構造　**131**

に対応していることもあります．コドンとアミノ酸の対応を表にしたのが**コドン表**です（**図9-4**）．多くのアミノ酸は複数のコドンによりコードされていて，その数は最少で1つ（メチオニンとトリプトファン），最大で6つ（セリンとロイシン）になります（コドンの塩基配列とアミノ酸との対応関係の解明に関してはコラム参照）．

コドン表の中でさらに大切なのが，開始コドンと終止コドンです（**図9-4**）．これらは翻訳のはじまりとおわりを決める重要なシグナルです．ほぼすべての生物で開始コドンはAUGで，メチオニンと同じコドンです．このことは，すべてのタンパク質がメチオニンからはじまることを意味しています．一方，終止コドンはアミノ酸をコードしておらず，UAG，UGA，UAAの3種類です．このコドンに出会うとリボソームは翻訳反応を停止して，mRNAから離れます．

B. タンパク質の工場，リボソーム

❶コドンは64種類存在しますが，tRNAはもっと少ない数しか存在しません．これは，コドンの3番目の塩基対合が曖昧性を許すことと，tRNAでは，A, U, G, C以外の特殊な塩基が用いられることによります．tRNAの数や塩基配列は生物種によって大きく異なります．

❷3′にアミノ酸が共有結合しているtRNAをアミノアシルtRNAといいます．

リボソーム内で，mRNAの塩基配列情報をアミノ酸に変換するのが**トランスファーRNA**（**tRNA**）とよばれる小さなRNAです（**図9-5**）．tRNAは70～80ヌクレオチド程度の短いRNAで，クローバーのようなかたちをしています．真ん中付近には，mRNA上のコドンと塩基対合をする**アンチコドン**配列をもち，3′末端にはそのコドンに対応したアミノ酸を共有結合しています❶❷．このtRNAにより，mRNA上の塩基配列情報は正しくアミノ酸配列へと変換されます．

リボソームは，tRNAが運んできたアミノ酸を重合して1本の**ポリペプチ**

Column

コドン対応表はどのようにしてつくられたか

ワトソンとクリックが二重らせん構造を発見してからも，DNAの暗号がいかにしてアミノ酸をコードしているかの謎は解明されていませんでした．この謎に挑んだのがアメリカの研究者であるマーシャル・ニーレンバーグでした．1961年，彼はウラシルばかりが並んだRNAを人工的に合成し，これを使って試験管内でタンパク質を合成させると，20個のアミノ酸のうち，フェニルアラニンばかりが並んだタンパク質が合成されることに気がつきました．彼は，人工合成したさまざまなRNAと試験管内の翻訳系を使って，RNAの塩基配列とアミノ酸との対応を次々に明らかにしていったのです．例えば，ACの並びがくり返されたRNAからはヒスチジンとトレオニンが交互に並んだペプチドが合成され，AACが並んだRNAだと，グルタミンか，アスパラギンか，トレオニンだけが並んだタンパク質が合成されました．このことから，ACAがトレオニン，CACがヒスチジンをコードしていることがわかります．このようにして彼は64個のコドンのうち54個を解読し，残りの10個はゴビンド・コラーナにより解読されました．この2人の業績により，1964年にはすべての暗号が解読され，2人は1968年にノーベル生理学・医学賞を受賞しています．

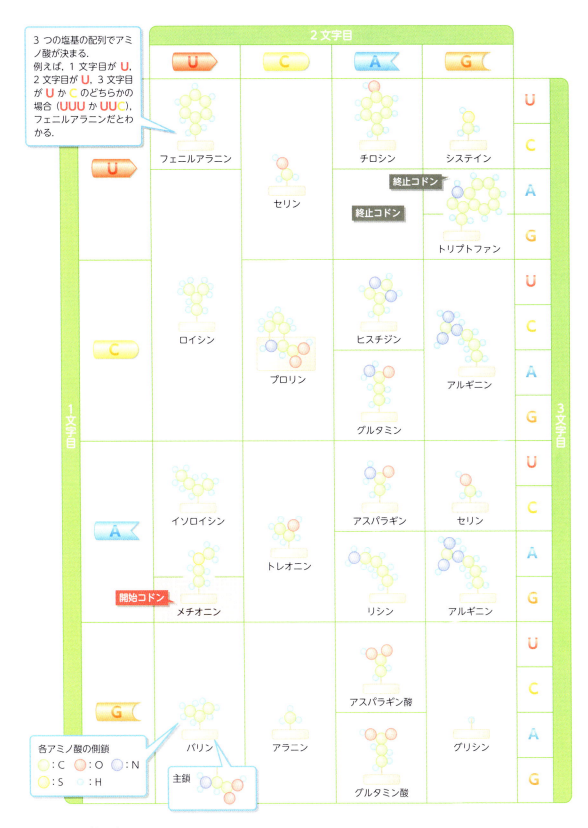

図9-4 コドン表

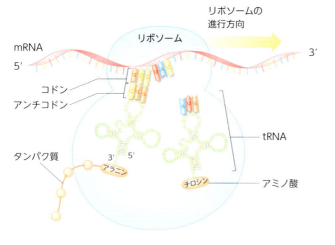

図9-5 リボソームにおけるtRNAのはたらき

ド鎖を合成します．タンパク質を構成するアミノ酸の基本構造を**図9-6**に示します．真ん中の炭素から伸びた4本の手は，水素，アミノ基，カルボキシル基と共有結合しています．残りの1本の手にはさまざまな官能基が結合していて，ここに20種類のバリエーションがあります．炭化水素だけでできたものや，窒素，酸素，硫黄を含むものもあります（**図9-4**）．アミノ酸が重合してタンパク質が合成されるとき，隣同士のアミノ基とカルボキシル基が**ペプチド結合**をつくります（**図9-6**）．リボソームはこのペプチド結合の形成を触媒するはたらきがあります．

　DNAやRNAと同様，ポリペプチドにも方向があり，アミノ基がある方をアミノ末端（もしくはN末端），カルボキシル基の方をカルボキシル末端（C末端）とよびます．リボソームでポリペプチドが合成されるときは，必ずN末端からC末端の方向に合成が進みます．炭素とペプチド結合からなる鎖の部分を**主鎖**，炭素から突き出た可変部を**側鎖**とよびます．主鎖の構造はどのアミノ酸残基でも同じですが，側鎖に20種類のバリエーションがあります．また，第10章と第11章で述べるように，側鎖はさまざまな化学修飾を受けることがあり，タンパク質の構造多様性はほぼ無限大です．

　複製，転写，翻訳のしくみをまとめたものが**図9-7**です．合成を触媒する酵素や部品となる物質はすべて異なりますが，ポリマーには方向性があること，合成は必ず一方向に進行することなどの共通点がみられます．

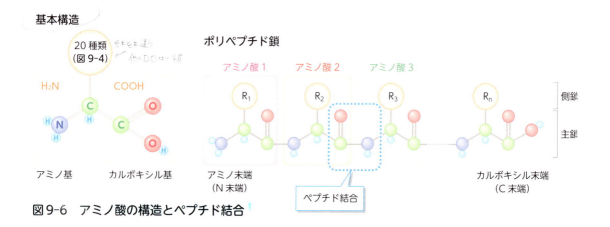

図9-6 アミノ酸の構造とペプチド結合

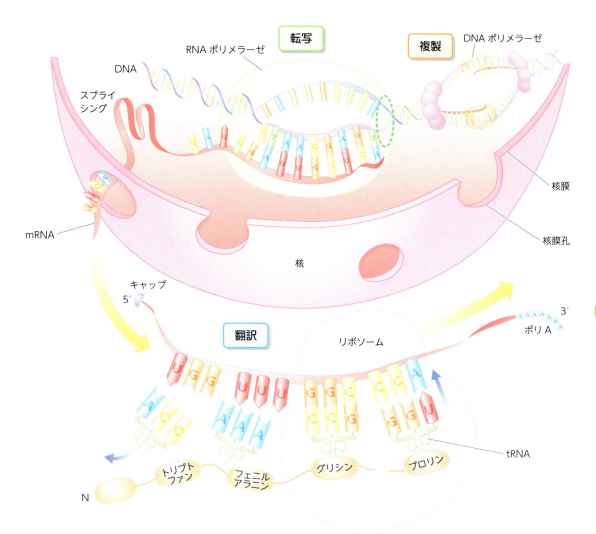

	複製	転写	翻訳
鋳型	DNA	DNA（アンチセンス鎖）	mRNA
酵素	DNAポリメラーゼ	RNAポリメラーゼ	リボソーム
構成単位	デオキシリボヌクレオチド（dNTP）	リボヌクレオチド（NTP）	アミノ酸（tRNA）
合成の方向	5′→3′	5′→3′	N末端→C末端
細胞内の場所（真核細胞の場合）	核	核	細胞質

図9-7　細胞内での遺伝情報の流れ

- アミノ酸をコードしている3つの塩基の並びをコドンという
- 64種類のコドンで20種類のアミノ酸と開始，終止をコードしている
- リボソーム中ではtRNAがmRNAの塩基配列とアミノ酸配列とを橋渡しする

第Ⅱ部　生命体をつくる情報と構造

5. ポリペプチド鎖は折りたたまれて機能を発揮する

　　DNAやRNAは塩基間の水素結合により二重らせん構造をとることは第8章で学びました．一方，タンパク質のポリペプチド鎖を構成するアミノ酸は20種類で，それらの間には塩基対合のように特定の相互作用はありません．しかし，主鎖と側鎖による複雑な相互作用（クーロン力，ファンデルワールス力，水素結合など）によって，ポリペプチド鎖はある決まった構造に折りたたまれて三次元的な立体構造をつくり上げます．どのような構造に折りたたまれるかは，アミノ酸の配列により決まっています．

　　残念ながらアミノ酸配列だけをたよりに立体構造を正確に予測するのは，現時点ではかなり困難です．細胞の中ではポリペプチド鎖の折りたたみを助けるタンパク質もあり，正しく折りたたまれたタンパク質は，酵素として化学反応を触媒したり，細胞の構成パーツとして，多くのタンパク質と相互作用しながら，細胞の恒常性に寄与したりしています．そのはたらきは第10章で詳しく学びます．

　　タンパク質の構造と機能は密接に関係していて，構造が少し変わっただけでも，酵素としてのはたらきを失うこともあります．これまで，細胞の設計図であるDNAに書かれた情報がいかにしてタンパク質のアミノ酸配列へと変換されるかを学んできました．そして，不思議なことに，そのタンパク質がまた転写を調節したり，RNAを合成したり，タンパク質を合成したりしているのです．そこには複雑なループが存在しています．ここが家の設計図と生命（細胞）の設計図であるDNAとの大きな違いです．設計図をもとに家をつくるのは大工さんなどの仕事であり，完成した家はもうそれ以上別の家を建てるのにかかわったりしません．細胞では，DNAの設計図をもとにできたもの（タンパク質）がさらに設計図を読み取って自分自身（タンパク質）をつくるためにはたらいているのです．タンパク質は細胞の生命活動を支える必要不可欠な分子なのです．

・リボソームで合成されたタンパク質は折りたたまれて機能する
・タンパク質の折りたたみには，さまざまな相互作用がかかわっている

章末問題

❶ 転写因子のはたらきについて説明せよ（❶参照）.

❷ 転写の開始からおわりまでの反応のしくみを説明せよ（❷参照）.

❸ RNAのプロセシングについて説明せよ（❸参照）.

❹ リボソームがmRNAの塩基情報をアミノ酸情報に変換するしくみを説明せよ（❹参照）.

第Ⅱ部　生命体をつくる情報と構造

10章

タンパク質のはたらき

—プロテインを飲むと筋肉が増える？

　タンパク質を英語でプロテインといいます．みなさんも一度は聞いたことがある言葉ではないでしょうか．トレーニング後に飲むサプリメントを一般にプロテインとよび，筋肉を増大させたり，筋肉疲労を軽減したりする効果があります．しかし，いったいなぜプロテインは筋肉を強くしたり，疲れをとったりすることができるのでしょうか．プロテインの語源にはいくつか説があります．「1番大切なもの」という意味のギリシャ語であるプロティウスに，物質名を表すインをつなげてプロテインとしたという説や，ギリシャ神話のプロテウス（Proteus）という神様の名前にちなんでつけられたという説もあります．いずれにせよ，タンパク質は細胞にとって最も重要な分子であり，細胞の至る所でさまざまなはたらきをしています．第9章ではタンパク質が誕生するまでを学びました．この章では，タンパク質が産まれた後，どのような一生を過ごすかを学びましょう．

138　大学で学ぶ 身近な生物学

Keyword ▶ タンパク質のはたらき / 細胞内でのタンパク質の流通 / タンパク質の運命

1. タンパク質は産まれた後，目的の場所まで運ばれる

A. タンパク質には行き先ごとに異なるしるしがつけられている

第9章で学んだように，リボソームは細胞質に存在し，mRNAのコドン情報に基づいてタンパク質を合成します．細胞質ではたらくタンパク質はそのまま細胞質にいますが，第7章で学んだように，細胞内には膜で囲まれた細胞内小器官があります．これらの器官内ではたらくタンパク質は，細胞質から目的地まで運ばれねばなりません．また，タンパク質のなかには細胞外に放出（分泌）されるものもあります．ホルモンや抗体などのタンパク質は，細胞内で合成された後，細胞外へと放出されて，血液やリンパ液に乗って全身に運ばれます．

細胞質で合成されたタンパク質は，どのようにして自分の目的地を知り，そこまで運ばれていくのでしょうか．荷物を発送するときに送り先の住所が書いてある荷札をつけるのと同じように，タンパク質にも目的地の情報が書かれた特定のアミノ酸配列（シグナル配列）がつけられています（**表10-1**）．その多くは10アミノ酸程度の短い配列で，遺伝子にあらかじめコードされています．シグナル配列が存在する場所は，N末端が多いですが，C末端にあるものもあれば，ペプチド鎖内部に存在するものもあります．

細胞内には，これらの配列を特異的に結合するタンパク質が存在し，配列を含むタンパク質を目的地へと積極的に運んだり，あるいは目的地で待っていてとらえたりします．例えば，ミトコンドリアに運ばれるタンパク質は，N末端に塩基性アミノ酸❶を含む配列をもっていて，ミトコンドリア外膜の表面に存在するTom20/22というタンパク質がその配列を認識してタンパク質をとらえ，ミトコンドリア内部へとタンパク質を輸送します．

❶側鎖にアミノ基をもつリシン，アルギニンは塩基性を示すアミノ酸です．一方，グルタミン酸とアスパラギン酸は側鎖にカルボキシル基をもつため，酸性を示します（**図9-4**）．

表10-1　タンパク質の目的地を決めるシグナル配列

目的地	シグナル配列の場所	シグナル配列の除去	アミノ酸配列の性質
小胞体	N末端	○	数個の塩基性アミノ酸の後に6〜12個の疎水性アミノ酸
ミトコンドリア	N末端	○	・3〜5個のアルギニンとリシン残基 ・セリンやトレオニンも含む
葉緑体	N末端	○	セリン，トレオニンや疎水性アミノ酸に富む
ペルオキシソーム	C末端	×	セリン-リシン-ロイシン
核	ペプチド内部	×	・5つの塩基性アミノ酸 ・10アミノ酸ほど離れた2つの塩基性アミノ酸クラスター

第Ⅱ部　生命体をつくる情報と構造

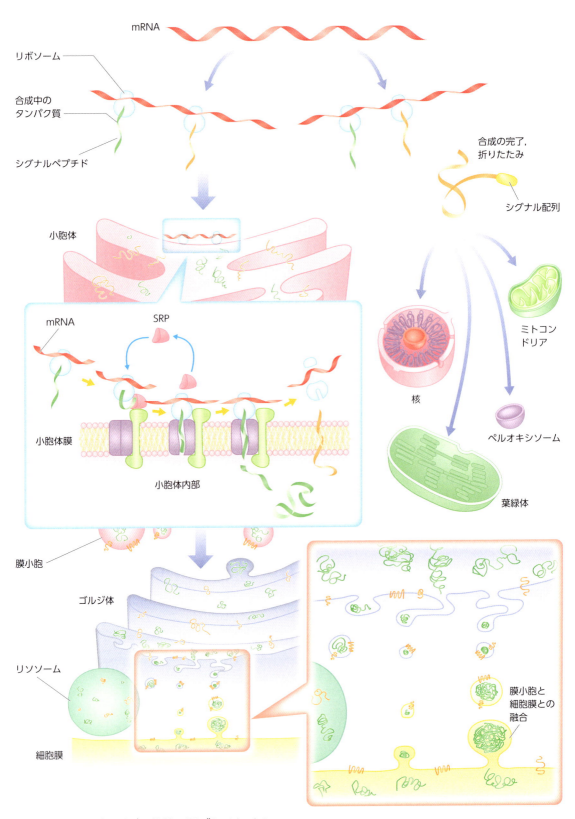

図10-1 タンパク質が目的地に運ばれるしくみ

B. 膜小胞で運ばれるタンパク質

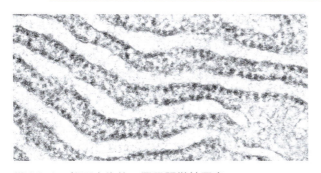

図10-2　粗面小胞体の電子顕微鏡写真
リボソームが表面に結合していて，ブツブツに見えたことからこの名前がつけられています．画像：駒崎伸二博士のご厚意による．

　ミトコンドリア，核，ペルオキシソーム，（植物の細胞の場合は）葉緑体に運ばれるタンパク質は上記のしくみで目的地へと運ばれます．一方，細胞膜，小胞体，ゴルジ体，細胞外，リソソームへと運ばれるタンパク質は，やや異なる経路をたどります（図10-1）．これらの目的地に運ばれるタンパク質は，N末端に シグナルペプチド とよばれる特定のシグナル配列をもっています．合成中のリボソームからこの配列が出てくると，すぐにSRPとよばれるタンパク質が結合し，合成中のリボソームごと小胞体表面へと運びます（図10-1）．小胞体表面に結合したリボソームは翻訳を再開し，合成したタンパク質を小胞体膜に挿入するか，小胞体内部に入れます．リボソームが結合している小胞体を特に 粗面小胞体 とよびます（図10-2）．

　小胞体で合成されたタンパク質はその後，膜小胞 に乗ってゴルジ体へと運ばれ，最終的に，細胞膜，リソソーム，もしくは細胞外へと運ばれます（図10-1）．ゴルジ体は 小胞輸送 の分岐点であり，細胞内流通の要所として重要なはたらきをしています．また，小胞体やゴルジ体では，タンパク質に 糖鎖 が付加されることがあります．タンパク質のアスパラギン側鎖にさまざまな種類の糖から構成される糖鎖が付加されます（図10-3）．原核細胞は小胞体やゴルジ体をもっていないので，真核細胞にみられるような糖鎖の修飾は全く起こりません．

- タンパク質は行き先に応じてシグナル配列をもっている
- 粗面小胞体上のリボソームで合成されたタンパク質はそのまま小胞体に入る
- 小胞体からゴルジ体を経て細胞膜やリソソームに至る小胞輸送経路がある

2. タンパク質は化学反応を触媒する

A. 化学反応の起こりやすさ，起こりにくさ

　タンパク質のはたらきでもっとも重要なものが，化学反応の 触媒 です．このため，タンパク質は 酵素 とよばれます[1]．一般的に，化学反応ではエネルギーの高いもの（反応物）が熱を放出することで，より低いエネルギーをもったもの（生成物）へと変化します．この逆反応が単独で起こることはな

[1] 厳密には別の意味で使われることもありますが，タンパク質と酵素はほぼ同じ意味で使われることが多いです．

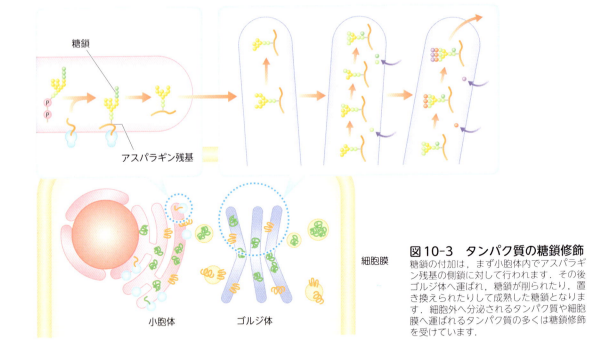

図10-3 タンパク質の糖鎖修飾
糖鎖の付加は，まず小胞体内でアスパラギン残基の側鎖に対して行われます．その後ゴルジ体へ運ばれ，糖鎖が削られたり，置き換えられたりして成熟した糖鎖となります．細胞外へ分泌されるタンパク質や細胞膜へ運ばれるタンパク質の多くは糖鎖修飾を受けています．

く，その場合にはATPなどのエネルギーをもった反応物が必要になります．では，すべての発熱反応が勝手に進行するかというとそうではありません．反応物には化学反応を起こさせるだけのエネルギーが不足しているのです．

例えば，グルコースが酸化されて水と二酸化炭素に変化する反応は発熱反応ですが，グルコースをいくら眺めていても，水と二酸化炭素に変化することはありません．反応を開始するのに必要なエネルギーを活性化エネルギーといいます．反応に大きな熱を加える（反応温度を上げる，燃焼など）ことでこの活性化エネルギーを超えることができますが，残念ながら，私たちの体の中では大きな熱を与えることは不可能です．そこで，酵素がこの活性化エネルギーを下げるはたらきをします❷．

❷化学反応の多くは反応中間体というとても不安定な中間産物を経て進行します．活性化エネルギーは，この反応中間体の不安定さに起因することが多く，酵素はその反応中間体を安定にとらえることで，活性化エネルギーを下げることができるのです．

B. 酵素と基質は鍵と鍵穴

酵素と反応物（基質）の相互作用は特異性が高く，酵素は特定の基質しかとらえることができません（図10-4）．このため，酵素が触媒する反応も特異性が高くなります．酵素と基質の特異性は，酵素の立体構造と基質の構造とによって決まります．第9章で述べたように，酵素のポリペプチド鎖の折りたたみに少しでも異常があると，基質に結合することができなくなり，酵素としての機能を失うこともあります．

第3章で学んだ解糖系では，グルコースが9のステップを経てピルビン酸

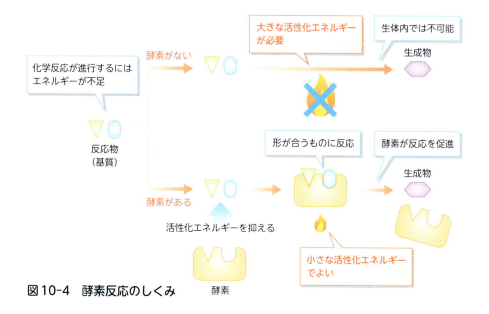

図10-4 酵素反応のしくみ

へと変換されました．このそれぞれのステップで別々の酵素がはたらいています．例えば，グルコースをグルコース-6-リン酸に変換するのは，ヘキソキナーゼとよばれる酵素です．グルコースとATPをただ混ぜるだけでは，いつまで経ってもグルコース-6-リン酸にはなりません．リン酸基を付加する反応の活性化エネルギーが高すぎて，ヒトの体温の37℃付近では，反応がほとんど起こりません．しかも，たとえ反応が起こったとしても，グルコースには水酸基が複数個存在するため，どの水酸基がリン酸化されるかはきめられません．ヘキソキナーゼは，グルコースの6位の水酸基にリン酸基を付加するという非常に特異的な反応を促進します．この特異性は，ヘキソキナーゼの立体構造に由来するものです．

C. 酵素のはたらきを助ける補酵素たち

　酵素が化学反応を触媒するとき，タンパク質成分以外のイオンや有機物を必要とする場合があります．酵素を構成するアミノ酸は20種類しかないので，これだけでは触媒できる化学反応の多様性は限られてしまいます．酵素がその活性中心（実際に化学反応を触媒する部位）近傍に補酵素をもつことで，触媒できる化学反応の多様性を大きく広げ，また反応速度を飛躍的に向上させているのです．生体反応にみられる補酵素の多くはビタミンからつくられるので（第6章），ビタミン不足だと体の調子が悪くなるのです．

　また，別々の触媒活性をもつ酵素が複合体を形成することで，複数のステップで進行する化学反応を効率よく促進することもあります．ピルビン酸

からアセチルCoAを合成する酵素（ピルビン酸脱水素酵素）は，3つのタンパク質の複合体で，チアミン，リポ酸，NADH，$FADH_2$などの補酵素を使って複雑な一連の反応を触媒しています（第6章発展学習）.

・酵素は化学反応を触媒する
・酵素と基質には高い特異性がある
・酵素は補酵素により複雑な反応を効率よく進めることができる

3. 細胞内外のシグナルや物質を輸送するタンパク質たち

A. 細胞外の情報を受け取る受容体タンパク質

タンパク質は，化学反応を触媒する以外にも重要なはたらきがあります．そのなかでも特に重要なのがシグナル伝達とよばれるはたらきです．細胞が外界から刺激を受けたり，特定の化学物質を感じたりするのは，細胞膜に存在する受容体（レセプター）タンパク質が行います（図10-5）．私たちが食べ物を食べたときに味を感じるのは，舌の表面にさまざまな化学物質を受け取る受容体が分布しているからで，この受容体へのシグナルが最終的に脳まで伝えられてはじめて「味」を感じることができます．舌の上以外にも，ほぼすべての細胞は何らかの受容体を細胞表面にもっていて，ホルモンやイオンをはじめとするさまざまな物質や刺激を受け取っています．受け取ったシグナルは，受容体の細胞内領域へと伝わり，そこからさらに細胞質内の伝達物質へと伝えられます．受容体とシグナル伝達に関しては，第11章で詳しく学びます．

受容体の多くは粗面小胞体上で合成され，小胞輸送に乗ってゴルジ体を経て細胞膜に至ります❶．化学反応を触媒する酵素と基質の間に高い特異性があるのと同様に，受容体とそれに結合する基質との間にも高い特異性があり，間違ったシグナルが伝達されないようになっています．

❶ステロイドホルモンなどの受容体は細胞膜ではなく，細胞質に存在しています．これは，ステロイドが脂溶性のため，脂質膜を容易に通り抜けて細胞内に入り込むことができるからです．

B. イオンを輸送するタンパク質たち

細胞膜には受容体の他にチャネル，トランスポーター，ポンプなどのタンパク質が存在し，さまざまな物質を細胞内に取り込んだり，細胞外に排出したりしています．生体膜内部は疎水性の環境なので，生体高分子のような大きな分子（糖，アミノ酸，タンパク質）や，イオンのように小さくても電荷をもった分子は簡単には通ることができません．そこで，生体膜にはさまざまな輸送タンパク質が存在していて，イオン，アミノ酸，糖，脂質などの分

144 大学で学ぶ 身近な生物学

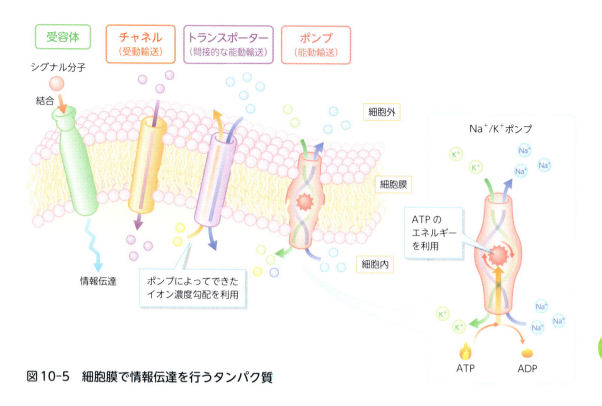

図 10-5　細胞膜で情報伝達を行うタンパク質

❷受動輸送とは，エネルギーの高い方から低い方へその勾配に従って分子を移動させる輸送方法のことをいいます．濃度の差はエネルギーの差ですので，分子は濃度の高い方から低い方に自然と移動します．

❸能動輸送とは，エネルギーの低い場所から高い場所に分子を移動させるのに，別のエネルギーを注入して輸送する方法のことです．ATP加水分解のエネルギーを使うものを特にポンプとよびます．

子を細胞内外に輸送しています（図10-5）．

　チャネルは，真ん中に輸送分子の通り穴をもつタンパク質で，濃度勾配に応じて分子を受動輸送❷します．特に，イオンチャネルは特定のイオンだけを通すはたらきがあり，細胞の活動に必要な膜電位や神経伝達に必要な活動電位などを生み出すのに重要なはたらきをしています（細胞の興奮と刺激の伝達に関しては第11章で詳しく学びます）．

　ポンプは，チャネルと異なり，ATPなどのエネルギーを利用してイオンなどを能動輸送❸するタンパク質です．細胞膜にはNa^+/K^+ポンプ（Na^+/K^+-ATPアーゼ）（図10-5）が存在し，ATP加水分解のエネルギーを利用して，ナトリウムイオンを細胞外に，カリウムイオンを細胞内に能動輸送します．このポンプの機能により，細胞内は高カリウム（～110 mM），低ナトリウム（＜1 mM）に維持されています．

　他にも，カルシウムポンプ，プロトンポンプなどが存在し，細胞内外のイオン環境をコントロールしています．トランスポーターも能動輸送が可能ですが，基本的にはATPのエネルギーを使うのではなく，ポンプがつくり出したイオン濃度勾配などを利用して，他のイオンやアミノ酸，糖，脂質などを運搬するタンパク質です．よって，間接的な能動輸送といえます．

- 細胞膜には受容体，チャネル，ポンプ，トランスポーターなどの膜タンパク質が存在している
- 受容体は細胞外のホルモンや物質を特異的にとらえ，細胞内に情報を伝達する
- イオンチャネルは特定のイオンを受動輸送し，イオンポンプはATPを使って能動輸送する

4. 細胞の骨格をつくるタンパク質

　タンパク質のなかには，細胞の骨格となるものもあります．アクチンとよばれるタンパク質は重合して繊維になり，細胞の形状維持や運動に関与しています．特に筋肉細胞では，束になったアクチン繊維とミオシン繊維が互いに相互作用しながら平行移動することで，筋肉の収縮や弛緩が起こります（図10-6 ⓐ）．この運動にはATPが必要で，筋肉細胞はミトコンドリアを大量に含んでいて，常にATPをつくりながら収縮運動をくり返しています．

　アクチン以外にも細胞内にはさまざまな骨格タンパク質が存在して，細胞の構造維持，変化や細胞内での物流において重要なはたらきをしています．チューブリンとよばれるタンパク質は重合して繊維状になり，微小管を形成します（図10-6 ⓑ）．微小管は細胞内の線路のような役割があり，その上をさまざまな荷物が行き来しています．キネシンやダイニンとよばれるタンパク質が荷物をとらえ，微小管上を滑りながら移動します．また，微小管は細胞分裂時には紡錘糸となり，染色分体を紡錘極へ引っ張るという重要な役割も果たしています（第12章参照）．ここでも，やはりATPを利用した繊維上でのスライドが運動の原動力となっています．

❶「中間径」とは，直径がアクチン繊維（7 nm）と，微小管（25 nm）の間（約10 nm）なので，こうよばれるようになりました.

　中間径繊維❶は，アクチン繊維や微小管と並んで細胞骨格を構成する重要な繊維状タンパク質です（図10-6 ⓒ）．アクチン繊維や微小管と異なり，中間径繊維を構成するタンパク質はたくさん存在します．例えば，ケラチンは上皮細胞の構造を支える重要なタンパク質ですし，ラミンは核膜の内側で核の構造を支える中間径繊維です．また，細胞外にも多くのさまざまな繊維状タンパク質が存在しており，糖鎖などと結合して複雑な細胞外マトリクス❷を形成しています．

❷細胞外基質ともいいます.

- 骨格タンパク質は細胞のかたちの維持や運動に関与している
- アクチンはミオシンとともに筋肉の主要なタンパク質で，筋肉の収縮にはたらいている
- 微小管は細胞内の線路のようなはたらきをしている

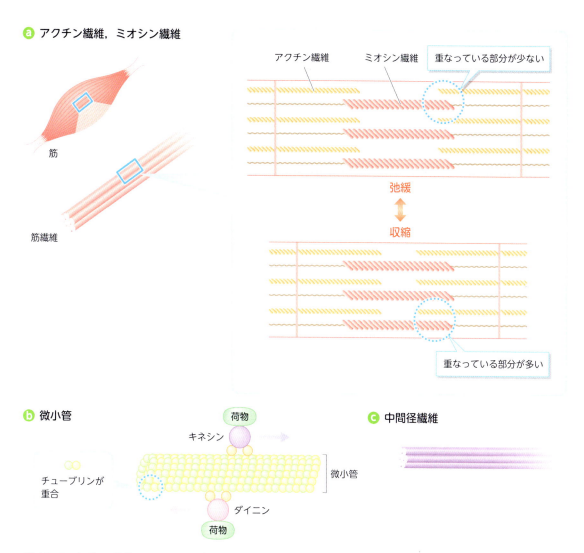

図10-6 細胞の骨格となるタンパク質

5. 不要なタンパク質は分解される

A. タンパク質にも寿命がある

　これまでタンパク質の合成から輸送，機能の話をしてきましたが，最後にタンパク質の一生のおわりについて話しましょう．タンパク質はリボソームによって合成されると，そのままずっと細胞内で機能しているわけではありません．やがて寿命を迎えて最終的に分解されてアミノ酸に戻ります．寿命の原因は，熱による変性や，活性酸素による損傷（第14章），分解酵素による積極的な分解などがあげられます．寿命は各タンパク質によっておおよそ決まっていて，合成速度と分解速度が同じぐらいに保たれることにより細胞

内での量が一定に保たれています．また，細胞内には異常なタンパク質を検知するシステムが備わっていて，それによってみつけられると，多くの場合はリソソームに運ばれて分解されます（第7章）．

B. 積極的に分解されるタンパク質

タンパク質のなかには，自然寿命を全うすることなく，積極的に分解されるものもあります．例えば，サイクリンとよばれるタンパク質は細胞周期をコントロールしています．細胞周期の進行に伴ってサイクリンの量は大きく増減します．タンパク質の量を増やすときは，転写のスイッチをONにすることで，約30〜60分の短時間でタンパク質量を増やすことができます．しかし，量を減らすには単に自然寿命を待つだけでは間に合いません．タンパク質の寿命は数時間〜1日程度ですので，細胞分裂のように分単位で進行する過程を制御するのには，積極的なタンパク質分解が必要です．

タンパク質を積極的に分解するメカニズムの1つにユビキチン化があります．分解するべきタンパク質にユビキチンという小さいタンパク質を付加して，分解のシグナルにします．ユビキチン化されたタンパク質はその後速やかにプロテアソームという分解酵素複合体により認識されて分解されます（図10-7）．このように，タンパク質は，必要に応じて積極的に合成されるだけでなく，積極的に分解されることもあるのです．

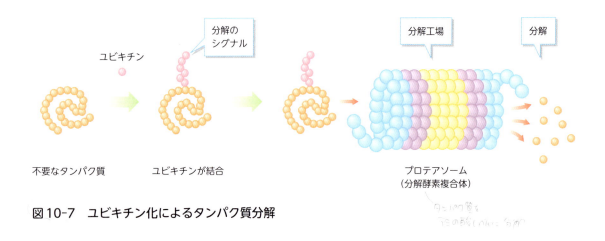

図10-7 ユビキチン化によるタンパク質分解

─筋肉とプロテイン

　筋トレして筋肉に大きな負荷をかけると，筋肉細胞内のアクチン繊維が傷つきます．細胞はアクチンを大量に合成してその傷を修復しようとします．よって，筋肉細胞にいつも以上のアミノ酸が必要になります．食べ物により摂取されたタンパク質は消化器系で分解され，アミノ酸となって全身に運ばれます．筋トレの後にプロテインを飲むと，筋肉の回復が早くなるのはこのためです．筋トレを定期的に続けると筋肉が肥大するしくみはコラムで解説しています．

- タンパク質には寿命がある
- 熱変性や活性酸素により損傷を受けたタンパク質はリソソームで分解される
- ユビキチン化によりタンパク質はすみやかに分解される

パワートレーニング（筋トレ）の秘密

　パワー系競技をしている人はもちろん，持久競技の人にとっても，筋トレは欠かせないトレーニングです．また，スポーツをしなくても美容や健康を目的として筋トレを継続している人もいるのではないでしょうか．なぜ筋肉に大きな付加を与えると筋肉は増えていくのでしょうか．また，効率のよい筋力アップとはどのようなものなのでしょうか．

　筋肉に大きな負荷をかけると，筋肉の繊維は断裂・損傷します．しかし，私たちの体にはこれを「回復」「再生」する能力が備わっているので，やがて元に戻ります．実はこのとき，筋肉は損傷前よりも少しだけ余分に（多めに）回復します（超回復）．これによって次の大きな負荷に備えているわけです．この「損傷」と「回復」のサイクルを定期的にくり返すことにより，筋肉は少しずつ大きくなります．

　このサイクルには個人差がありますが，おおよそ2〜3日です．よって，大きな負荷をかけるトレーニングは3日に一度のペースで行うのが最も効率がよいとされています（もちろん，すでに鍛えられた筋肉では，もっと短いサイクルで行う方がよいこともあります）．また，筋肉の回復を促進させる食べ物（タンパク質やアミノ酸）を摂取することで，回復速度を上げるのも効果的です．

章末問題

❶ 小胞体上のリボソームで合成されたタンパク質がたどる過程について説明せよ（❶参照）．
❷ 細胞膜に存在するタンパク質の種類とはたらきを説明せよ（❸参照）．
❸ 細胞骨格をつくるタンパク質の名前とはたらきを説明せよ（❹参照）．

第Ⅱ部　生命体をつくる情報と構造

11章 細胞内外の情報伝達

細胞はどうやってコミュニケーションしている？

　私たちは社会の中で，多くの人とコミュニケーションをとりながら生活しています．言葉はもちろん，表情，音，デジタル信号なども駆使しながら複雑なコミュニケーションをしています．実は細胞も集団の中で生きています．私たちの体は約60兆個の細胞からできていて，それらがお互いにコミュニケーションをとりながら，集合体としての個体が生存しています．細胞同士のコミュニケーションは何も多細胞生物だけのものではありません．バクテリアのような単細胞も集団の中でお互いにコミュニケーションを取っているだけでなく，周囲の環境からさまざまな刺激・シグナルを受け取って自分の振る舞いを決めています．この章では，細胞が周囲の環境から刺激を受け取り，細胞内のシグナルへと変換し，いかにそれを伝達するかを学びます．

Keyword　細胞間のコミュニケーション／細胞内の情報伝達／神経におけるシグナルの伝播／タンパク質のリン酸化シグナル

1. 細胞同士のコミュニケーション

A. 隣の細胞とのコミュニケーション

　細胞間のコミュニケーションは，大きく2種類に分けられます．1つ目は，接触した隣り合う細胞間でのやりとりです（図11-1）．細胞表面のタンパク質同士が直接接触（相互作用）することによって，隣の細胞との間でさまざまな情報をやりとりします．

　例えば，分裂をくり返す上皮細胞は，最終的にシート状の層になって分裂を停止します（図11-1）．このとき，細胞同士のコミュニケーションがうまくいかないと，細胞は分裂し続け，層状を通り越して塊になってしまいます．上皮細胞は層を維持しながら平面的に伸展し，ある密度以上になると分裂を停止します．これには隣り合う細胞同士のコミュニケーションが必須です．細胞膜に存在するタンパク質同士が相互作用すると，そのシグナルが細胞内部に伝達されて，分裂ストップの信号になります❶．

❶細胞同士の接触によるコミュニケーションは，免疫細胞間の抗原の提示，受け渡しなどでも重要なはたらきをしています（第15章）．

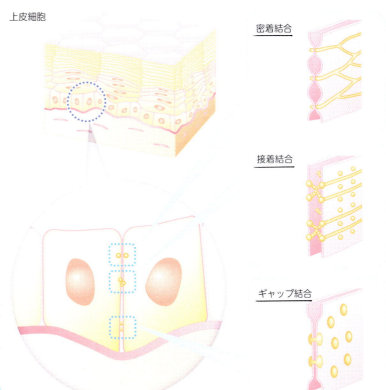

図11-1　隣り合う細胞同士のコミュニケーション
密着結合（タイトジャンクション）は隣り合う上皮をかたくつなぎ合わせるもので，分子が細胞の隙間を通過することを防いでいる．これを境に上皮細胞はapical（頂端）側とbasolateral（側底側）とに分けられる．接着結合（アドヘレンスジャンクション）は細胞骨格（アクチン繊維）と連結しており，力学的ストレスを隣の細胞に伝えるはたらきがある．ギャップ結合（ギャップジャンクション）は小さな物質（イオンなど）を通す穴（チャネル）があいており，隣り合う細胞間で物質をやりとりする通り道として機能している．

第Ⅱ部　生命体をつくる情報と構造　151

B. 離れた細胞でもやりとりできる

　もう1つの細胞間コミュニケーションは離れた細胞間でのシグナルです．これは，**ホルモン**などの物質によって行われます．ヒトのような多くの細胞，組織，器官からなる個体では，ホルモンによる細胞間のコミュニケーションは重要です．私たちの体の中にはホルモンを分泌する細胞があり，そこから分泌されたホルモンは，血液やリンパ液で体中の別の場所へと運ばれます（**図11-2**）．標的となる細胞の表面にはホルモンに特異的な受容体があり，ホルモンの結合により，そのシグナルを細胞内へと伝達します．そのしくみについては後で詳しく説明します．

　ホルモンは，アミノ酸から構成されるペプチドホルモンと，それ以外の低分子化合物とに大別されます．**ペプチドホルモン**はそれをコードする遺伝子をもとにリボソームでつくられますが，低分子化合物の場合は特別な合成経路を必要とします．ホルモンはごく少量でも機能することが多く，検出することが困難な物質でもあります．昆虫の個体間のコミュニケーションに使われるフェロモンもホルモンの一種と考えられ，非常に低濃度で遠く離れた個体（細胞）にはたらきかけることができます．

C. 単細胞生物もコミュニケーションしている？

　細胞間でコミュニケーションを行っているのは何も多細胞生物だけではありません．バクテリアや菌類の単細胞生物も，周囲の環境からさまざまな刺激を受け取り，細胞同士で情報のやりとりを行っています．大腸菌はべん毛を使って泳ぎますが，栄養のある方向に向かって泳ぐことが知られていま

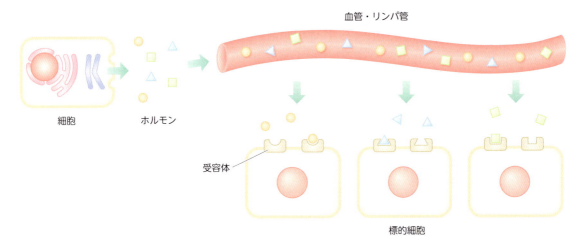

図11-2　離れた細胞同士はホルモンなどでコミュニケーション

す．また，周囲の環境から受ける刺激は細胞にとってよいものばかりではありません．熱，飢餓，紫外線，活性酸素など，細胞にとってストレスとなる刺激にさらされています．細胞はこれらの環境の変化に対してしなやかに対応する力をもっています．ストレスに対する反応に関しては，第14章で詳しく学びます．

- 隣り合う細胞同士は細胞膜上のタンパク質を介してコミュニケーションする
- 離れた場所にある細胞は，ホルモンなどの化学物質を介してコミュニケーションする
- 多細胞生物のみならず，単細胞生物でも周囲の環境とコミュニケーションしている

2. 細胞外の情報を細胞内に伝えるしくみ

A. 細胞外の刺激を受け取る装置：受容体

細胞はどのようにして周囲の情報を受け取るのでしょうか．ヒトのような個体であれば，目，鼻，耳などの感覚器から情報を得ますが，細胞にとって感覚器の役割を果たしているのが，受容体とよばれるタンパク質です．受容体には，細胞表面にあるタイプと，細胞内の細胞質に存在しているタイプとがあります（図11-3 ⓐ）．受容体に結合する物質を基質とよび，酵素と基質の関係と同様，受容体と基質との間にも高い特異性があります．細胞はさまざまな受容体を細胞表面にもっていて，細胞の種類によってもっている受容体のバリエーションもさまざまです（図11-3 ⓐ）❶．

❶受容体が受け取るシグナルは物質だけではありません．例えば，機械的な刺激を受け取る受容体や（触覚），温度を感知する受容体もあります．

B. さまざまな形をした受容体

基質を受け取った受容体はその情報を細胞内に伝達します．受容体は細胞膜を貫通しており，細胞外の部分と細胞内の部分とをもっています．膜貫通部位は脂質二重層に埋め込まれているので，疎水性アミノ酸残基を数多く含んでいます．1回だけ膜を貫通している受容体もあれば，4回や7回貫通しているもの，また部分的に脂質膜に突き刺さっているものもあり，その構造の多様性は基質および伝えるシグナルの多様性に対応しているといえるでしょう（図11-3 ⓑ，ⓒ）．さらに，細胞膜上でこれらの受容体は会合し，多量体❷を形成することがあります．同じものが会合する場合もあれば，異なるものが会合することもあり，さらに機能的な多様性が生まれています．

受容体の細胞外部分に基質が結合すると，細胞内部分に変化が生じます．その構造変化によって，細胞内の別のタンパク質との相互作用が変化するこ

❷単独で存在するタンパク質を単量体，複数のタンパク質が会合したものを多量体といいます．多量体では，同種のタンパク質だけで会合したものをホモ多量体，異なるタンパク質が会合したものをヘテロ多量体といいます．

第Ⅱ部　生命体をつくる情報と構造　**153**

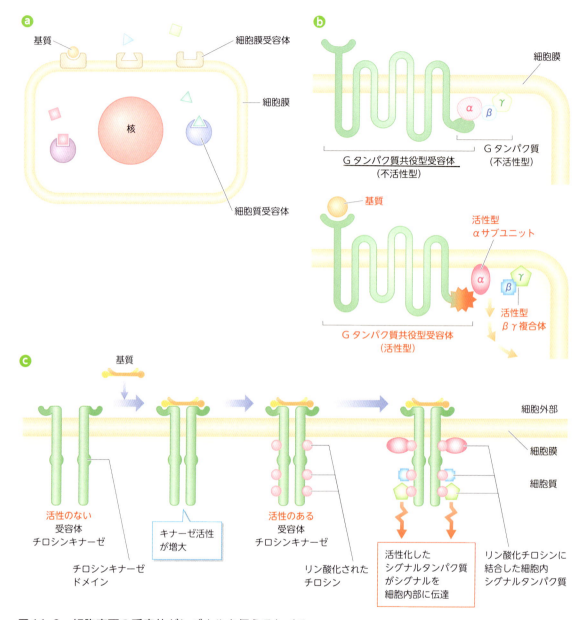

図11-3 細胞表面の受容体がシグナルを伝えるしくみ

ともあれば，細胞内部分に酵素活性（特にキナーゼ活性）部位をもっていて，その活性が変化することもあります（キナーゼによるリン酸化は❸で解説します）．

C. どんな細胞膜受容体があるの？

Gタンパク質共役型受容体とよばれるタンパク質は，細菌からヒトまで多くの細胞にみられる細胞膜受容体で，7つの膜貫通領域をもち，細胞内部位

でGタンパク質とよばれるタンパク質と結合しています（図11-3 **b**）．細胞外に基質が結合することで，Gタンパク質が受容体から離れ，細胞質内部にシグナルを伝達します．味覚受容体の多くはこのGタンパク質共役型です（味覚のしくみに関してはコラム参照）．

また，ホルモンや増殖因子受容体の多くは，膜貫通部位が1つだけで，キナーゼ活性を細胞内部位にもっています（図11-3 **c**）．基質の結合により2個の受容体が細胞膜上で会合し，お互いのチロシン残基をリン酸化します．これがシグナルとなって細胞内に伝達されます．

- 細胞外のシグナル分子は細胞膜上の受容体で受け取られる
- シグナルを受け取った受容体は細胞内にシグナルを伝達する
- 受容体の細胞内部分は酵素活性をもっていたり，Gタンパク質と相互作用したりする

3. タンパク質のリン酸化が伝える細胞内のシグナル

A. タンパク質をリン酸化するキナーゼ

キナーゼ型受容体でみられたように，リン酸化は細胞内のシグナル伝達において重要な化学反応の1つです．リン酸化はタンパク質の側鎖にある水酸基（-OH）にリン酸がエステル結合することをいいます．この反応を触媒するのがキナーゼです．キナーゼは，ATPがもつリン酸基の1つ（一番遠い位置にあるもの）をタンパク質の水酸基に移します（図11-4）．このとき，

Column

味を感じる受容体

味覚は，5つの基本味（甘味，うま味，苦味，塩味，酸味）に分類され，それぞれ異なる受容体により感知されます．これらの受容体は舌や口腔内の味細胞に発現していて，基質の結合シグナルを味神経に伝え，これが脳で処理されてはじめて「味」を感じます．味覚受容体はこれまで謎に包まれていましたが，近年の研究でその実態が少しずつ明らかにされています．

甘味，うま味，苦味の受容体はGタンパク質共役型受容体のグループに属します．7回の膜貫通領域をもち，細胞質側でGタンパク質と結合しています．細胞外領域への基質の結合により，Gタンパク質が活性化され，これがさらにリパーゼを活性化します．リパーゼはイノシトール3リン酸という物質を生成し，これがカルシウムチャネルを開いて細胞内のカルシウム濃度が上昇します．このシグナルが味神経細胞へと伝達され，脳へと送られます．

味覚には相乗効果があって，1＋1が必ずしも2にならないということが起こります．昆布とカツオの合わせダシはまさに味の相乗効果です．このメカニズムはいまだに解明されていませんが，味神経が複雑に交差していること，脳内での処理の場所が近いことなどが関係しているようです．

第Ⅱ部　生命体をつくる情報と構造　**155**

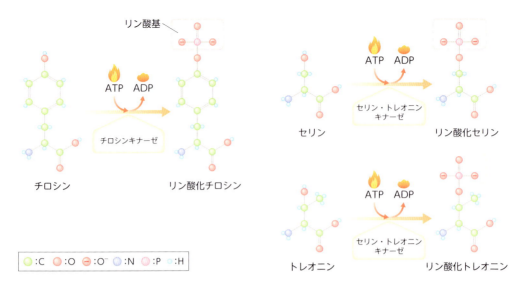

図11-4 タンパク質のリン酸化

ADPが生成されます．側鎖に水酸基をもつアミノ酸はチロシン，セリン，トレオニンの3種で（図9-4），キナーゼはチロシン型とセリン・トレオニン型の2種類に分類されます．

細胞膜にあるキナーゼ型受容体はほとんどがチロシンキナーゼです（図11-3❻）．一方，Gタンパク質共役型受容体から遊離したGタンパク質はAキナーゼを活性化しますが，これはセリン・トレオニンキナーゼです．動物の細胞内には約500種類ものキナーゼが存在し，それぞれが特異的な基質をリン酸化します．リン酸化が制御している反応には，転写，複製，細胞周期などがあげられます．キナーゼと同様に基質をリン酸化する酵素にホスホリラーゼがあります．キナーゼがATPを使ってリン酸基を付加するのに対して，ホスホリラーゼは遊離リン酸を基質に転移します．

B. リン酸基をはずすホスファターゼ

キナーゼやホスホリラーゼに対して，リン酸基を外す（脱リン酸化）酵素はホスファターゼとよばれます．ホスファターゼはリン酸エステルを加水分解してリン酸基を遊離させます．ホスファターゼの基質特異性はキナーゼのものに比べると低く，細胞内に約150種類しか存在しません．ホスファターゼは，セリン・トレオニン型，チロシン型，二重型の3種に分類されます．このように，タンパク質のリン酸基修飾は，キナーゼとホスファターゼによって厳密に制御されています．

- キナーゼはATPのリン酸基をタンパク質側鎖の水酸基に移す
- キナーゼには，チロシン型とセリン・トレオニン型がある
- ホスファターゼはリン酸基を加水分解してはずす

4. 細胞膜の電位変化によるシグナル伝達

A. 神経は電気を使ってシグナルを伝える

　神経細胞では，細胞膜の電位変化により情報伝達が行われます．第10章で説明したように，細胞膜ではNa$^+$/K$^+$ポンプがはたらいているので，細胞内のNa$^+$濃度は低く，K$^+$濃度は高く維持されています（図11-5 ⓐ）．細胞膜にはカリウムチャネルが存在するので，濃度勾配に従ってK$^+$が少しずつ細胞外に漏れ出ています．このK$^+$漏出のせいで，細胞膜の表面近傍に電荷の偏りが生じ，これが静止膜電位を形成します．静止膜電位は細胞の種類により若干異なりますが，動物細胞の場合，細胞内が外に比べて約60 mVほど低くなっています．このように細胞膜に電位が存在することを分極といいます．

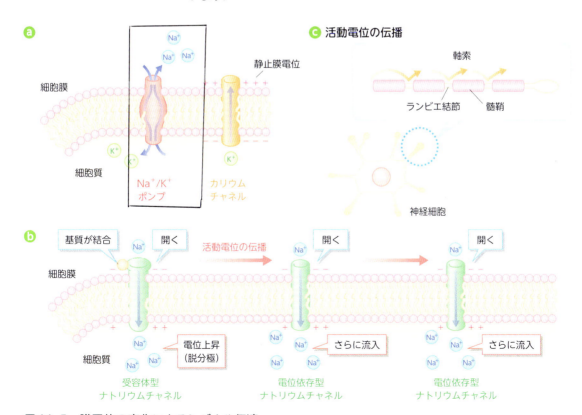

図11-5　膜電位の変化によるシグナル伝達

B. 神経細胞の膜で起こる電位変化

　神経細胞や筋肉細胞では負の静止膜電位が大きく変化してシグナルを伝達します．細胞膜にある受容体型ナトリウムチャネルに基質が結合すると，チャネルが開いて細胞外のNa^+が細胞内に流入し，一時的に膜電位が上昇します（脱分極）．細胞膜には電位依存型ナトリウムチャネルが存在していて，脱分極を感じ取ってチャネルを開き，さらにNa^+の流入が起こります（図11-5 ⓑ）．しかし，この脱分極は長く続きません．細胞膜に存在している電依存性K^+チャネルが少し遅れて開くことでK^+の流出がはじまり，膜電位は再び負の値（静止膜電位）付近に戻ります．このような一過性の電位の変化を活動電位とよびます．

　神経細胞では，活動電位は軸索の細胞膜上を伝播します（図11-5 ⓒ）．軸索表面は髄鞘で覆われており，細胞膜がところどころしか露出していません．この露出した部分（ランビエ結節）をとびとびに活動電位が伝播していくことで，速い速度でのシグナル伝達が可能になっています（図11-5 ⓒ）．

C. 軸索の末端に到達した活動電位は？

　軸索の末端に脱分極の波が到達すると，その先には次の神経細胞や筋肉細胞があります．残念ながら，隣り合う細胞同士といえども，細胞膜はつながっていませんので，脱分極の波はここでおわります．神経のシグナルはここで細胞間の隙間（シナプスといいます）を超えねばなりません．軸索の末端には電位依存性カルシウムチャネルがあり，脱分極の波が到達するとチャネルが開いてCa^{2+}が細胞内に流入します（図11-6）．これが引き金となって神経伝達物質が細胞間に放出されます❶．神経伝達物質として知られているのは，グルタミン酸やγアミノ酪酸などのアミノ酸，ペプチド，アミンなどがあります．

　放出された神経伝達物質は，次の細胞の細胞膜にある受容体型イオンチャネルに結合し，再び脱分極のシグナルへと変換されます．筋肉細胞の場合は，脱分極の後，電位依存性カルシウムチャネルが開いてCa^{2+}が流入し，筋繊維の収縮が起こります．

❶神経伝達物質は輸送小胞に入った状態で軸索末端で待機しています．この輸送小胞は，細胞膜直下で活動電位の到達を待っており，カルシウムの流入とともにただちに膜融合を起こし，内部の神経伝達物質をシナプス間隙へと放出します．

- 細胞膜には約−60 mVの静止膜電位が形成されている
- 電位依存型ナトリウムチャネルの開口により細胞膜が脱分極し，活動電位が生じる
- 活動電位が軸索末端に到達すると，神経伝達物質がシナプスに放出される

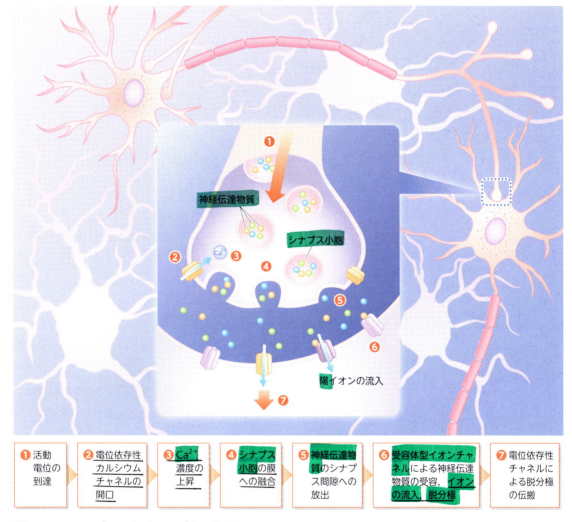

図11-6　シナプスにおけるシグナル伝達

① 活動電位の到達
② 電位依存性カルシウムチャネルの開口
③ Ca²⁺濃度の上昇
④ シナプス小胞の膜への融合
⑤ 神経伝達物質のシナプス間隙への放出
⑥ 受容体型イオンチャネルによる神経伝達物質の受容，イオンの流入，脱分極
⑦ 電位依存性チャネルによる脱分極の伝搬

5. Ca²⁺は細胞内の重要なシグナル分子

A. Ca²⁺は小胞体に貯蔵されている

　神経や筋肉の細胞では，電位依存性カルシウムチャネルから流入するCa²⁺がさまざまな反応を引き起こしていました．Ca²⁺は，この他にも細胞内の多くの反応を制御している重要なイオンです．通常，細胞質のCa²⁺濃度は非常に低いレベルで維持されています（数nM）．これは，細胞膜にあるカルシウムポンプと，小胞体膜に存在するカルシウムポンプが，ATPのエネルギーを使って細胞質からCa²⁺を運び出しているからです（図11-7）．これによりCa²⁺濃度は細胞質が低く，小胞体内は高く保たれています．小胞体はCa²⁺の貯蔵庫といえます．

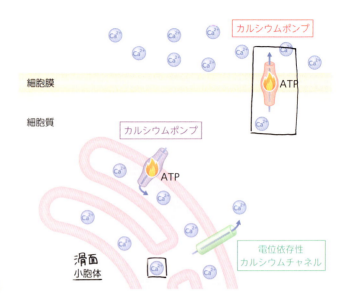

図11-7 カルシウムポンプによる細胞質からのCa²⁺の排出

B. Ca²⁺に結合してシグナルを伝えるタンパク質

電位依存型カルシウムチャネルが開いてCa²⁺が細胞質に流入すると，細胞内のカルシウムセンサータンパク質が反応して活動をはじめます．細胞質にはCa²⁺に結合する**カルモジュリン**というタンパク質が存在し，細胞質のCa²⁺濃度上昇に反応して，さまざまなシグナルを伝えます．カルモジュリンはCa²⁺の結合部位を2カ所もち，ここにCa²⁺が結合することによって構造変化が生じ，他のタンパク質と相互作用するようになります．筋肉細胞では，**トロポミオシン**というタンパク質がCa²⁺に結合することで活性化されて筋繊維の収縮を引き起こします（筋繊維の収縮機構に関しては，発展学習を参照）．

- Ca²⁺は細胞内の重要なシグナル分子
- 細胞膜と小胞体膜のカルシウムポンプにより，細胞質のCa²⁺濃度は低く保たれている
- 細胞質内のカルシウムセンサータンパク質がCa²⁺に応じてさまざまな反応を制御している

6. 細胞内シグナルが到達する先

細胞内シグナル伝達の行き着く先には，①酵素の機能の調節（活性化・不活性化），②遺伝子発現調節，③タンパク質の分解，などがあります．リン酸化によって酵素活性が直接制御されていることもありますし，タンパク質間相互作用を変化させることで，別のシグナルに変換させることもありま

す．その対象が転写因子の場合もあります．これによって遺伝子の発現パターンが変化し，細胞は大きく性質を変えることも可能です．ホルモンなどの刺激による細胞の分化誘導も，細胞内シグナル伝達系を介した遺伝子発現パターンの変化により進行します．

　細胞がストレスにさらされたときには，特定の遺伝子の発現を上げたり下げたりして，ストレスに適応する能力を獲得しますし，細胞周期のコントロールでは，タンパク質のリン酸化と分解が重要な役割をしていることがわかっています（細胞周期に関しては第12章を，ストレスに関しては第14章を参照）．

発展学習

Ca^{2+}による筋肉の収縮

　神経細胞と筋肉とは筋-神経接合部によってつながっています．活動電位の到達により神経伝達物質が放出されて，筋細胞の細胞膜が脱分極すると，電位依存性カルシウムチャネルが開いて筋細胞内のCa^{2+}濃度が上昇します．

　弛緩した筋細胞では，トロポニン複合体が結合したトロポミオシンがアクチンとミオシンの相互作用を阻害しています．Ca^{2+}がトロポニン複合体中のトロポニンCに結合すると，トロポミオシンの阻害が外れ，ミオシンとアクチンとが相互作用することができるようになり，筋収縮が進行します（**発展学習図11-1**）．

　しばらくすると，Ca^{2+}はカルシウムポンプにより細胞質から排出されて，細胞内濃度が低下し，トロポミオシンが再びアクチン-ミオシン相互作用を阻害します．

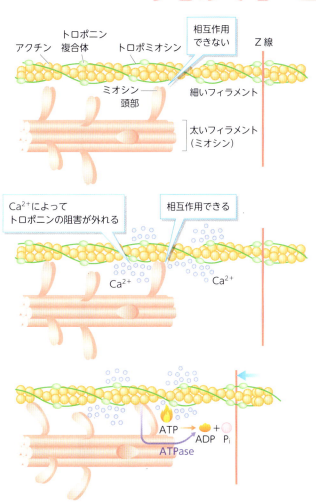

発展学習図11-1　Ca^{2+}による筋収縮のメカニズム

─細胞はタンパク質や化学物質を使ってコミュニケーションしている

　私たちが周囲のさまざまな情報を受け取って自分の振る舞いを決めているように，細胞も周囲の環境からさまざまな刺激を受け取ってそれに反応・対応しています．人間が言語でコミュニケーションしているのと同様，細胞はタンパク質や化学物質を使って情報を伝達・変換しています．私たちの体の中では，異なる階層でさまざまな形のコミュニケーションが行われているのです．

・細胞内シグナルによりさまざまな酵素の活性が調節される
・細胞内のシグナルは遺伝子発現などを調節する

章・末・問・題

❶ Gタンパク質共役型受容体とキナーゼ型受容体の構造と機能について説明せよ（❷参照）.

❷ セリン・トレオニン型キナーゼを1つあげて説明せよ（❸参照）.

❸ 静止膜電位と活動電位が生じるしくみについてそれぞれ説明せよ（❹参照）.

❹ 細胞内でのCa^{2+}のはたらきについて説明せよ（❺参照）.

第Ⅱ部　生命体をつくる情報と構造

細胞分裂のしくみと制御

12章

―私たちの体の 細胞は分裂 し続けているの？

　日本人の平均寿命はおおよそ75〜85才ほどです．私たちの体は60兆個の細胞でできていて，すべての細胞には寿命があります．細胞の寿命は細胞種によって大きく異なりますが，数日程度の短いものもあれば，数年に及ぶものもあります．個体は生きていてもその中の細胞はどんどん死んでいるのです．肝臓や肺の細胞も日々死んでいますが，肝臓や肺が小さくなっていったり，縮んだりすることはありませんね．毎日多くの細胞が死んでいるにもかかわらず，それでも私たちが毎日変わらず生きていけるのは，死ぬ細胞と同じ数の細胞が新たに生まれてくるからです．細胞は無から生まれてくるのではなく，分裂によって増えます．母細胞が分裂することで2つの娘細胞が生まれます．この章では，細胞分裂がどのようにして進行し，また制御されているか，その分子メカニズムを学びます．

第Ⅱ部　生命体をつくる情報と構造　**163**

Keyword ▶ 細胞分裂のしくみ／分裂期における染色体分配／細胞周期の制御

1. 体細胞分裂と減数分裂

私たちの体を構成している細胞（体細胞）が分裂する過程を体細胞分裂といいます．一方，体の中でも特に生殖器官で生殖細胞（精子や卵）がつくられるときに行う分裂を減数分裂といいます．体細胞分裂も減数分裂も染色体を複製して複数の娘細胞に分配するという点では似ていますが，その過程は異なります．体細胞分裂では親と全く同じ細胞が複製されます．DNA複製を1回行い，それぞれのコピーを2つの娘細胞に分配するので，娘細胞が受け継ぐ遺伝子（染色体）のセットは，親のものと全く同じです．一方，減数分裂の場合，DNAの複製は1回ですが，細胞分裂を2回行うので，染色体の数が半減します．それぞれ，どのように染色体が分配されるかは後で詳しく学びます．

第7章でも触れましたが，細胞が分裂してから次の分裂を行うまでの過程を細胞周期といいます．真核細胞の場合，細胞周期はG1, S, G2, Mの4つのフェーズから構成されます（図12-1）．G1期にDNA複製の準備を行い，

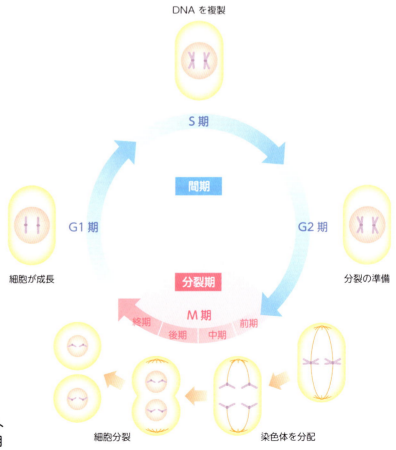

図12-1　細胞の増殖をコントロールする細胞周期

❶GはGap, SはSynthesis,
MはMitosisの頭文字です.
S期には中心体も複製されて
2個になります.

S期にDNAを複製し，G2期に分裂の準備をして，M期（分裂期）に細胞分裂を起こします❶．分裂期はさらに前期（prophase），中期（metaphase），後期（anaphase），終期（telophase）の4つに分けられ，染色体の分配が正しく行われます．分裂期は必ずこの順番で進行し，逆に回ることはありませんが，分裂を停止している細胞は，細胞周期が回っておらず，G0期という特別な休止期にいます．分裂期以外（G1, S, G2）をまとめて間期とよぶこともあります．

・細胞分裂には体細胞分裂と減数分裂とがある
・減数分裂の結果，染色体数は半分になる
・細胞周期にはG1, S, G2, M期がある

2. 染色体の数と形

A. 染色体は父と母から1本ずつ受け継ぐ

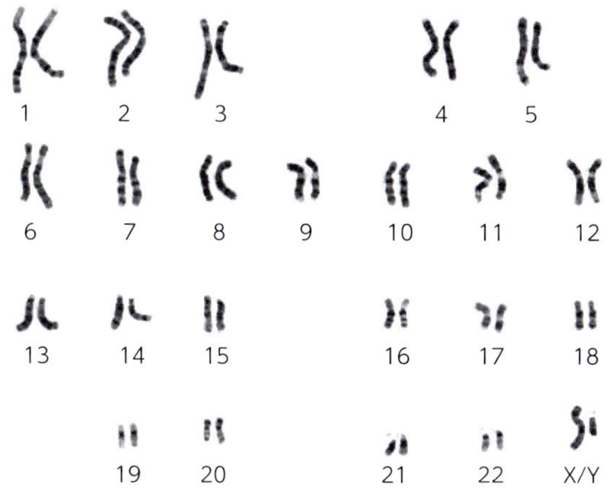

図12-2　ヒトの染色体は46本

ヒトの染色体は常染色体と性染色体をあわせて46本です．常染色体は全く同じ大きさとかたちの染色体が2本ずつ組になっています（**図12-2**）．この組（ペア）を相同染色体といい，一方は母から，もう一方は父から受け継いだものです．

染色体をかたちや大きさで順番に並べて識別する方法を核型といいます．核型分析により，染色体異常などをみつけることができます．また，染色体の組数を表す指標に核相があります．相同染色体の組の数をnとしたとき，ヒトのように相同染色体が1組（2本）の場合$2n$で表し，複相といいます．ヒトの場合は染色体は全部で46本ですので，$2n = 46$と表現します．後で述べますが，生殖細胞の場合は染色体が体細胞の半分ですので，単相でnと表現します．

B. 細胞周期は監視されている

S期でのDNA複製のしくみは第8章で説明しました．DNAが完全にコピーされると，細胞あたりのDNA量は2倍になります．核相は$2n$のままですが，一時的に各遺伝子は4コピーずつ存在していることになります（**図**

第Ⅱ部　生命体をつくる情報と構造　**165**

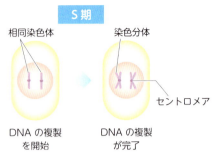

図12-3 遺伝子はDNA複製により4コピーになる

12-3).コピーされて倍になった染色体の1本1本を**染色分体**とよび,セントロメアとよばれる領域でお互いに結合しています.DNAの複製が完全におわるまで細胞周期はG2には進行しません.これは,サイクリンとよばれるタンパク質が細胞周期をコントロールしているからです(サイクリンのはたらきに関しては **6** で詳しく学びます).複製がおわらないうちに細胞周期が進んでしまうと,娘細胞のどちらかは,不完全なコピーを受け取ることになり,細胞にとって死活問題になります.細胞には,細胞周期を常に監視するしくみが備わっているのです.

- ヒトの核相は $2n = 46$
- S期でDNA複製が完了しないとG2期には進めない

3. 体細胞分裂における染色体の構造変化と分配機構

A. 分裂期は核膜の崩壊と染色体の凝縮からはじまる

G2期もおわりにさしかかり分裂期がはじまると,核を覆っていた核膜(第7章)が崩壊するとともに,染色体が形を変えはじめます.第8章で述べたように,真核細胞のDNAは,ヒストンをはじめとするタンパク質によって折りたたまれ,クロマチンとして核の中に閉じ込められています.分裂期がはじまって核膜が崩壊しはじめるとともに,クロマチンは凝縮し,太くて短いヒモ状になって,光学顕微鏡で観察できる「X」の形状をした分裂期染色体となります(図12-4).このとき,2本の染色分体は,まだ寄り添っていて,分離していません.

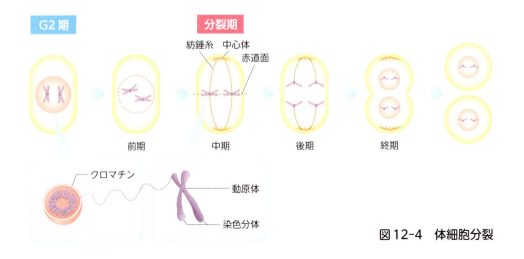

図12-4 体細胞分裂

B. 分裂中期には染色体が赤道面に並ぶ

❶紡錘体を構成する繊維の1本1本を紡錘糸とよびます. 第10章で触れたように, 紡錘糸は微小管をはじめとするタンパク質からできています. チューブリンが重合, 脱重合することで, 動原体をとらえ, 染色分体を紡錘体極へと引っ張る力を生み出しています.

核膜が崩壊して染色体が凝縮する間に, 細胞質に存在していた2個の中心体は分離し, 細胞内の反対側に移動して紡錘体極を形成します. そこから伸びた紡錘体❶が染色体の動原体を探し出して結合し, 2個の染色分体をそれぞれ反対側から捕捉します (図12-4). 分裂中期には, 紡錘体の運動によってすべての染色体は細胞中央 (赤道面) に並べられます. 紡錘体がすべての染色分体の動原体に結合していることが確かめられると❷, 動原体同士および染色分体同士の結合が一斉に切断されて, 各染色分体は紡錘体に引かれて両極へと移動します.

C. 分裂期のおわりに2つの細胞に

❷紡錘体がすべての動原体をとらえたことを確認することはとても重要です. とらえ損ねたまま後期に移行して染色分体が分離されると, 娘細胞は異常な数の染色体を受け継ぐことになり (不均等分配), やがて死に至ります.

❸細胞質分裂では, 動物細胞の場合は, 赤道面付近の細胞膜にアクチンが集まり, これが収縮することで細胞膜をくびれ切ります. 一方, 植物細胞の場合には, 赤道面付近に細胞板という仕切りができて細胞質が分離します.

分裂終期には, 両極へと移動した娘染色体が脱凝縮をはじめるとともに, その周囲に核膜が再構築され, やがてもとどおりの核 (娘核) が形成されます. 終期がおわると, 細胞質分裂が開始され, 最終的に2つの娘細胞ができます❸.

- ・細胞分裂前期には, 核膜の崩壊, 染色体の凝縮が起こる
- ・分裂中期までに, 紡錘体極からのびた紡錘体が動原体を捉えて染色体を赤道面に並べる
- ・紡錘体がすべての動原体を捉えると, 染色分体が解離して両極へと引っ張られる
- ・分裂終期では, 染色体の脱凝縮, 核膜の再構成が起こる

4. 減数分裂では, 染色体の組換えが起こる

A. 染色体の組み合わせとDNAの組換え

❶例えば3組の染色体 ($2n$ = 6) をもつ細胞だと, 配偶子の種類は 2^3 = 8通り. ヒトの場合, 23組の染色体 ($2n$ = 46) をもつため, 配偶子の種類は 2^{23} (約800万) 通りとなります.

減数分裂は, ヒトのような多細胞生物の場合, 生殖器で生殖細胞 (精子や卵などの配偶子) を生み出すときなどにみられます. 体細胞分裂と異なり, 減数分裂ではDNAの複製を1回行った後に, 2回連続して分裂をくり返します (図12-5). 2回の分裂の間には間期は存在せず, 第一分裂のあとにすぐに第二分裂がはじまります. よって, 染色体数 $2n$ の母細胞1個から, 染色体数 n (一倍体) の細胞が4個つくられます❶.

第Ⅱ部 生命体をつくる情報と構造 **167**

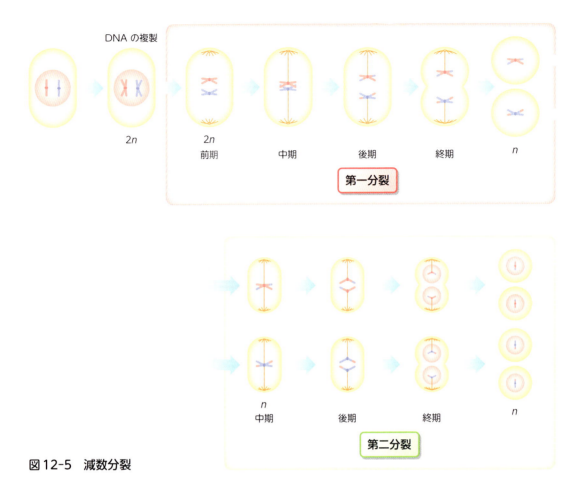

図12-5 減数分裂

B. 減数分裂第一分裂では相同染色体同士でDNAの組換えが起こる

　減数分裂を複雑にしているのは配偶子形成における染色体の組み合わせ数だけではありません．減数分裂の第一分裂では，相同染色体間でDNAの組換えが起こります（図12-5）．これにより，母から受け継いだ染色体と父から受け継いだ染色体とが混ざり合い，新たな遺伝子の組み合わせをもった配偶子が生まれるのです．よって，この組換えが起こった場合，配偶子の種類は2^{23}どころではなく，ほぼ無限の組み合わせが可能になります．同じ親から生まれた兄弟姉妹でも，形質が異なるのはこのためです．

C. 減数分裂の過程

　第一分裂では相同染色体が対合し，二価染色体を形成します．そして相同染色体間で組換えが起こった後，同じ対合面で染色体が分裂します（図12-5）．2つの娘細胞は相同染色体を1つずつ受け取ることになるので，染色体数は半減し，核相はnとなります．一方，第二分裂では，染色体が縦裂

して分離し，体細胞分裂と同じ様式で2つの染色分体が両極へと移動します．染色分体が分離・分配されただけなので，生じた細胞の核相はnのままです．もちろん，DNA量はさらに半減し，母細胞の4分の1になりますが，核相はnになります．

・ヒトの減数分裂では，$2n$からnの配偶子が4つ生まれる
・減数分裂の第一分裂では相同染色体間でDNAの組換えが起こる
・減数分裂の第二分裂では，DNAが複製されることなく細胞分裂が進行する

5. 配偶子形成における減数分裂

A. 1つの精原細胞から4つの精子ができる

多くの動物は配偶子として精子と卵をもっています．精子は精巣内で精原細胞からつくられます（図12-6）．1個の精原細胞（$2n$）が体細胞分裂して一次精母細胞（$2n$）に成長します．この一次精母細胞が減数分裂を行い，二次精母細胞（n）を経て4個の精細胞（n）になります．精細胞はこのあと成熟の過程を経て，最終的に4個の精子（n）になります．精子の頭部には染色体が高度に凝縮した核があり，中片にはミトコンドリアが大量に含まれています．中片には一組の中心体が含まれますが，そのうちの一方から核とは反対側に微小管が伸び，精子の運動に必要なべん毛を形成します．ミトコンドリアから供給される大量のATPによってべん毛の運動が起こり，精子は自由に泳ぎ回ることができるのです．

B. 1つの卵原細胞から1つの卵ができる

1個の精原細胞から4個の精子が形成されたのに対して，卵の形成では，1個の卵原細胞から1個の卵がつくられます（図12-6）．これは，卵形成における減数分裂が，分裂に偏りがある不等分裂であることによります．精子形成と同様に，卵原細胞（$2n$）は体細胞分裂と成長期を経て一次卵母細胞（$2n$）になります．一次卵母細胞は次に減数分裂へと移行しますが，第一分裂では，不等分裂により，1個の二次卵母細胞（n）と1個の第一極体がつくられます．これらはそのまま第二分裂に移行し，二次卵細胞からは1個の卵（n）と1個の第二極体がつくられます．極体はやがて消失し，結果として，1個の卵原細胞から大きな1個の卵ができることになります．

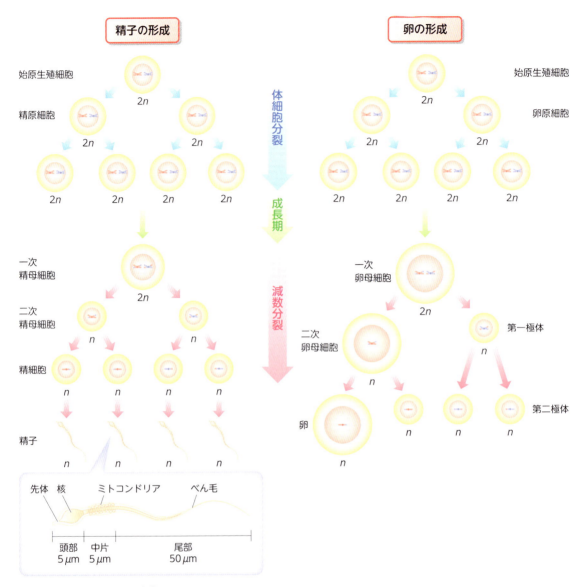

図12-6 精子，卵の形成

C. 脊椎動物では受精とともに減数分裂が完了する

多くの脊椎動物の卵形成では，卵母細胞は，減数分裂第二分裂の中期で分裂の進行が止まっています．これには，<u>分裂期サイクリン</u>とよばれるタンパク質が重要なはたらきをしています[1]．二次卵母細胞はこの状態で受精を待ちます．精子の頭部先端には<u>先体</u>とよばれる構造があり（図12-6），卵母細胞の細胞膜を溶かすのに必要な酵素が含まれています．精子が卵母細胞内に侵入すると，卵母細胞は分裂を再開し，第二分裂を行って減数分裂を完了します（図12-7）．

精子の侵入により減数分裂が再開されるしくみは，卵母細胞内のCa^{2+}濃

[1] ヒトやマウスの未受精卵では，細胞周期の進行に必要なAPC/Cというタンパク質複合体の活性が別のタンパク質によって阻害されているため，減数分裂の第二分裂で停止しています．これは，受精することなく発生が進行すること（単為生殖）を防ぐためと考えられます．

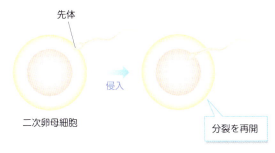

図12-7 精子の侵入により分裂が再開する

度の変化と，サイクリンの分解が重要なはたらきをしています（発展学習参照）．卵が減数分裂をおえるとともに卵と精子の核が合体し，受精が完了します．これにより，2nの受精卵が誕生します．卵の極体があった側は動物極，その反対側は植物極とよばれ，すぐに体細胞分裂を開始します．受精卵から個体ができあがる過程（発生過程）は，第13章で詳しく学びます．

- 精子形成では，1つの精母細胞が減数分裂して4つの精子が生じる
- 卵形成では，1つの卵母細胞が減数分裂すると，1つの卵と3つの極体が生じる
- 脊椎動物では，受精とともに卵母細胞の第二分裂が進行・完了する

6. 細胞周期の見張り役と進行役：サイクリン

A. 細胞周期を守る3つのチェックポイント

体細胞分裂でも減数分裂でも，細胞周期のコントロールは，細胞にとって重要な問題です．真核細胞の細胞周期は，3つの重要なチェックポイントで監視され，守られています．G1～S期（G1チェックポイント），G2～M期（G2/Mチェックポイント），そして分裂中期（スピンドルチェックポイント）における監視機構です（図12-8）．

G1チェックポイントでは，細胞がDNAを複製する前に，DNA損傷の有無をチェックしたり，細胞の栄養状態などをチェックしたりします．DNA損傷がみつかると，ただちにそれを修復して，S期での複製に備えます．また，G2/Mチェックポイントでは，DNA複製が正しく完了したか，DNAの損傷はないか，染色体分配の準備はできているか，などをチェックします．DNA複製が完了しないうちにM期がはじまってしまうと，間違った遺

受精とカルシウムシグナル

　受精の際，精子侵入点から反対側に向かってCa²⁺の波（濃度上昇）が卵に生じることが知られています．これは，卵表面に存在するキナーゼ型受容体が精子の結合を認識し，細胞内にシグナルを送ることで小胞体からCa²⁺が放出されるからです．細胞質に放出されたCa²⁺により，卵の細胞周期を止めていたタンパク質は分解され，APC/Cが細胞周期を再び進行させます．これにより受精卵は減数分裂をおえ，体細胞分裂を開始することができるのです．

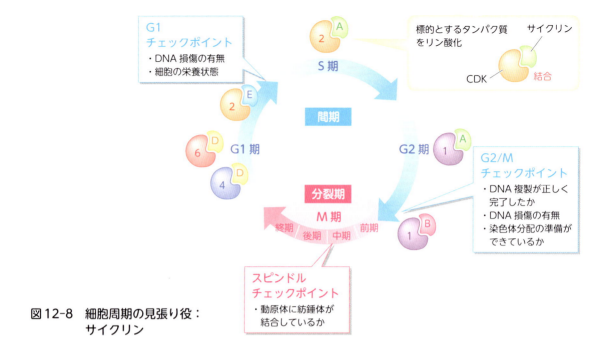

図12-8 細胞周期の見張り役：サイクリン

伝子のコピーを娘細胞に伝えることになりますので，このチェックポイントも重要です．

　M期に進行して凝縮した染色体が赤道面に並ぶと，スピンドルチェックポイントがはたらいて，すべての動原体に紡錘体が結合していることをチェックします．これが確認されてはじめて，後期への移行が進み，染色分体が切り離されて極へと引っ張られます．紡錘体が動原体をとらえ損ねたまま分配がはじまってしまうと，染色体の不均等分配となり，異常な娘細胞が生まれてしまいます．

B. サイクリンによる細胞周期の見張りと進行

　チェックポイントで重要なはたらきをしているのが，サイクリンとCDK（サイクリン依存性キナーゼ）とよばれるタンパク質です（図12-8）．サイクリンがCDKに結合することで，CDKのキナーゼ機能が活性化され，標的とするタンパク質をリン酸化します（キナーゼによるタンパク質のリン酸化に関しては第11章を参照）．また，CDKの活性を阻害するタンパク質（CDKインヒビター）も存在し，これら三者によって細胞周期がコントロールされています．哺乳類では，これまでに約20種類のサイクリンと約10種のCDKがみつかっており，それぞれのチェックポイントで別々のサイクリンとCDKがセットになって機能しています[1]．

❶例えば，G2/Mチェックポイントでは，サイクリンBとCDK1，S期の開始にはサイクリンEとCDK2といった具合です．

C. サイクリン活性のカギを握るリン酸化

サイクリンとCDKの活性は，リン酸化による複雑な機構により調節されています．例えばG2/Mチェックポイントの場合，サイクリンBがCDK1に結合しただけではCDKは活性化されません．CDKはそれをリン酸化するキナーゼや，脱リン酸化するホスファターゼにより調節を受けることが知られていて，内部の特定のアミノ酸がリン酸化されたときだけCDKが活性化するしくみになっています❷．活性化されたCDK1は，核の裏打ちタンパク質であるラミンをリン酸化することで脱重合させ，核の崩壊を開始させます．

❷ 2001年のノーベル医学・生理学賞は，サイクリンの発見，およびそのはたらきの解明に貢献したハント，ナース，ハートウェルの3名に贈られました．

── ときに立ち止まる細胞分裂

私たちの体を構成する約60兆個の細胞の中には，盛んに分裂しているものもあれば，分裂を停止しているものもあります．それでも，体全体としてサイズが変わることもなく，一定の大きさを保ち続けているのは，細胞の誕生と死とが平衡状態を維持していることを意味します．受精卵からはじまって私たちの体ができあがるまでには，細胞は分裂をくり返しながら，ときに立ち止まって分化するかを判断しながら生きています．それには，第11章で学んだ細胞のコミュニケーションに加え，細胞内でのサイクリンなどによる細胞周期の調節が必要不可欠なのです．

・細胞周期にはいくつものチェックポイントがある
・チェックポイントではサイクリンとCDKがはたらいている
・数多くのサイクリンやCDKにより細胞周期はコントロールされている

章 末 問 題

❶ 真核細胞の細胞周期について，それぞれのフェーズでなにが行われるか説明せよ（❶参照）．

❷ 体細胞分裂の過程を説明せよ（❸参照）．

❸ 減数分裂の過程を，核相と細胞あたりのDNA量に注目して説明せよ（❹参照）．

❹ 細胞周期にみられる3つのチェックポイントについて説明せよ（❻参照）．

第Ⅱ部　生命体をつくる情報と構造　**173**

第Ⅲ部

生老病死の
生命科学

第Ⅲ部　生老病死の生命科学

はじめに

1. いかに生き，病になり，老い，死ぬか

　　これまでの章でみなさんは細胞がいかに「生きるか」という点に注目して理解を進めてきました．細胞がいかにしてエネルギーをつくり出し，それを利用して遺伝情報を維持し，子孫に伝えているか，これらのしくみを学ぶことは生物学の中心的内容です．しかし，細胞や個体が生きていくなかでそれらを取り巻く環境は常に変化しており，必ずしも細胞にとって都合のよいものばかりではありません．細胞も個体と同様，環境からさまざまなストレスや傷害を受けます．それがひどい場合は病気になり，正常な活動が行われない状況に陥ってしまいます．

　　生あるものには必ず死が訪れます．個体の場合，その過程は老化という現象ではっきりと感じることができます．老化した細胞では，正常細胞と異なり，どこかに異常がみられます．このように，第Ⅲ部では，細胞が生を受けてから死に至るまで，さまざまな局面に接したときにどのように対処していくかを学びます．

2. 第Ⅲ部で学ぶこと

　　まずは「生」です．私たちの「命」はたった1つの受精卵からはじまります．受精の瞬間が私たちの「生」の瞬間であるといっても過言ではないでしょう．受精卵は分裂を続け，やがてさまざまな組織をもつ複雑な体ができあがります．この過程を発生といいます．第13章では，この発生の過程を学びます．この発生過程がすべて正常に完了すると，無事に出産となります．出産をもって「生」のスタートと考えるのが一般的かもしれませんが，それ以前に，細胞や遺伝子レベルでは，目も回るほどの複雑な過程が進行していることを忘れてはいけません．

　　さて，無事に生を得た個体は，第Ⅰ部，第Ⅱ部で学んだしくみで個体の恒常性を保ちながら生を続けます．しかし，生きていくのはそう簡単ではありません．私たちを取り巻く環境は，個体や細胞にとってプラスのものばかり

176 大学で学ぶ 身近な生物学

ではありません．さまざまな外敵や化学物質，その他の多くの要因によって私たちの健康は脅かされているのです．第14〜15章では，細胞や個体がいかにして外的要因から身を守るかを学びます．

細胞にとって，紫外線や，活性酸素などの有害物質は大きな脅威となります．これらの要因はDNAに対して不可逆的な化学変化を起こすため，細胞にとっては大きな脅威です．そこで，細胞にはこれらの損傷に対処するためのしくみが備わっています．第14章では，このようなストレスとそれに対する細胞の戦略について，分子レベルで学びます．

また，個体レベルでも外敵から身を守るしくみがあります．第15章で学ぶ免疫系は，私たちの体がもっている重要な防御システムで，体内に侵入したウイルスなどの外敵を発見し，駆除するために常に目を光らせています．

このように私たちの体にはさまざまな防御システムが機能していますが，それでも寿命には勝てません．私たちは生まれた瞬間から死への階段を1段ずつ登っているのです．細胞には寿命があり，個体にも必ず寿命があります．私たちはこの呪縛から逃れることはできないのでしょうか．私たちは時間を巻き戻すことはできないのでしょうか．

第16〜18章では，老いと，死，そして再生について学びます．老いとは何か，死とは何かを分子レベルで理解します．死は必ずしも老いの先にあるものではありません．これは細胞にも個体にもあてはまることです．ときに細胞は積極的に死を選ぶことがあります．これをアポトーシスといいます．個体の生存のために自ら命を絶つこともありますし，個体の誕生前から，発生段階での正常な形態形成のために積極的に細胞が死ぬ場面もあります．

近年，私たち人類は細胞の時間を巻き戻す技術を手に入れました．これにより，医療の内容が大きく変わろうとしています．その基盤となるのが幹細胞の技術です．第16章で学ぶES細胞やiPS細胞は，基礎科学のみならず，医療のありかたを大きく変える技術です．とくに，iPS細胞は，ES細胞の抱える倫理的問題を解決する技術として大きな期待が寄せられています．第17章では，幹細胞を使った再生医療の現状を学びたいと思います．もしみなさんの体の一部が先天的，もしくは後天的な問題を抱えていたとき，それを，自分の体の細胞を使って正常に戻す，もしくは導くことができれば，すばらしいと思いませんか．iPS細胞はそのような夢のような技術へつながる可能性を秘めています．

第Ⅲ部　生老病死の生命科学　**177**

第Ⅲ部　生老病死の生命科学

13章 発生と分化

―1つの細胞から体ができあがるしくみ

　私たちの体を構成するさまざまな組織や器官をよくみると，形やはたらきの異なる細胞が集まってできていることに気がつきます．ヒトの体は約230種類の細胞からできていますが，このような細胞の多様性はどのようにしてつくられるのでしょうか．私たちの体は1つの受精卵からつくられますが，もし受精卵がひたすら分裂だけをくり返せば，同じ細胞の数が単に増えていくだけで，いつまで経っても「個体」は生まれてきません．私たちの体ができあがる際には，細胞は単に分裂をくり返すだけでなく，適切なタイミングで性質を変えながら，増殖と成長をくり返します．この過程を「発生」とよびます．この章では，まず発生過程の様子を細胞レベルで理解するとともに，その分子的メカニズムも学びます．とくに細胞が性質を変える（分化する）ときには，遺伝子の発現パターンが大きく変わることが知られています．ここでは，発生研究の歴史を学びながら，そのメカニズムを細胞から分子レベルで学びましょう.

178　大学で学ぶ 身近な生物学

Keyword ▶ 発生研究の歴史 / 細胞の運命決定機構 / 発生における遺伝子発現調節

1. 受精卵から体ができあがる過程

A. 受精から胞胚期まで

発生過程の代表としてまずカエルの発生過程をみてみましょう．受精卵の極体（第12章）を放出した側を動物極，反対側を植物極とよびます（図13-1）．受精後の第一分裂は動物極と植物極を通る面で起こります．分割面が両極を通るので，経割とよぶこともあります．これに対して両極の境目と平行な分裂を緯割とよびます．この時期の細胞周期は，一般的な体細胞分裂周期と異なり，G1期とG2期がありません．そのため，分裂と分裂の間に細胞の成長が起こりません．したがって，1つ1つの細胞は分裂のたびに小さくなり，全体の大きさは変わらないまま分裂が進みます．受精卵のこのような特殊な体細胞分裂を特に卵割とよび，1つ1つの細胞を割球とよびます．割球が集合したものを胚とよび，胚から個体ができあがる過程を胚発生といいます．

卵割が進むと胚は桑の実のようなかたちをした桑実胚になり，胚中央部の割球は周囲に押しやられて真ん中は空洞（卵割腔）になります（図13-1）．卵割がさらに進んで胞胚期になると，割球は中空のボールの表面を埋めるようにひろがります．卵割腔は胚内部の動物局側に位置し，胞胚腔とよばれるようになります．

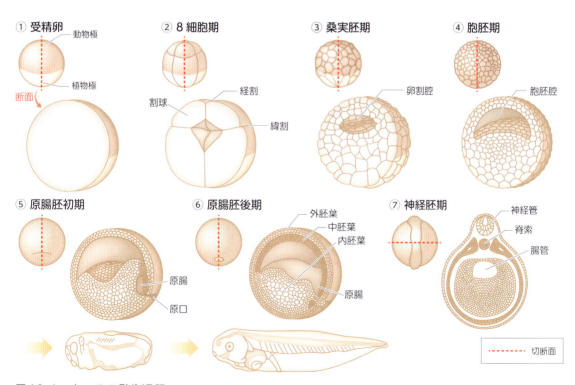

図13-1　カエルの発生過程

B. 胞胚期から器官の形成

　胞胚期を過ぎると，植物極側の細胞が胚の内部に陥入をはじめます（原腸胚期）（図13-1）．陥入した細胞たちは管を形成しながら内部へと進み（原腸陥入），やがて原腸とよばれる消化管の原型となります．陥入した部分が将来の口になる動物を先口動物，逆に肛門になる動物を後口動物といいます（ヒトは後口動物です）．原腸胚期のおわりには，胚の細胞は外胚葉，中胚葉，内胚葉に区別されるようになります（図13-1）．将来，外胚葉は表皮や神経に，中胚葉は脊椎や筋肉，腎臓に，内胚葉は消化器系や呼吸器系になることがこの時点で決められています（図13-2）．

　原腸胚を過ぎると，胚は神経胚とよばれる段階に進みます（図13-1）．この時期には，脊索から脳などの中枢神経系や末梢神経系が形成されます．さらに，外胚葉，中胚葉，内胚葉は，すでに決定された組織や器官へとかたちを変え，完全な個体が形成されます．

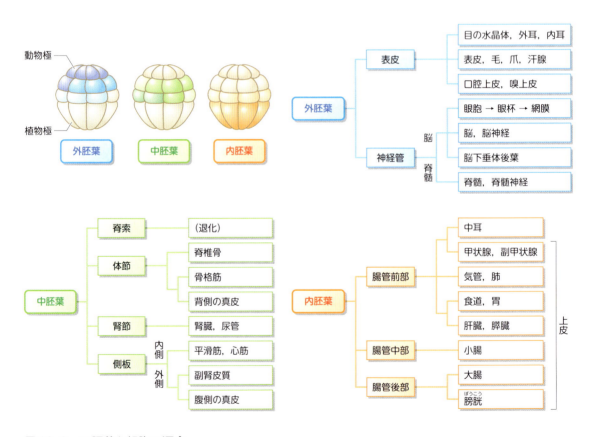

図13-2　三胚葉と細胞の運命
外胚葉，中胚葉，内胚葉になる細胞は卵割の初期段階から決まっている．

C. ヒトの発生

ヒトの発生も基本的にはカエルと同じ過程で進行しますが，相違点もあります（図13-3）．両生類の場合，受精から胚発生に至るまで，すべてが体外で起こるのに対して，ヒトの胚発生はすべて体内で進行します．卵巣から**卵管（輸卵管）**の先端にある**卵管采**へと放出（**排卵**）された二次卵母細胞は，子宮から卵管をさかのぼって泳いできた精子と出会い，受精します．受精卵は卵管内の繊毛運動によりゆっくりと子宮方向へと移動しながら卵割をくり

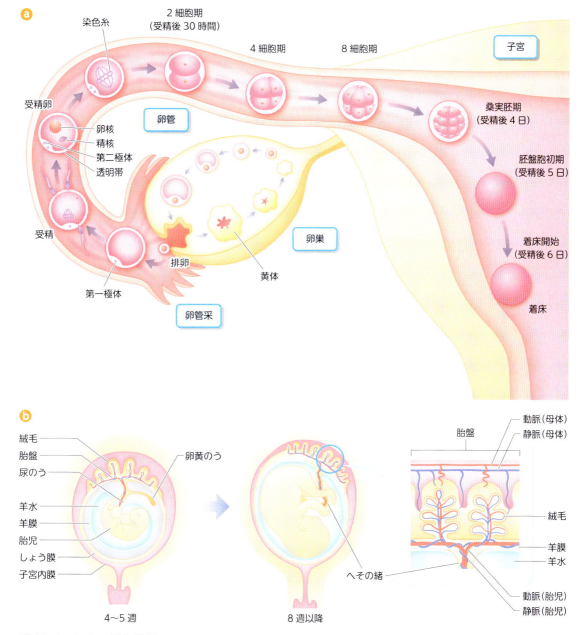

図13-3 ヒトの発生過程

返し，5日を過ぎた頃に，胞胚に相当する胚盤胞になり，子宮の粘膜に潜り込みます（図13-3 ⓐ）．このことを着床といいます．

着床後の発生は両生類でみられる過程と似ていますが，4～5週頃には，胚（胎児）の周囲には羊膜やしょう膜を含む胚膜が形成され，胎児を守っています（図13-3 ⓑ）．羊膜の内側は羊水で満たされ，胎児が水中に浮かんでいる状態をつくり出しています．一方，しょう膜は絨毛という突起を子宮内膜に伸長させ，子宮中の血液から酸素や養分を受け取って胎児に送ったり，逆に老廃物や二酸化炭素を子宮に戻したりしています．このように，子宮内膜と絨毛が入り組んだ部分のことを胎盤といいます．8週頃になると胎児と胎盤とはへその緒（臍帯）を介してつながり，血液中の成分のみを効率よく交換するようになっています．

- 受精後，すぐに体細胞分裂が開始され，卵割がすすむ
- 桑実胚を経て胚胞期を過ぎると，原腸が内部へと陥入して消化管をつくる
- 原腸胚期のおわりには三胚葉が決定される
- ヒトの発生は子宮内部で進行し，胎盤を介して母体とつながっている

2. 細胞の運命はいつ決まるのか

A. 正常な発生を誘導するものは何か

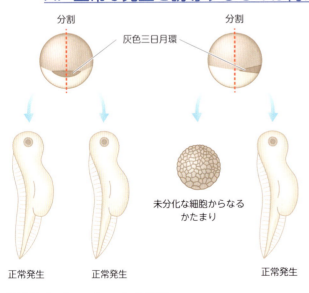

図13-4　シュペーマンの実験

いかにして細胞（割球）が自分の運命を知り，それに従って分裂と成長をくり返すのか．そのしくみを理解するために，昔からさまざまな実験が行われてきました．ここでは，まず細胞の運命決定に関する研究の歴史を簡単に振り返りましょう．

シュペーマン（1935年ノーベル賞受賞）はイモリの初期胚を用いて次のような実験を行いました．両生類の胚では，精子が侵入した場所の反対側に灰色三日月環ができ，将来背側になることが知られていました．シュペーマンは卵をいろいろな方向に分割し，そのときの発生を調べました．卵を体軸と同じ方向に（灰色三日月環を分けるように）分割すると，正常な個体が2個体できました（図13-4）．しかし灰色三日月環を含む

部分と含まない部分で分割すると，含む部分は正常な個体が生じましたが，含まない部分は個体は生じませんでした．このことから，灰色三日月環の部分が正常な発生に必要な何かを含んでいることがわかりました．

B. モザイク卵と調節卵

胚の個々の細胞が将来何に分化するかが発生の初期の段階で決まっている細胞をモザイク卵といいます．例えばクラゲやホヤでは，卵割の早い時期に胚の一部の割球が失われると，完全な個体にはならず，体の一部が失われた個体になります．これは，初期胚のすべての細胞に運命が割りあてられているからです．一方，ウニやイモリでは卵割のある時期までは一部の割球が失われても残った割球から完全な個体ができあがります．

このように，発生開始からしばらくの間，胚の一部が失われても調節が可能な卵を調節卵といいます．調節卵も発生が進めば調節能力が失われていくので，やがてモザイク卵と同じになります．まとめると調節能力をはじめからもっていないのがモザイク卵，発生の途中まではもっている卵を調節卵とよんでいます．

初期胚発生の各割球にはどのような変化が起こっているのでしょうか．ヘルスタディウスの実験をみてみましょう．ある種のウニでは，卵細胞を2つに分割してそれぞれに精子を受精させると，ある程度まで発生が進むことが知られていました．このことを利用して，未受精卵を縦に分割してそれぞれに精子を受精させた場合と，横に分割してそれぞれに受精させた場合とで，その後の発生過程を調べました（図13-5）．未受精卵を縦に分割した場合，ともに正常に発生しました．しかし，横に分割したものに受精させると，植

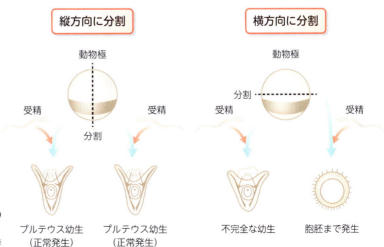

図13-5 ヘルスタディウスの実験
胚発生には動物極と植物極の両方が必要

物極側では不完全な幼生に，動物極側では胞胚までしか発生しませんでした．このことから，正常な発生には，未受精卵の動物極と植物極の両方の細胞質が必要であることがわかります．これについては，4細胞期の割球を二分割した場合でも同じ結果になりました．

このように，卵の動物極と植物極に，発生に必要な物質の偏りがあることを極性とよびます．いいかえると，調節性のあるウニの卵においても，動-植物軸に沿った方向にはモザイク性があるということです．

C. 細胞の予定運命は原腸胚の時期に徐々に決まる

胞胚期〜原腸胚期には，胚の形態は大きく変化し，細胞たちはさまざまな種類へと分化しはじめます．ウォルター・フォークトは，原腸陥入以降，胚のどの部分が将来どの組織や器官になるか（予定運命）を，イモリの胞胚や原腸胚を用いて調べました（図13-6 ⓐ）．色素を含んだ寒天を胚表面の特定の部位に押しつけ，細胞を染色します（局所生体染色法）．染まった細胞が，その後どの組織や器官に分化し，どのような運命をたどるかを追跡することによって，各部位の予定運命を明らかにしました．その分布を図にしたものが原基分布図です❶（図13-6 ⓑ）．

また，シュペーマンは，色の異なる2種類のイモリを用いて予定運命の決

❶原基とは，発生においてまだ分化が進んでいない細胞集団のことをいいます．

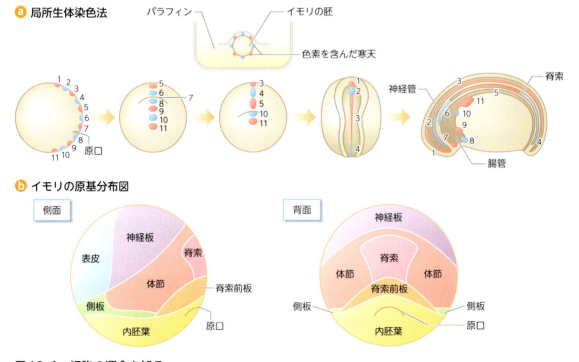

図13-6　細胞の運命を知る

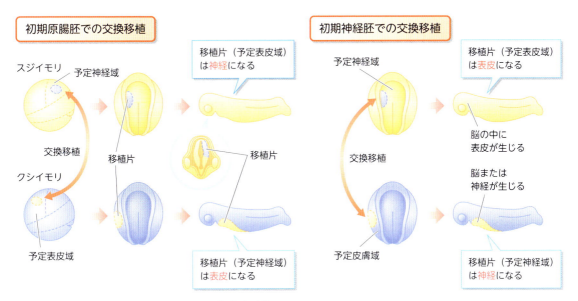

図13-7 イモリの胚発生における運命決定時期

定時期を明らかにしました（図13-7）．彼は，さまざまな時期の胚において，予定神経域の一部と予定表皮域の一部とを交換しました．原腸胚初期では，移植された予定表皮域の細胞片は神経に，予定神経域の細胞片は表皮になったのに対して，神経胚初期にこれらの部位を交換すると，予定表皮域の細胞は表皮に，予定神経域の細胞は予定通り脳や目などの神経器官になりました．このことは，原腸胚初期では細胞の運命はまだ決まっておらず，別の場所に移植することで，予定を変更することができるのに対して，神経胚初期では，細胞の運命はすでに決まっており，場所を移動させても運命は変わらないことを意味しています．

- 将来の運命が決まっている細胞をモザイク卵，決まっていないものを調節卵という
- 胚発生の原腸胚期に多くの細胞の運命は決定される
- 胚に含まれる細胞の運命を示した図を原基分布図という

3. 発生後期における分化と器官形成

A. 周囲の細胞を分化させる誘導現象

胚発生のプロセスで，正しい場所で正しい分化が正しいタイミングで誘導されるには，細胞同士のコミュニケーションが必要です．胚のある部分が他の部分の分化の方向を決定するはたらきを誘導といい，このはたらきがある

部分を**形成体（オーガナイザー）**といいます．シュペーマンは，初期原腸胚において陥入がはじまる原口の上の部分（**原口背唇部**）を同じ時期の表皮域に移植すると，移植片は予定通り脊椎に分化するが，表皮になる予定だった移植片周囲の外胚葉細胞からは神経管が形成され，二次胚となることをみつけました（図13-8 ⓐ）．移植片が周囲の細胞を神経へと誘導したのです．

オランダのニューコープは，将来外胚葉になる部分（予定外胚葉）を単離し，将来内胚葉になる部分（予定内胚葉）とを接着して培養することで，接着面に中胚葉組織が分化されることをみつけました（図13-8 ⓑ）．これは，予定内胚葉から分泌される中胚葉誘導因子が予定外胚葉にはたらきかけ，中胚葉分化を誘導したためだと考えられます．中胚葉も重要なオーガナイザーです．原口から陥入して胞胚腔の背側の壁に沿って伸びた細胞はやがて脊索になります（図13-1 ⑥，⑦）．神経胚期にこの脊索が，接触する外胚葉にはたらきかけて神経（神経板）を誘導します．神経誘導された神経外胚葉は他の外胚葉から切り離され，やがて神経管を形成し，この先端部がやがて脳になります．

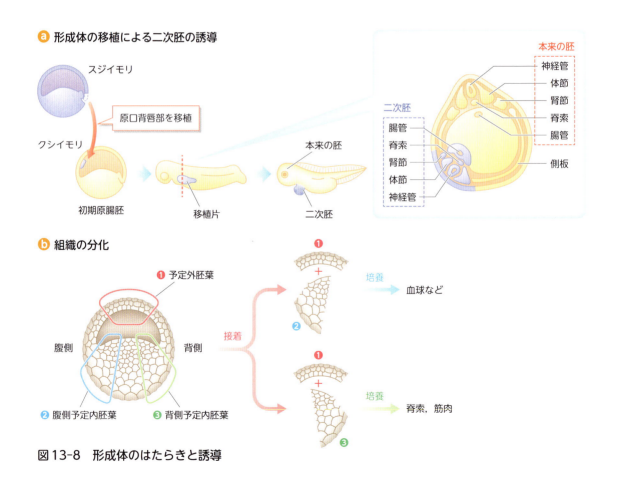

図13-8　形成体のはたらきと誘導

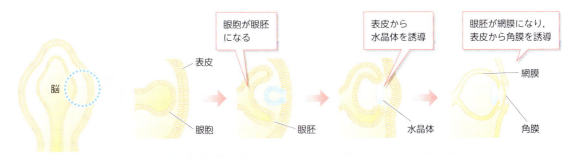

図13-9 誘導による器官の形成

B. 誘導による器官形成

　原腸胚期を越えて神経胚期になると，各細胞の運命はほぼすべて決まっています．これ以降，さまざまな場所での連続的な誘導により，多様な器官が形成されます．ここですべてを解説することはできませんので，例として目の発生をみてみましょう．

　原腸胚では脊索が外胚葉から神経を誘導し，やがて神経管ができあがります．神経管の前方は脳へと分化し，その一部が左右に向かって膨らみはじめ，眼胞を形成します（図13-9）．これが表皮の内側と接すると，中央がくぼんで眼杯となり，これがオーガナイザー（二次形成体）となって表皮に水晶体を誘導します．水晶体はさらに三次形成体として表皮に角膜を誘導します．このように，連続的な誘導現象により次々と分化が生じ，最終的に複雑な器官が形成されていきます．

　器官形成過程では，細胞の増殖と分化のみならず，積極的な死（細胞死）も重要なはたらきをしています（第18章）．目以外の器官の発生や細胞死の役割に関しては発展学習を参照してください．

- 周囲の細胞にはたらきかけて分化能方向を決めるはたらきをもつ部位をオーガナイザーという
- オーガナイザーが周囲の細胞にはたらきかけて運命を決定することを誘導という
- 発生後期では，連続した誘導現象により，さまざまな器官が形成される

4. 遺伝子による細胞の運命決定

　ここからは，発生過程での細胞分化をもう少し分子レベルでみてみましょう．細胞の分化は，遺伝子の発現パターンの変化により引き起こされます．近年の研究により，その重要な遺伝子が次々に明らかになりつつあります．

第8章で学んだように，個体を構成する細胞はすべて同じゲノム（遺伝子のセット）をもっています．にもかかわらず，形や性質の異なる細胞がつくられるのは，遺伝子の発現パターンが異なるからです．発生過程でも，遺伝子の発現制御により，さまざまな性質をもった細胞が分化誘導されています❶．発生過程の形態学的な研究では両生類やウニなどが盛んに用いられていたのに対して，遺伝子レベルでの解析は，ショウジョウバエを用いて研究されてきました．これにより，発生のプロセスをコントロールする遺伝子群が明らかになり，それらはヒトなどでも保存されていることがわかっています．

❶遺伝子の発現調節のしくみは第9章で学びましたので，そちらを参照してください．

A. ハエの発生過程を制御する遺伝子たち

❷バイコイド遺伝子ともいいます．

ショウジョウバエでは，ビコイド遺伝子❷のmRNAが卵細胞の細胞質前端部に蓄えられています．受精してビコイドタンパク質がつくられると，タンパク質は前端部から後端部に向かって拡散によりひろがります．これにより胚の前端部から後端部に向けてのビコイドタンパク質の濃度勾配ができあがり，これが胚の前後（前後軸）を決定します（図13-10）．つまり，ビコイドの濃度が高い場所が前，低い場所が後ろになります．ビコイドタンパク質は，ギャップ遺伝子の転写調節因子です．よって，ビコイドタンパク質が多い場所ほどギャップ遺伝子の転写が盛んに行われ，多くのギャップタンパク質がつくられます．

四肢の形成とアポトーシス

発展学習

動物の四肢（手足）は，肢芽という突起が形成されることからはじまります．4カ所で形成された肢芽が伸びて，最終的に手と足になりますが，この過程でも体軸に沿った遺伝子発現パターンの違いにより手と足とが区別されるしくみになっています（④参照）．また，骨を最終的なかたちに整え，骨間に関節をつくり，指と指との間を解離させるのには，積極的な細胞死（アポトーシス）が重要なはたらきをしています．

肢芽の先端はもともと平らな板状になっていて，指が独立しておらず，手のひらとおなじ1枚のシートになっています．肢芽形成の最終段階になると，指と指の間の組織（水かきの部分）で細胞死が生じ，一本一本が独立した指になります（**発展学習図13-1**）．このように，正しい形態形成を行うためには，決まった場所と時期に細胞死が起こらねばなりません．あらかじめ予定されている細胞死のことを特にプログラム細胞死といいます．

発展学習図13-1　器官の形成

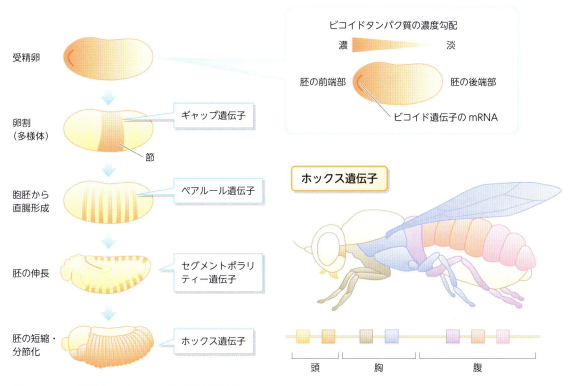

図13-10 胚発生における遺伝子発現調節

　ギャップ遺伝子は分節遺伝子の1つで，胚の体節を形成するのに重要な役割を担っています．ギャップ遺伝子の他にもペアルール遺伝子や，セグメントポラリティー遺伝子があります．これらの遺伝子はビコイドタンパク質によって転写が調節されていて，その濃度に従ってさまざまな発現パターンを示します（図13-10）．ギャップ遺伝子の発現パターンによって胚の前後軸に沿った体節が形成され，胚のおおまかな領域が決められます．

　体節にさらに細かい分化を誘導するのがホックス（ホメオボックス）遺伝子群です．分節遺伝子の発現パターンによりホックス遺伝子の転写が活性化され，それぞれの節が頭，胸，腹のどの部分になるのかを決定します．ハエのような昆虫の場合，体節の前から後ろに向かって，頭，胸，腹の3つの部分が形成されます．驚くべきことに，分節遺伝子やホックス遺伝子は，昆虫だけでなくヒトでもはたらいていて，胚の前後軸と体節とを決めています．

B. 線虫ではすべての細胞の運命が明らかに

　最近では，線虫を使った研究により，細胞の分化・発生と遺伝子発現との関係が明らかになっています．研究で使われている線虫は全長約1 mmで，土の中で細菌などを捕食して生活しています．成虫は約1,000個の細胞か

らつくられていて，ヒトと比べると非常に単純ですが，そのなかに，生殖系，神経系，筋肉系，消化系などの多様な組織をもっています．すでに全ゲノムが解読され，全長9,700万塩基対に約20,000個の遺伝子が含まれていることがわかっています．これまでの研究により，1,000個のすべての細胞に関して，1つの受精卵からどのような系譜をたどって分化するかが詳細に解析され，すべて明らかになっています．

　線虫は単純な生物ですが，本質的な生物学特性の多くをヒトと共有しています．このように，線虫はヒトなどのより高等な生物に関する理解を深めるためのモデルとなる生物であり，研究者にとっては理想的な研究材料の1つといえます．

・ビコイド遺伝子の濃度勾配が胚の前後軸を決定する
・ビコイドタンパク質はさらに下流の遺伝子発現を調節する
・ギャップ遺伝子やホックス遺伝子により体節が形成される

章 末 問 題

❶ 発生初期における体細胞分裂の特徴を説明せよ（❶ 参照）．
❷ 外胚葉からつくられる組織や器官を答えよ（❶ 参照）．
❸ シュペーマンの交換移植実験から，イモリでの細胞運命決定時期は発生のどの段階と結論づけられるか（❷ 参照）．
❹ ビコイドタンパク質の局在とはたらきに関して説明せよ（❹ 参照）．

第Ⅲ部　生老病死の生命科学

14章

細胞のストレス応答機構

一細胞も
ストレスを感じる？

　みなさんは日々の生活のなかでストレスを感じることはありますか？ 仕事の締めきり，達成ノルマ，期末試験，さまざまな人間関係，などなど，私たちはさまざまなストレスの中で生活しています．あまりにも大きなストレスにさらされたり，同じストレスに長期間さらされたりすると，病気になってしまうこともあります．ストレスは目に見えにくいものなので，実体としてとらえることが難しく，精神的なものと思われがちです．しかし，実は細胞レベルでもストレスは存在します．細胞は周囲の環境からさまざまなストレスを受け，それに対応，適応しながら生きています．適応力を超えるほどの大きなストレスにさらされると死んでしまいますが，その範囲内では，実にさまざまなストレスに対応する能力をもっています．この章では，細胞がどのようなストレスにさらされ，それにどのように対応しているかを，細胞，分子レベルで理解しましょう．

Keyword 細胞に有害な物質とは／細胞が外的要因から身を守るしくみ／DNAの損傷と修復／活性酸素とは

1. 細胞にとってストレスとは

　　細胞が周囲の環境から受けるストレスには，紫外線，化学物質，熱（高温，低温），酸素，飢餓などがあります．植物細胞の場合は，さらに塩や乾燥といった要因もストレスに含まれます．これらの要因は，最終的に細胞内のDNAやタンパク質，脂質に作用し，ときに取り返しのつかない重大な化学変化を引き起こすこともあります．タンパク質や脂質に生じた化学変化により細胞内の代謝活動に異常が生じたり，遺伝子への損傷を介してタンパク質の機能が失われたりすることによって，細胞は損傷を受けます．細胞には損傷を修復する力が備わっていますが，その能力以上の損傷を受けたり，長期間にわたってさらされ続けたりすると，死んでしまうこともあります．

　　細胞にはさまざまな損傷から身を守るために，①原因となる物質を特異的に取り除く機能，②損傷を受けた分子を速やかに取り除く機能，③細胞の活動を低下させて被害を抑える機能などが備わっており，必要に応じてそれらの機能を発動させることで細胞や個体の安全を確保しています．

・紫外線，化学物質，高温低温，飢餓などは細胞にとってストレスとなる
・ストレスにより細胞内のタンパク質やDNAに化学変化が生じる
・細胞にはストレスに対応する能力が備わっている

2. DNAの損傷はがんを引き起こす

A. DNAの損傷は非常に危険

　　細胞が受ける損傷のなかでも，特にDNA損傷は，遺伝情報を変えてしまう恐れがあるため非常に危険です．ゆっくりとした変異であれば修復機能があるので問題ありませんが，急激に大量の損傷を受けると細胞は死んでしまいます．DNA損傷を引き起こす主な要因としては，①化学物質，②紫外線などの電磁波，③ウイルスなどの外来DNAがあげられます（**図14-1**）．大気汚染物質として知られているダイオキシンや，発がん性物質のアフラトキシン，アスベストなどは，DNAに作用してヌクレオチドの構造変化を引き起こします．後述する活性酸素もDNAに損傷を引き起こします（**❸**）．

B. DNAはどう壊される？

　　紫外線や，X線，γ線，放射線などの電磁波は，高いエネルギーをもっているため，細胞にとって有害です．特にDNAやRNAなどの核酸は紫外線

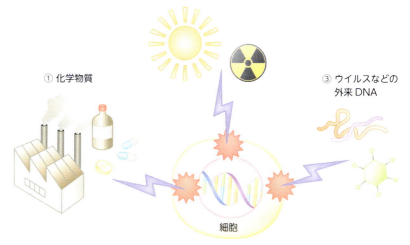

図14-1 DNA損傷を引き起こす要因

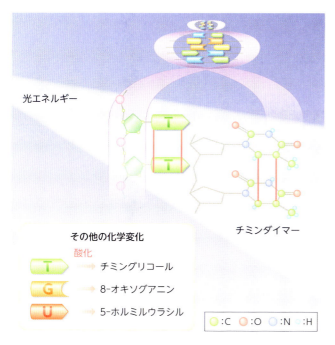

図14-2 光によってDNAに生じる化学変化

をよく吸収するという性質があります（物質と光の吸収についてはコラム参照）．光エネルギーを吸収したDNAには，さまざまな化学反応が起こります．例えば，チミンが隣接している配列では，**チミンダイマー**とよばれる構造が形成されることがあります（図14-2）．

活性酸素はDNA鎖を切断したり，塩基を酸化してチミングリコール，8-オキソグアニン，5-ホルミルウラシルなどの物質を生成します（図14-2）．これでは相補鎖の間で正しい塩基対合が形成されませんので，突然変異やがん化の原因となります．ウイルスは，自分のゲノムを宿主細胞（ウイルスに感染された細胞）の中に送り込んでさまざまな悪さをするという点では，細胞にとって大きなストレスです（ウイルス感染に関しては第15章で詳しく学びます）．

C. DNA損傷ががんを引き起こすしくみ

DNAが外的要因により損傷を受け，塩基配列の情報が変化してしまう（突然変異が生じる）と，細胞にとって危険な状況になることがあります．その

1つががんです．外的要因によるDNA損傷はゲノム上のランダムな位置で生じます．第8章で述べたように，ヒトの場合，全ゲノムの数%だけがタンパク質をコードしている「遺伝子」であり，その他の領域はタンパク質の情報を含んでいません．よって，生じたDNA損傷の大部分は細胞に大きな影響を及ぼさないと考えられます．しかし，変異がタンパク質をコードする領域や発現量を調節する部位（プロモーターなど）に生じた場合，それはすぐにタンパク質の機能障害や発現量の異常につながります．

　特に，細胞の増殖や成長に関する遺伝子に変異が生じた場合，細胞が無制限に成長・増殖することがあります．これが細胞のがん化で，その原因となる遺伝子をがん遺伝子またはがん抑制遺伝子とよびます．p53やRbなどは有名ながん抑制遺伝子として知られています．がん化した細胞は増殖を続け，周囲の正常な細胞を押しのけて成長し続けます．これが腫瘍です．さらに，腫瘍部から剥がれた細胞が体液によって体の別の場所へと運ばれ，そこで定着してさらに増殖を続ければ，がんが転移することになり，完全な治療が困難になります．

- 紫外線，化学物質，ウイルスなどはDNA損傷を引き起こす
- DNA損傷には，DNA鎖の切断，チミンダイマー，塩基の酸化などがある
- DNA損傷ががん遺伝子内部に生じると，細胞はがん化する

3. 活性酸素による損傷

A. 酸素は細胞にとって有毒？

第3章で私たちは，酸素によって大量のATPが合成されることを学びま

物質が光を吸収するとは

　私たちが目で感じることのできる光を可視光とよびます．光を波と考えると，波の幅（波長）は光の色に対応します．可視光の波長はおおよそ300～600 nm（ナノメートルは1 mmの100万分の1）で，波長の短い方から，紫，藍，青，緑，黄，橙，赤と虹色のスペクトルがみられます．紫色のさらに外側の光は「紫外線」といわれ（波長が200～300 nm），私たちの目には見えません．逆に赤よりも長波長の光は赤外線といい，ヒーターなどに使われています．

　私たちの身の回りの物質には光を吸収するものがあります．絵の具や色鉛筆に使われている色素は特定の波長の光を吸収する物質が含まれています．太陽からの光は紫から赤までの光をすべて含んでいます．これが色素にあたると特定の波長域の光が吸収され，残りの光（補色，余色）が反射して私たちの目に届きます．例えば，食品に使われる赤色色素は450～550 nmの青，緑色付近に強い吸収を示します．ここで吸収されなかった赤色成分が補色として私たちの目に届くのです．

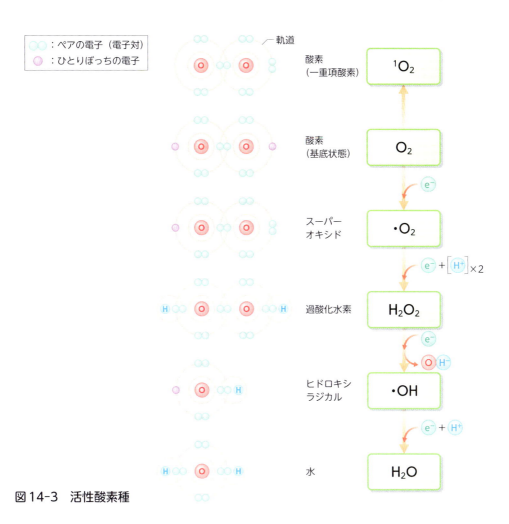

図14-3 活性酸素種

か合成されませんが，酸素がふんだんに存在する環境だと，ミトコンドリアでの電子伝達系により，合計38分子相当のATPが合成されました．このしくみにより，40％近くの高いエネルギー変換効率を達成しているのです．このように，酸素は地球上で生活する私たちや他の多くの細胞にとって，とても重要な物質なのです．

しかし一方で，酸素は私たちにとって有害な物質でもあります．酸素は光のエネルギーなどを吸収することで活性酸素になり，細胞内部でさまざまな化学反応を引き起こします．活性酸素には過酸化水素，ヒドロキシラジカル，スーパーオキシド，一重項酸素などがあり，これらをまとめて活性酸素種（Reactive Oxygen Species）とよぶこともあります（図14-3）．活性酸素は，酸素に比べると反応性が異常に高く，そのため細胞に有害です．キズ口の消毒薬には過酸化水素が含まれていますが，これは雑菌を殺すために過酸化水素の高い反応性を利用しているのです．

B. 活性酸素は反応好き

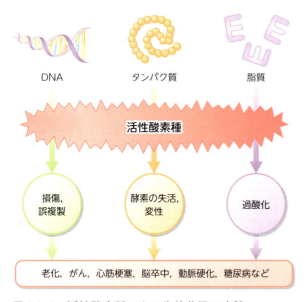

図14-4 活性酸素種による生体分子の攻撃

なぜ活性酸素は高い反応性をもつのでしょうか．酸素は1番外側の軌道（電子が存在しうる場所）に電子を6つもっています．そのうち4つはすでに2対のペアをつくっていて，残りの2つの電子はひとりぼっちです（図14-3）．ふつうの酸素分子（O_2）では，それぞれの酸素原子がひとりぼっちの電子を1つずつ出し合って結合をつくります．ひとりぼっちの電子が1つずつ残りますが，分子の対称性が保たれているので，これが最も安定な電子状態となります．

酸素原子が電子を1つ獲得してスーパーオキシドになると，ひとりぼっちの電子が1つ（もしくは3つ）になり，これが高い反応性の原因となります．さらに電子を受け取るとペルオキシド，そこからさらにH^+を受け取って過酸化水素になると，ひとりぼっちの電子はなくなりますが，過酸化水素は容易に水とヒドロキシラジカルへと分解されるので，活性酸素に分類されます．ヒドロキシラジカルは最も反応性の高い活性酸素で，ひとりぼっちの電子を1つもっています．一重項酸素は安定な酸素と電子の数は同じですが，電子の状態が非対称的であるため，高い反応性を示します．

ヒドロキシラジカルなどの反応性の高い活性酸素は，細胞内のさまざまな物質を酸化します（ここでいう「酸化」とは，化学反応の相手に電子を「与える」ことをいいます）．この反応性はひとりぼっちの電子に由来します．DNAと反応した場合には，前述の通り8-オキソグアニンなどの異常な塩基を生成しますし，タンパク質と反応すると，構造変化やそれに伴う活性阻害を引き起こします（図14-4）．活性酸素は脂質に対しても攻撃を行い，炭化水素鎖の過酸化を起こします．

このような分子レベルでの小さな損傷が蓄積していくと，細胞の機能低下やがん化，さらには個体レベルでの老化やさまざまな生活習慣病の進行が促進されることになります．

・酸素は光などのエネルギーを吸収して，さまざまな活性酸素種へと変身する
・活性酸素種がもつひとりぼっちの電子がさまざまな酸化反応を引き起こす
・活性酸素種により，DNA，タンパク質，脂質は損傷を受ける

4. DNAのキズを修復するしくみ

第8章で私たちは，DNA複製時のエラーを修復する機能について学びました．複製時のエラーは，DNAポリメラーゼの校正機能により発見・修復されますが，紫外線や活性酸素などの外的要因により受けたDNAの損傷はどのように修復されるのでしょうか．そのまま放っておくと，次の複製時には間違ったコピーが作製されることになりますので，それに先だって修復しなければなりません．

A. キズだけを上手になおす

紫外線などの外的要因によって受けたDNAのキズは，除去修復という機能により発見され，修復されます．その中心的役割を果たすのがDNA修復酵素です（図14-5）．この酵素は，チミンダイマーなどの異常を発見すると，その部位に結合し，それをまたぐように周辺のDNA鎖に2カ所切れ目（ニック）を入れます❶．切れ目が入った方の鎖はヘリカーゼによりほどかれて正しい方の鎖から離れます．このようにして生じた隙間（ギャップ）をDNAポリメラーゼが埋めて，最後にリガーゼがニックを埋めて❷修復完了となります．このプロセスで大事なのは，キズがある方の鎖だけが切り取られて，正しい方の鎖は残っていることです．これにより，遺伝情報を失うことなく，キズを除去修復できるのです．

❶具体的には，ヌクレオチド間のリン酸ジエステル結合を加水分解します．
❷具体的には，リガーゼがヌクレオチド間にリン酸ジエステル結合をつくります．

B. 修復しきれないキズは？

今まで述べてきたように，細胞には外的要因によるDNA損傷を修復する能力が備わっていますが，その能力を超える損傷を受けた場合はどうなるのでしょうか．実は，細胞には，自分の修復能力を超える損傷を受けたときなどに，自らの命を絶つという能力が備わっています．積極的に死を選ぶことにより，周囲の細胞や個体の存続を助けるわけです．このような死をアポトーシスといいます．このしくみに関しては，第18章で詳しく学びます．

・DNAが受けた損傷は，除去修復という機能により発見・修復される
・除去修復では，キズがある方の鎖の一部を取り除き，正しい鎖を合成してキズを埋める
・キズがひどい場合は，細胞が自ら死を選ぶこともある

第Ⅲ部　生老病死の生命科学　**197**

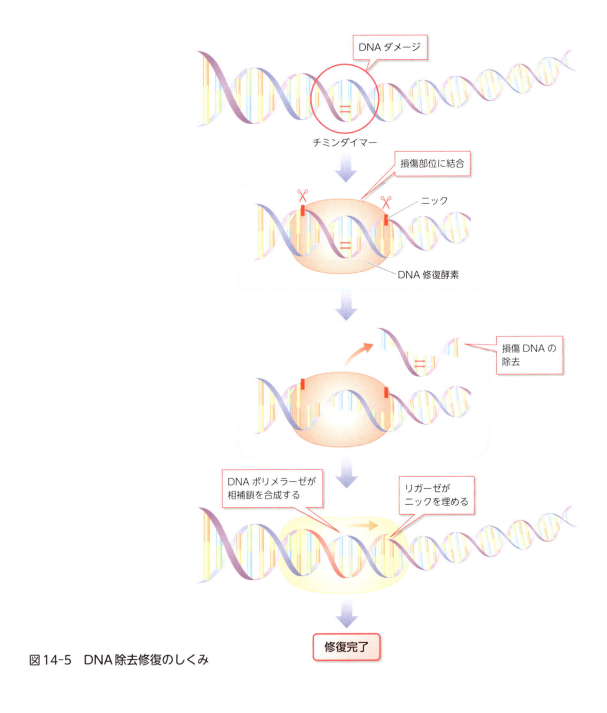

図14-5　DNA除去修復のしくみ

5. ダメージを受けたタンパク質は積極的に分解される

　　　　　　　　　　　　外的要因により損傷を受けたタンパク質は構造異常を引き起こし，ひどいときには変性してしまいます．しかし，1つの細胞に数コピーしか存在しないDNAと異なり，タンパク質は同じものが細胞内に大量に存在しているので，損傷を受けた際には，そのタンパク質だけを速やかに分解・除去することで細

❶システイン残基は側鎖の末端にチオール基（–SH）をもっているため（**図9-4**），同じ分子内，もしくは異なる分子間で反応して，ジスルフィド結合（–S–S–）を形成する場合があります．正常な細胞では，ジスルフィド結合は小胞体内で酵素の助けにより形成されますが，活性酸素により，本来あるべきではない場所に形成されてしまうことがあります．

❷メチオニンスルフォキシドの構造.

メチオニン

メチオニンスルフォキシド

胞への影響を抑えることができます．細胞内には，構造異常タンパク質を検知するシステムが備わっていて，これによりみつけられた異常タンパク質は，プロテアソームや他のタンパク質分解酵素などにより速やかに分解されます．

　また，高等動物には，タンパク質そのものを分解することなく，タンパク質の損傷を修復する機能も備わっています．活性酸素がタンパク質を攻撃する場合，システイン残基の側鎖に非生理的なジスルフィド結合（S–S）❶やスルフェン酸（–SOH）が導入される場合があります．これらの損傷に関しては，チオレドキシンやグルタレドキシンとよばれる酵素により還元されてもとのチオール基（–SH）に戻されることがあります．また，メチオニンの側鎖にスルフォキシド（$\dot{S}=O$）❷が形成された場合にも，特異的な還元酵素とチオレドキシンらが機能して，スルフォキシドをもとのチオエーテルに戻すことで損傷を修復します．

・損傷を受けたタンパク質は，タンパク質分解酵素により速やかに分解される
・酸化されたシステインやメチオニン残基はチオレドキシンなどにより還元（修復）される

6. 活性酸素を除去するしくみ

A. 活性酸素種を除去する酵素たち

❶ $2O_2^- + 2H^+$
　$\longrightarrow O_2 + H_2O_2$
❷ $H_2O_2 \longrightarrow H_2O + 1/2O_2$

　損傷を受けた分子を修復・除去する複雑なしくみと並んで，ヒトなどの高等動物は，活性酸素を積極的に除去する能力を進化させました（**図14-6 ⓐ**）．スーパーオキシドジスムターゼという酵素は，細胞内のスーパーオキシドを過酸化水素と酸素に分解します❶．カタラーゼやペルオキシダーゼは，過酸化水素を分解して水と酸素に変換します❷．細胞はこれらの酵素によって活性酸素を分解し，DNAやタンパク質の損傷を未然に防いでいます．

　また多くの細胞は，ヒドロキシラジカルなどの活性酸素を除去する物質を含んでいます．これまで知られているものには，ビタミンC，ビタミンE，βカロチン，尿酸，リノール酸，システイン，フラボノイド，グルタチオンなどがあり，抗酸化物質として広く知られています（**図14-6 ⓑ**）．最近の健康食品の中にはこれらの抗酸化作用を効果に掲げているものが少なくありません（少なくとも培養細胞のレベルでは作用があることが確認されているようですが，食べ物として口から摂取した場合にどれだけ効果があるかはそれぞれです）．これらの物質は，ヒドロキシラジカルがもつひとりぼっちの電子を受け取る力（還元力）があります．

第Ⅲ部　生老病死の生命科学　**199**

ⓐ 抗酸化酵素のはたらき

スーパーオキシド

スーパーオキシド
ジスムターゼ

O₂

過酸化水素

カタラーゼ

ペルオキシダーゼ

O₂

O₂

H₂O   H₂O

ⓑ 抗酸化作用のある栄養素

ビタミンC
ビタミンE

フラボノイド

βカロチン

図14-6　活性酸素を除去するしくみ

B. 活性酸素の新しいはたらき？

　これまで，活性酸素はDNAやタンパク質に損傷を与える悪者であるという説明を続けてきました．しかし，最近の研究成果により，細胞はある種の活性酸素を積極的に利用して恒常性を維持しているということが明らかにされつつあります．

　ミトコンドリアの電子伝達系では活性酸素が生成されます．これまでこの活性酸素は単なる副産物であると思われていましたが，最近の研究により，活性酸素の生産が外部からの刺激により制御されていること，生産された活性酸素が細胞内のシグナル伝達に利用されていることなどが明らかにされました．細胞内での酸化還元反応は，多くの代謝経路と複雑に絡み合っていて，その全体像はまだ理解されていません．

　地球上の酸素は約20億年前に増加しはじめ，約5億年前には現在のレベル（20％）に達したと考えられています．それまでは酸素のない環境で生活していた細胞たちは，増え続ける酸素と戦わねばならなくなりました．酸素を解毒するしくみを進化させたものは大きな進化を遂げ，大きなエネルギーを得ることに成功して繁栄しました．一方，酸素に適応しきれなかった細胞たちは，死に絶えたか，酸素のない環境でのみ生息し続けました．火山の内部や海底火山の噴出孔付近には，このような嫌気性細菌が数多く生息し

ています．酸素という物質から生物進化を眺めると，面白い一面がみられるかもしれません．

・スーパーオキシドジスムーターゼは，活性酸素を分解するはたらきがある
・抗酸化作用のある食品などにより，活性酸素のレベルを下げることができる
・細胞は，活性酸素を積極的に利用していることが明らかになりつつある

章末問題

❶ 紫外線によりチミンダイマーが形成されるとDNAにとって都合が悪い理由を述べよ（❷参照）．
❷ 活性酸素種を3つあげ，電子状態を説明せよ（❸参照）．
❸ DNA損傷の除去修復過程を，はたらく酵素名とともに解説せよ（❹参照）．
❹ 抗酸化作用とは何か，活性酸素との関係において説明せよ（❻参照）．

第Ⅲ部　生老病死の生命科学

免疫システムのしくみ

15章

―アレルギーってなに？

　春になると，ニュースでは盛んに花粉の情報を発信しています．花粉症で悩んでいる人にとってはこれほどうっとうしい季節はないというほど，花粉アレルギーは深刻な問題です．日本国内でスギなどの花粉症に悩む人の数は数千万人といわれており，この20年間に急増しています．これほど多くの人が悩んでいるにもかかわらず，花粉症に効く特効薬はなかなか開発されません．花粉症はひろくアレルギーの一種です．アレルギーは，体の免疫システムが特定の物質に過敏に反応してしまう現象です．もともと免疫システムは，ウイルスや細菌などの異物が体内に侵入した際にこれを排除するしくみですが，ときにこれが私たちの体を苦しめることになります．この章では，私たちの生活と密接に関係している免疫システムについて，そのはたらきから細胞・分子レベルのしくみまでを学びましょう．

Keyword ヒトが外敵から身を守るしくみ／自然免疫と獲得免疫／T細胞による免疫

1. 免疫：外敵から身を守るしくみ

ヒトの体では，外敵や異物の侵入を防ぐための3種類の防御システムがはたらいています（図15-1）．

A. 第一の防御：物理防御

第一に，私たちの体の中で外界と直接接している皮膚や粘膜が異物の侵入を防ぎます（物理防御）．皮膚の表面は角質で覆われた硬い組織でできていて，異物の侵入を物理的に防ぎます．古くなった角質ははがれ落ち，内側から新しい層が再生されることにより，常に新しい皮膚が体の表面を覆っていることになります．粘膜も私たちの体が直接外界と接する場所で，気管の内側や鼻孔内部などにみられます．気管の内側では常に粘液が分泌され，線毛

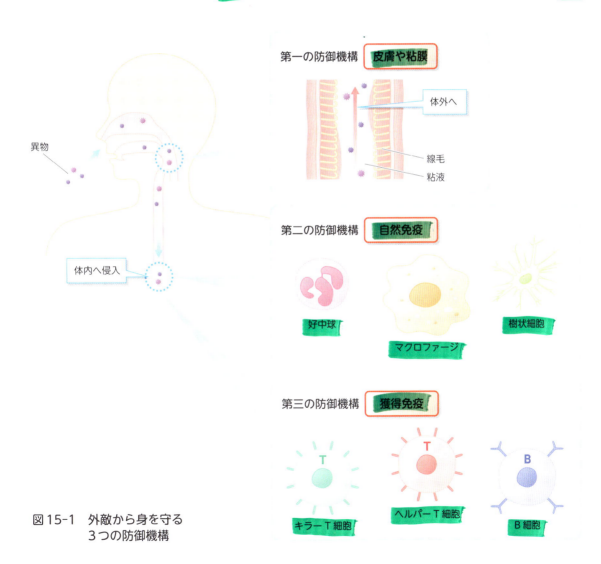

図15-1 外敵から身を守る3つの防御機構

の運動によって口の方向（体の外）への流れをつくっています．粘膜によって捕獲されたウイルスなどの異物は咳やくしゃみによって体外へと排出されます．また，粘膜は弱酸性であり，細菌の増殖を抑えるはたらきもあります．

B. 第二の防御：自然免疫

異物を細胞の中に入れて分解しなかったことに

第二の防御機構は自然免疫とよばれます．これは，動物が生まれながらにもっている防御システムで，食細胞（好中球，マクロファージ，樹状細胞）による食作用が重要なはたらきをしています．食細胞は異物をみつけると食作用により自分の内部に取り込んで排除します．樹状細胞は異物を取り込んで自ら排除するのではなく，異物を自分の表面に提示することで，免疫の指揮をとるヘルパーT細胞に異物を知らせるはたらきがあります．

C. 第三の防御：獲得免疫

抗原提示により特定の細胞に対して働く

第三の防御機構はこのヘルパーT細胞により指揮される獲得免疫とよばれるシステムです．ヘルパーT細胞が中心となって，各種リンパ球が異物に対して特異的な攻撃を行います．リンパ球の1つであるB細胞は，異物を認識する分子である抗体を産生し，細胞外（体液など）に含まれる病原体を除去します．また，キラーT細胞は，ウイルスなどに感染した細胞を攻撃して除去することができます．

- 動物には，外敵や異物から身を守るための3つの防御機構が備わっている
- 物理防御では，皮膚や粘膜が異物の体内への侵入を防いでいる
- 自然免疫では，食細胞が体内に侵入した異物を食べて除去する
- 獲得免疫では，ヘルパーT細胞が指揮をとって，特異的な攻撃を行う

2. 細胞が生まれながらにしてもっている自然免疫

A. 異物を食べる食細胞

自然免疫の中心的役割を果たしているのが食細胞で，好中球，マクロファージ，樹状細胞があります（**図15-2**）．好中球は白血球の一種で，血液中に存在します．主に病原菌などを細胞内に取り込んで除去します．

マクロファージも異物を細胞内部に取り込みますが，それだけでなく，自己の異常な細胞を認識して内部に取り込んで除去します．例えば，ウイルスに感染した細胞やがん化した細胞はマクロファージにより識別されて除去されます（**図15-2**）．

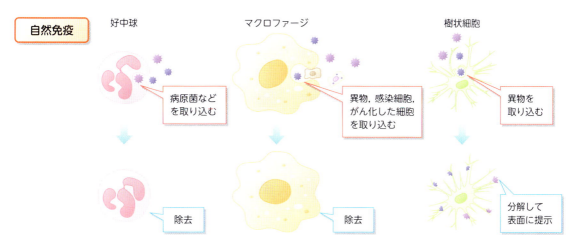

図15-2　食べて除去する自然免疫

　樹状細胞は取り込んだ異物を細胞内で分解して表面に提示し，ヘルパーT細胞にその情報を伝達します．ヘルパーT細胞の活性化により獲得免疫システムが活性化され，どのような異物に対しても強力に対抗できるシステムがはたらきはじめます（❸）．

B. 発熱や炎症は免疫がはたらいている証

　マクロファージや樹状細胞などの自然免疫では，発熱や炎症などの症状がよくみられます．マクロファージの炎症物質による影響で毛細血管がダメージを受け，そこにいろいろな白血球が集まってきて赤く腫れた状態になります．これを炎症作用とよびます．また，ウイルスに感染したときに体温が上昇するのもマクロファージによるものです．体温を上げることで病原体の増殖を抑制するとともに，免疫細胞を活性化するはたらきがあります．

- 自然免疫は動物の細胞に備わっている免疫システム
- 食細胞には好中球，マクロファージ，樹状細胞がある
- 食細胞は異物を細胞内に取り込んで分解する

3. 異物の情報の受け渡し：自然免疫から獲得免疫へ

A. 自然免疫だけでは手に負えない

　外部から侵入してきた異物や病原体は自然免疫システムにより対処されますが，ウイルスのなかにはこの監視の目を逃れて体内に潜伏し，突然爆発的に増殖することで病気を引き起こすものがいます．こうなると自然免疫シス

テムだけでは対処しきれません．私たちの体にはこのような状況に対処するための強力な免疫システムが備わっていて，獲得免疫とよばれます．獲得免疫は，自然免疫が苦手とする小さい異物や細胞内に潜伏したウイルスなどに対処するときに力を発揮します．

B．協力する自然免疫と獲得免疫

自然免疫と獲得免疫はお互いに密接に連携していて，異物情報を受け渡すことで，外敵に素早く対処することができます．自然免疫ではたらく樹状細胞や一部のマクロファージは細胞内部に取り込んだ異物を分解するとともに，その分解した断片を自分の細胞表面に提示します（抗原提示）（図15-3）．MHC分子（主要組織適合性複合体分子❶）とよばれるタンパク質に挟まれるようなかたちで細胞表面に提示された異物断片（抗原）は，ヘルパーT細胞表面に存在するT細胞受容体（抗原レセプター）により認識され，これを活性化します❷．

❶MHC分子がコードされている遺伝子領域を，主要組織適合遺伝子複合体，とよびます．

❷抗原提示細胞とヘルパーT細胞との相互作用には，CD4やCD80, 28などのタンパク質が関与していることがわかっています．

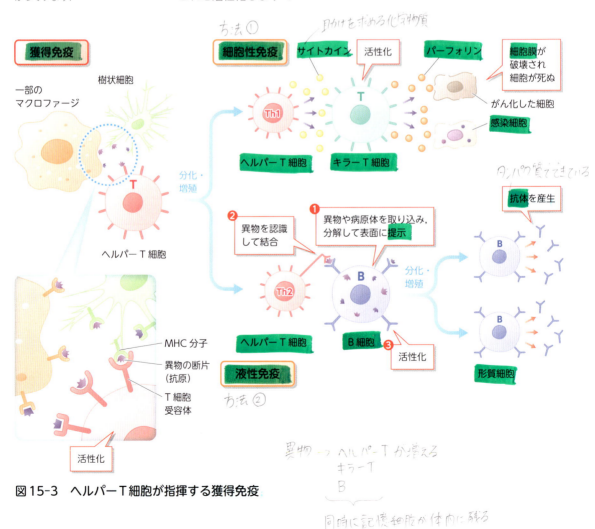

図15-3 ヘルパーT細胞が指揮する獲得免疫

C. 獲得免疫を支える細胞性免疫と液性免疫

　樹状細胞や一部のマクロファージにより活性化されたT細胞は，Th1やTh2とよばれるヘルパーT細胞へと分化・増殖します（図15-3）．Th1は主にキラーT細胞とよばれる細胞を活性化し，ウイルスや細菌を退治します．これを細胞性免疫とよびます．一方，Th2はB細胞にはたらきかけ，B細胞からの抗体生産を促します．これを液性免疫とよびます．獲得免疫はおもにこの細胞性免疫と液性免疫により支えられていて，細胞内に潜伏したウイルスをみつけ出したり，同じ異物を発見したときに素早く対処したり，体内で大量に増殖した病原体に対処したりする際に活躍します．

・自然免疫と獲得免疫は連携している
・マクロファージや樹状細胞は取り込んだ異物を分解し，細胞表面に提示する
・ヘルパーT細胞は提示された抗原を読み取り，キラーT細胞やB細胞を活性化する

4. 異物に素早く対処するしくみ

A. 細胞性免疫：殺し屋キラーT細胞

　細胞性免疫では，活性化されたヘルパーT細胞が，インターフェロンやインターロイキンなどのサイトカインとよばれる情報伝達物質を放出し，キラーT細胞を活性化します（図15-3）．キラーT細胞はヘルパーT細胞と同様，表面にT細胞受容体とCD8というタンパク質をもっていて，これが樹状細胞やマクロファージのMHCと抗原を認識します．キラーT細胞はMHCがウイルスなどの異物を提示していることを確認すると，パーフォリンというタンパク質を分泌し，感染細胞の細胞膜を破壊して細胞を殺します．

B. 液性免疫：抗体が全身をパトロール

　液性免疫では，まずB細胞が異物や病原体を取り込んで分解し，その断片を抗原として提示します（図15-3）．ヘルパーT細胞がこの提示抗原を認識して結合すると，B細胞は活性化され，増殖をくり返しながら抗体をつくり出す形質細胞へと分化します．B細胞から分泌された抗体はリンパ液や血液にのって全身を循環し，病原体や異物をみつけると結合します（抗原抗体反応）．抗体によってみつけられた抗原はマクロファージによって取り込まれやすくなり，速やかに分解されます．

第Ⅲ部　生老病死の生命科学　**207**

C. 抗体のバリエーションは無限大

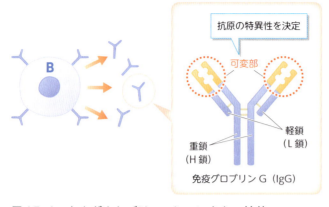

図15-4 さまざまなバリエーションをもつ抗体

抗体の正体は，免疫グロブリンというタンパク質です．免疫グロブリンはいくつかのグループがあり，それぞれ異なる構造をしています（図15-4）．例えば，一番主要な免疫グロブリンG（IgG）の場合，2本の重鎖（H鎖）と2本の軽鎖（L鎖）の合計4本のポリペプチドからできていて，アルファベットのYのようなかたちをしています．Yの頭の部分は可変部とよばれ，グロブリン分子によってすべて少しずつ異なります．そして，この可変部の構造が抗原の特異性を決定しています．グロブリンの可変部の構造は特殊な遺伝子の組換えによりつくられ，そのバリエーションはほぼ無限大です（グロブリンの遺伝子に関しては発展学習を参照してください）．これによって，私たちの体はどんな外敵や異物に対してもそれを認識する抗体をつくり出すことができるのです．

- 細胞性免疫では，活性化されたキラーT細胞が感染細胞を殺す
- 液性免疫では，活性化されたB細胞が分化し，抗体を生産・分泌する
- 抗体（免疫グロブリン）の可変部のバリエーションはほぼ無限大

5. 免疫は記憶する

A. 同じ外敵に素早く対応

獲得免疫システムの特徴の1つに免疫記憶があります．私たちの免疫システムは，過去の経験を記憶しており，同じ外敵が再び侵入してきた際に，より早く対応することができます．例えば，樹状細胞の抗原提示により活性化したヘルパーT細胞の一部は記憶T細胞（メモリーT細胞）として残り，同じ病原体が再び侵入してきた際に素早く活性化して対処することができます．また，B細胞が活性化されて形質細胞に分化する際も，その一部が記憶B細胞（メモリーB細胞）として保存され，再び同じ抗原に出会った際にはすぐに抗体をつくり出すことができるようなしくみになっているのです．このようなしくみを二次応答といいます．二次応答は，一度目の活性化に比べ，かかる時間と抗体生産量がはるかに優れています．インフルエンザの予

防でお世話になるワクチンも，この効果を利用したものです．ワクチンのなかには2回以上接種する必要のあるものがありますが，これは二次反応を誘導するのに時間がかかるケースです．

抗体の多様性を生み出す遺伝子組換え

ヒトの抗体は100億種類以上あると考えられているのに，ヒトの遺伝子は全部合わせても4万ほどしかありません．私たちの体はどのようにして多様な抗体をつくり出しているのでしょうか．

抗体のH鎖の可変領域をコードする遺伝子は，VH，DH，JHの3つの部分にわかれていて，この3つの遺伝子部分にそれぞれ複数個の断片がコードされています（**発展学習図15-1**）．抗体を産生するB細胞では，VH遺伝子部分にコードされている遺伝子断片の中から1種類，DH遺伝子部分1種類，JH遺伝子部分1種類を選び出し，その3つをつなぎ合わせて1つのH鎖をつくります．例えば，VHに30種類，DHに50種類，JHに6種類の断片がコードされていたとすると，その組み合わせは，30 × 50 × 6 = 9,000となります．

L鎖の可変領域をコードする遺伝子は，VL，JLの2つの部分にわかれていて，やはりそれぞれに複数個の断片がコードされています．もしVLに35種類，DLに5種類の断片がコードされていたとすると，その組み合わせは35 × 5 = 175種類となります．

よって，グロブリンGの場合，9,000種類のH鎖と175種類のL鎖の組み合わせを考えると，9,000 × 175 = 1,575,000通りとなります．

このように，H鎖のV，D，J，L鎖のVとJの遺伝子断片の組み合わせで多様な遺伝子をもつB細胞ができ，それぞれ異なった種類のB細胞がそれぞれ異なった抗体をつくることで多様な抗体がつくられます．遺伝子再構成はB細胞が分化する際に行われます．一度分化した（遺伝子が再編された）B細胞は，それ以降1種類の抗体しかつくることができません．

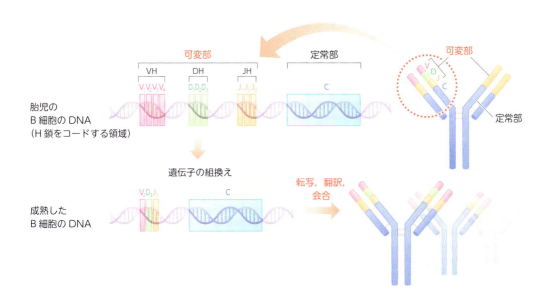

発展学習図15-1　抗体の多様性を生み出す遺伝子組換え

B. 自己と非自己を区別する

　免疫が記憶するのは外敵の経験だけではありません．自分と外敵とを見分けるのにも経験が重要です．獲得免疫ではたらくT細胞やB細胞は1種類の特定の抗原と特異的に結合します．つまり，1つのB細胞がつくり出すことのできる抗体は1種類だけです．幼児期には，さまざまな抗体をつくり出すことができるように，たくさんのB細胞が準備されています．このなかには自分の体の一部に結合してしまうものも含まれていますので，「自分を認識する抗体」を除去せねばなりません．

　このようにして，幼児期に数多く蓄えられていたさまざまなB細胞は，大人になるにしたがって取捨選択されて徐々に減っていきます．また逆に，幼少期に接種する麻疹，風疹，おたふくなどのワクチンには，一度接種するだけで終生病気から守られるというものもあります．これらのワクチンは子どもの頃に接種することが重要で，大人になってからではワクチンの効果が期待できません．これも，幼児期が体の免疫系を構築するうえで重要な時期であることを示す例の1つです．幼児期にあまりにも清潔な生活を送ってしまうと十分な免疫系が構築されず，そのまま大人になった後にアレルギーなどの症状に悩まされるということが最近注目されています（Hygiene説，コラム参照）．

- 活性化されたヘルパーT細胞の一部はメモリーT細胞として残る
- 分化したB細胞の一部はメモリーB細胞として残る
- メモリー細胞による二次応答はより早く異物に対処できる

清潔すぎるのもよくない？ Hygiene説

　私たちの免疫システムが胎児や幼児の頃に形成されることを本章で学びました．まだ小さい赤ちゃんは風邪やその他の病気になりやすいので，親としてはとても気を遣います．赤ちゃんのまわりは清潔な衣類や寝具で揃えて，使う道具はすべて除菌洗剤で洗って，除菌クリーナーで手をきれいにして…などなど．いくらきれいにしてもし過ぎることはないと思って，ついつい清潔な環境をつくってしまいます．

　しかし，近年の研究で，あまりにも清潔な環境は，子どもの免疫力向上によくないことが報告されています．乳幼児のうちからある程度のバクテリア（細菌）にさらされていた方が抵抗力がつくという考え方を「衛生仮説（Hygiene説）」とよびます．アメリカの研究所で行った研究によると，1歳になる前からより多くのバクテリアやアレルゲン（アレルギーの原因になる物質）にさらされた子どものほうが，3歳になったときに喘息になるリスクが低くなるそうです．これは，ウイルスやバクテリアなどの感染因子にさらされない環境で育った子どもは，免疫システムの自然な発達が抑制されるため，アレルギー疾患を引き起こしやすくなるのが原因と考えられています．清潔すぎるのも考えものということですね．

6. 免疫と病気

　免疫系が誤って自分を敵と認識してしまって，自分の細胞などを攻撃してしまうことがあります．これを自己免疫疾患といいます．リウマチなどはその一例ですが，発症の原因が特定できないケースが多く，治療が困難であるのが特徴です（表15-1）.

　後天性免疫不全症候群（AIDS）は，ヒト免疫不全ウイルス（HIV）などの感染により，免疫系が徐々に破壊されてしまう病気です．HIVは未分化のヘルパーT細胞に感染し攻撃します．感染初期ではHIVはヘルパーT細胞を破壊しながら増殖を続けますが，新たなT細胞が生み出されて下流の免疫系を活性化するので，ウイルスの量はある一定で落ち着いた状態が続きます．この期間を潜伏期間とよびます．しかし，やがてT細胞の濃度は徐々に減少し，免疫系が活性を失います．こうなると免疫不全の症状が顕著に表れ，健康な人であれば発症することのない弱い病原体（日和見感染）からも身を守れなくなり，やがて死に至ります．

表15-1　主な自己免疫性疾患

疾患名	損傷を受ける組織	症状
自己免疫性溶血性貧血	赤血球	貧血，疲労感，脱力感，立ちくらみ
水疱性類天疱瘡	皮膚	皮膚に水ぶくれ
グッドパスチャー症候群	肺および腎臓	息切れ，喀血，疲労感，腫れ，かゆみ
グレーヴス病	甲状腺	甲状腺肥大，心拍増加，ふるえ，体重減少
橋本甲状腺炎	甲状腺	甲状腺機能低下症，体重増加，皮膚の荒れ
多発性硬化症	脳および脊髄	脱力感，知覚異常，めまい，視力障害，けいれん
重症筋無力症	神経筋接合部	筋肉衰弱，疲れ
天疱瘡	皮膚	皮膚の水ぶくれ
悪性貧血	胃の粘膜細胞	貧血，疲労感，脱力感，立ちくらみ
関節リウマチ	関節，肺，神経，皮膚，心臓など	関節痛，関節のこわばり，変形，息切れ，感覚消失，脱力感，発疹，胸痛，皮膚の下の腫れなど
全身性エリテマトーデス（ループス）	関節，腎臓，皮膚，肺，心臓，脳	関節の炎症，疲労感，脱力感，立ちくらみ
1型糖尿病	膵臓 β 細胞	のどの渇き，過剰な尿量や食欲
血管炎	血管	発疹，腹痛，体重減少，呼吸困難，せき，胸痛，頭痛，視力低下，神経障害や腎不全など

第Ⅲ部　生老病死の生命科学

―アレルギーも免疫が原因

花粉症などのアレルギーも免疫系が原因で生じる症状の1つです．ある特定の物質（アレルゲン）に対して免疫系が過剰に反応することにより，さまざまな症状を引き起こします．自己免疫疾患と同様，免疫系が原因で生じる疾患は完全な治療が困難です．アレルギーの場合も，完全な治療は困難なケースが多く，症状を和らげる薬を投与することが一般的な解決策となっています．

・免疫系が誤って自分を攻撃してしまうことを自己免疫疾患という
・HIVは免疫系の細胞を殺してしまう
・アレルギーは特定の物質に対して免疫系が過剰に反応してしまうこと

章・末・問・題

❶ 自然免疫ではたらく食細胞に関して説明せよ（❷参照）．
❷ 獲得免疫における細胞性免疫と液性免疫の違いについて説明せよ
（❸参照）．
❸ 免疫システムが過去の異物を記憶するしくみについて説明せよ（❺参照）．

212 大学で学ぶ 身近な生物学

第Ⅲ部　生老病死の生命科学

ES細胞とiPS細胞

16章

―細胞の時間を巻き戻すことは可能か？

　もし人生の時間を巻き戻せるとしたら，みなさんはいつ頃に戻りたいですか？ 高校生の頃，それとも幼稚園の頃でしょうか．タイムマシンに乗って昔の自分に会いに行く話は小説や映画でよくみかけますが，人生の時間を巻き戻すというのは，ちょっと考えただけでもややこしい話です．第13章で，私たちは受精卵の発生過程について学びました．もともと1つの細胞だった受精卵は，分裂をくり返しながらさまざまな細胞へと分化します．一度分化してしまった細胞は，もとの受精卵に戻ることはできませんし，別の細胞に変身することもできません．私たちの体をつくっている細胞は増殖こそすれ，もとの未分化状態に戻ることはありません．しかしながら，最近の研究の成果により，この常識が覆されています．細胞の時間を巻き戻して，新たなスタートを切る技術とは何か．この章では，細胞の初期化に関する研究の歴史をたどりながらそのしくみを学びます．

Keyword ▶ 胚性幹細胞(ES細胞)とは/人工多能性幹細胞（iPS細胞）とは/体細胞の初期化

1. 細胞の時間を巻き戻す

A. 細胞の時間は巻き戻らない？

　第13章で学んだように，受精卵はすべての細胞種に分化する能力をもっています．この能力のことを**多能性**といいます．ヒトでは神経や筋肉など，200種類以上の細胞に分化し，個体がつくられていきます．一度決定された運命を変える，もしくはもとに戻すことができるのかという議論は，長い間くり返されてきました．

　1952年にロバート・ブリッグスとトーマス・キングは，ヒョウガエルの核移植の実験から，細胞の時間は巻き戻すことができないと結論づけました．彼らは，卵細胞の核を取り除き，そこに，発生過程の異なる段階の細胞から核を取り出して移植しました．すると，発生が進んだ細胞から取り出した核では，発生は進みませんでした．この実験結果から，発生が進むにつれて，必要でない遺伝情報（他の細胞になるために必要な遺伝子）は失われるという考えが定着しました．

B. 覆された常識：卵の初期化能力

　この考えを覆したのが，ジョン・ガードンによる実験です．彼は，アフリカツメガエルの卵細胞の核を紫外線照射により破壊し，そこに発生が進んだ細胞の核を移植しました．行った実験はブリッグスらと同じでしたが，驚くことに，核を移植された卵では正常に発生が進み，オタマジャクシを経てカエルへと成長したのでした（**図16-1**）．これは，体細胞の核を使ったクロー

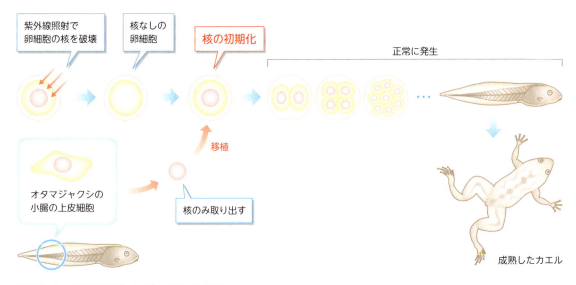

図16-1　常識を覆したガードンの成果

ンカエル第1号として報告されましたが，当初はなかなか受け入れられませんでした．しかし，その後も彼は成体となったカエルの肺，心臓，肝臓，心臓，皮膚などの細胞から核移植を行い，すべてオタマジャクシへ発生させることに成功したのです．

ガードンの成果は，それまでの常識を覆し，以下の新たな知見をもたらしました．

① 発生が進んだ細胞でも不必要な遺伝情報が失われることはなく，体中のすべての細胞をつくるのに必要なすべての遺伝情報をもっている．
② 卵の細胞質には，体細胞を初期化するしくみが備わっている．

この時点では，卵細胞だけがもつこの初期化能力（時間を巻き戻す能力）の正体が何であるかはわかっていませんでした．彼は，近い将来，卵や胚を使わずに細胞の初期化を起こすことが可能になるかもしれないと考え，iPS細胞（ 6 ）の出現を予知していたといわれています．

その後1997年になって，哺乳類でも体細胞核を用いたクローン動物が生み出され，ヒトクローンの実現へまたさらに大きな一歩を踏み出しました（図16-2）（クローンヒツジ「ドリー」に関しては，コラム参照）．

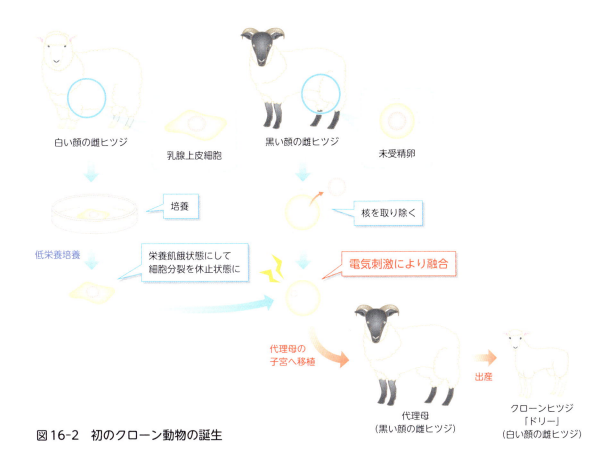

図16-2　初のクローン動物の誕生

- ヒョウガエルの実験から，細胞の時間を巻き戻すのは不可能と思われていた
- アフリカツメガエルの実験から，卵には細胞を初期化する能力が備わっていることが示唆された
- 発生・分化の過程で不必要な遺伝子が失われていくことはない

2. 胚性幹細胞（ES細胞）とは何か

A. 胚性幹細胞の発見

　体細胞の時間を巻き戻すことができる卵の初期化能力のしくみを調べる一方で，卵や胚がもつ多能性を理解する研究も盛んに行われていました．1981年には，マーティン・エヴァンスらの研究により，すべての細胞に分化可能なマウスの胚性幹細胞（embryonic stem cell：ES細胞）がつくられました．エヴァンスはこの業績により，2007年にノーベル賞を受賞しました．

　幹細胞とは，①長期間にわたって増殖し続け，②自己複製能をもち，③他の細胞に分化したりその前駆体をつくり出すことができる細胞のことを指し，大きく組織幹細胞と多能性幹細胞の2種類に分類されます（図16-3）．

初のクローン動物ドリー

　1996年，スコットランドで世界初の体細胞クローン動物が誕生しました．雌ヒツジの子宮から未受精卵を取り出し，核を除去したところに，別のヒツジの乳腺細胞を融合させ，これをまた別のヒツジの子宮に戻すことにより，ドリーは誕生しました．誕生後も順調に成長し，1998年には第一子を，1999年にはさらに3頭を出産しました．子ヒツジの誕生により，クローンヒツジも繁殖能があることが証明されました．

　しかし，1999年頃からドリーには高齢のヒツジによくみられる症状がみえはじめました．2002年には5歳半という若さで関節炎を患ったのです．平均寿命が10年ほどの種であるにもかかわらず，5歳で関節炎を患うというのは異常な若さです．ドリーがもつ遺伝情報は，乳腺細胞を提供したヒツジのものです．そのときすでに6才であったため，ドリーは生まれたときから6才だったのではないかといわれています．生まれつき染色体のテロメアが短く，生まれつき老化していたと考えられるのです（老化については第18章参照）．

　このことは，クローン技術に関して大きな論争を巻き起こしました．クローン技術そのものが未熟で危険とする考えと，これから寿命の問題などを改善することで実用化にたどり着けるとする考え方です．そんな論争のなか，2003年にドリーは安楽死により永眠しました．

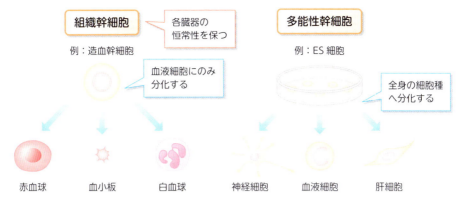

図16-3 組織幹細胞と多能性幹細胞

B. 私たちの体をつくる幹細胞たち

　組織幹細胞は，大人になった私たちの体ももっている幹細胞で，個体の恒常性維持のために各組織で新しい細胞をつくり続けています．例えば，皮膚や小腸の上皮，赤血球や白血球の細胞は，常に古い細胞が死に，新しい細胞と置き換わっています．このとき，増殖のもとになる細胞が組織幹細胞というわけです．組織幹細胞はある特定の細胞種への分化能のみをもっており，例えば，造血幹細胞からは，主に血球系細胞がつくられます．

　多能性幹細胞は，受精卵のようにすべての細胞種に分化する能力をもった幹細胞のことをいいます．この能力そのものを**多能性**（pluripotency）といいます．第13章で学んだように，胚発生の過程で細胞の運命は順次決定されます．一度決定してしまった運命を戻すことはできません．胞胚期の細胞や，胚盤胞の内部細胞塊はまだ運命が決定されておらず，すべての細胞種に分化する能力をもっているため，多能性幹細胞といえます．

　しかし，胚発生が進むにしたがって外胚葉，中胚葉，内胚葉へと分化すると，多能性は失われてしまいます．発生途中の胚から多能性幹細胞を取り出し，培養液中で培養できるように株化したものがES細胞です．ES細胞は多能性をもったまま培養液中で増殖させることが可能で，さまざまな刺激により，ほぼすべての細胞種に分化させることが可能です．このような性質により，ES細胞は再生医療のなかでも重要なツールの1つであるといえます．

・幹細胞とは，増殖能，複製能，分化能のすべてをもつ細胞のこと
・幹細胞には組織幹細胞と多能性幹細胞とがある
・ES細胞は多能性幹細胞の一種

3. 初期胚からES細胞をつくる

A. ES細胞は胚盤胞からつくられる

　ES細胞株は1981年にはじめてマウスで樹立されました．受精後3日目の胚盤胞（第13章）に含まれる内部細胞塊（Inner Cell Mass：ICM）を取り出し，特殊な環境下で培養・継代することにより株として樹立されました（図16-4）．内部細胞塊は多能性をもった細胞で，すべての細胞種に分化する能力をもっていますが，胚から取り出してしまうとそれだけでは分裂や増殖をすることができません．そこで，他の細胞（ここではマウス線維芽細胞など）とともに培養することで状況を改善し，元気に増殖させることができるようになります．このような共培養するための細胞をフィーダー細胞とよびます．

B. いかにして未分化を維持するか

　フィーダー細胞上で培養されたES細胞は，未分化のまま増殖をくり返します．しかし，培養を続けるとES細胞は突然分化をはじめることがあり，当初はこのことが株の樹立・維持の大きな問題となっていました．ES細胞を未分化のまま維持することは株を維持するうえで非常に重要なポイントです．

　現在では，白血病阻止因子（leukemia inhibitory factor：LIF）がES細胞を未分化に保つ活性があることが発見され，ES細胞株の安定的な維持に大きな貢献をしています．LIFは細胞表面の受容体に結合し，細胞内のシグナル伝達経路を経て核へと伝えられ，さまざまな転写制御を介して未分化状態を維持していると考えられています．また，未分化細胞に特異的に発現している遺伝子やその機能も次々に明らかにされており，*OCT3/4*などはその代表です．

図16-4　ES細胞は初期胚からつくられる

- ES細胞は胚盤胞の内部細胞塊からつくられる
- 内部細胞塊は，フィーダー細胞と共培養することで増殖を続ける
- ES細胞の分化を抑制するには白血病阻止因子が用いられる

4. ES細胞の分化誘導

A. ES細胞を目的の細胞へと分化させる

再生医療の分野でES細胞がもつ重要性は，試験管内での多能性です．ES細胞をもとにして必要な細胞種を必要な数だけつくり出すことができれば，ドナー不足に悩む移植医療に対して大きな貢献となります．ES細胞を再生医療に用いるときに重要になるのが，分化誘導です．未分化状態を維持したES細胞株はさまざまな刺激により多様な細胞種へと分化します．この分化誘導を正確かつ効率よく行うことが組織の再生では重要になります．ES細胞の分化誘導には，自発的な分化を誘導したのちに特定の細胞種だけを選別する方法と，特定の細胞種のみをはじめから選択的に誘導する方法とがあります（図16-5）．

B. 細胞にさせる，自発的な分化

ES細胞の自発的な分化誘導によく用いられるのが浮遊培養による誘導で

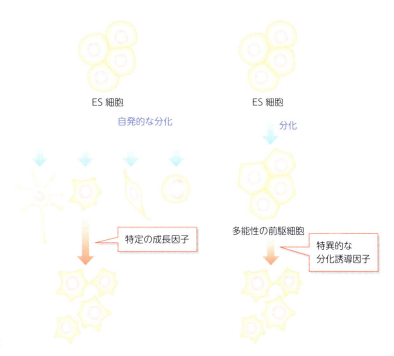

図16-5　ES細胞の分化誘導法

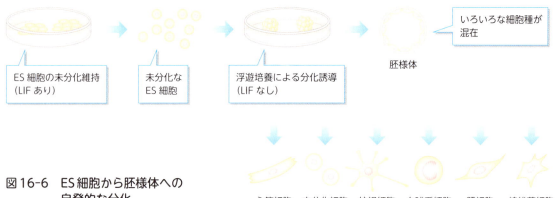

図16-6　ES細胞から胚様体への自発的な分化

❶マウスの発生過程では，受精後3.5日後に胚盤胞ができあがり，内部細胞塊が生まれます．内部細胞塊のなかでも割腔に面した表面の細胞は，原始内胚葉に分化し，その後さらに遠位内胚葉と近位内胚葉に分化し，胎仔を保護して母体との間で栄養物や老廃物を交換するための組織になります．一方，内部細胞塊の他の細胞は胎仔本体をつくるために分化し，胚体外胚葉（原始外胚葉，胚盤葉上層）とよばれる細胞層をつくります．この頃（5〜7日目頃）の胚は全体として円筒形に成長するため，卵筒胚とよばれます．

す．ES細胞を浮遊した（シャーレに接着しない）状態で培養し続けると，胚様体とよばれる細胞塊を形成し，やがてさまざまな細胞種に自発的に分化します（図16-6）．このとき，LIF（前述）を加えないで培養する必要があります．胚様体は2層の細胞層（外側の近位内胚葉，内側の胚体外胚葉）からできていて，ちょうどマウスの発生過程にみられる卵筒胚によく似た構造をもっています❶．胚体外胚葉からは多くの細胞種が分化します．また，胚様体からは中胚葉への分化も起こり，心筋細胞，血液細胞などができあがります．胚様体を培養皿の底に付着させて培養し続けると，神経細胞，ケラチノサイト，軟骨細胞，脂肪細胞などへの誘導が起こりますし，最近では，生殖細胞への分化も起こることが示されています．

　浮遊培養以外でES細胞の分化誘導に用いられるのが，ストロマ細胞や細胞外マトリクスなどを付着させたシート上で培養する方法です．付着させるものの種類により分化誘導されやすい細胞種が異なるため，選択的な分化誘導にも用いられます．これまでに，血液細胞，血管内皮細胞，神経細胞，色素細胞などを誘導する手法が確立されています．

- ES細胞を分化させるには，培養しながら自発的に分化させる方法と，特定の細胞種に選択的に分化させる方法とがある
- LIFを除いて浮遊培養することで，自発的な分化誘導が起こる
- ES細胞から分化した胚様体は，さまざまな細胞種に分化することができる

5. 欲しい細胞を選択的に誘導する，選択的に育てる

　再生医療で用いる細胞をES細胞からつくる場合，目的とする細胞種だけをできるだけ効率よく誘導し，他の細胞種を排除するのがもっとも望ましい

のはいうまでもありません．しかし，胚様体を介して自発的に分化誘導する方法では，さまざまな細胞が同時に分化するため，特定の細胞種だけを効率よく得る方法としては，必ずしも適した方法であるとはいえません．そこで，欲しい細胞だけを選択的に誘導する方法や，選択的に増殖させる方法が開発され，用いられています．

A. 特定の細胞に分化誘導する方法

ES細胞から特定の細胞への分化を積極的に誘導する方法は，これまでにも多くの研究が行われてきましたが，そのなかでも神経細胞への誘導が大きな成功をおさめています．マウスES細胞から形成させた胚様体を高濃度のレチノイン酸で処理すると，神経細胞への分化を選択的に誘導することができます．これは，レチノイン酸が神経細胞の分化に必要な遺伝子群の発現を大きく活性化させることによると考えられています．

これにより，胚様体の細胞はほぼすべて神経細胞へと分化します．このように，選択的分化誘導はきわめて有用な技術ですが，現時点ではすべての細胞種に関して誘導方法が確立されているわけではありません．今後の研究の発展が待たれるところです．

B. 特定の細胞種だけを選択的に増やす方法

さまざまな細胞のなかから特定の細胞だけを選択的に増殖させるには，成長因子とよばれる物質やタンパク質を使います．例えば，神経細胞をたくさん手に入れるには，ES細胞からつくった胚様体を血清を含まない培地で培養します．レチノイン酸を使って神経外胚葉の誘導を選択的に行った後に，FGF（線維芽細胞成長因子）やEGF（上皮細胞成長因子）を培地に添加して，神経細胞のみの増殖を促進させます．

C. 印をつけて選別する

❶遺伝子によりコードされるタンパク質ですが，細胞内で合成されるとやがて蛍光を発するようになります．もともとクラゲから単離されたタンパク質ですが（単離の功績により下村脩らが2008年ノーベル賞受賞），その後の人工的な遺伝子改変により，異なる色を発するさまざまな蛍光タンパク質が開発されています．

ES細胞にあらかじめ遺伝子を導入しておいて，そのタンパク質をマーカーとして特定の細胞種を選択的に得る方法も用いられています（図16-7）．特定の細胞種でのみ選択的に機能するプロモーターの下流にマーカータンパク質をコードする遺伝子をつなげてES細胞に導入すると，狙った細胞のみでマーカータンパク質が発現します．そのマーカーを手がかりに特定の細胞を選択的に集めたり，逆に排除したりすることができます．例えば，マーカーとして薬剤耐性遺伝子を用いると，培地に薬剤を添加するだけで目的以外の細胞を死滅させることができますし，蛍光タンパク質❶をマーカーとして用

図16-7　印をつけて選別する方法

いると，その蛍光シグナルを指標にして細胞選別器（発展学習参照）で目的の細胞だけを選別することができます．

- レチノイン酸によりES細胞を神経細胞へと選択的に分化させることができる
- 成長因子を添加することで，特定の細胞種だけを選択的に増殖させることができる
- マーカータンパク質をコードする遺伝子を導入することで，特定の細胞種に印をつけることができる

6. 人工多能性幹細胞（iPS細胞）の誕生

　2006年の山中伸弥らの研究グループによるiPS細胞の樹立，またそのわずか6年後のノーベル賞受賞は，日本中のみならず，世界中の大きなニュースとなりました．ジョン・ガードンの予言はまさにここで現実のものとなったのです．2012年のノーベル生理学・医学賞は，山中伸弥とジョン・ガードンに贈られました．iPS細胞はなぜすごいのか．樹立までの流れに沿いながらみていきましょう．

A. ヒトES細胞が抱える問題

❶ヒトの生（命）のはじまりを，出生時とする考えと，受精時とする考え方とがあります．前者の場合，受精卵や胎児に命はないことになり，法律も適用されません．しかし，後者の考え方の場合，受精卵や胎児にも命があることになり，それを実験に使うことは，倫理的にも，法律的にも問題が生じます．よって，ヒトES細胞をつくるのに必要なヒト胚盤胞を使うことができなくなり，事実上ヒトES細胞の作製は不可能になります．

マウスから遅れること7年，ヒトのES細胞が1998年に樹立されました．しかし，ヒトES細胞をつくるにはヒトの受精卵が必要です．ヒトES細胞を使った実験に関して，倫理的な問題が大きく取りあげられ，世界各地で議論が起こりました**❶**．そこで，受精卵を使わずにES細胞のような多能性幹細胞をつくる研究が同時に進められていました．前述の通り，体細胞核を卵細胞に移植すると，その遺伝情報が初期化され，受精卵と同じような状態に戻ります．そこで，研究者は卵がもつこの初期化能力の正体を明らかにすることができれば，卵を使わない樹立方法が実現できるはずだと考え，その研究に取り組みました．

B. 体細胞を初期化して多能性を与える試み

山中らのグループは，ES細胞ではたらいている遺伝子を体細胞でもはたらかせることができれば，体細胞をES細胞に変えることができるのではないかと考えました．その遺伝子の正体はもちろん，それが1個なのか，100個なのかすらわかりません．当時，マウスのES細胞中で発現している遺伝子に関するデータベースが公開されました．この情報にそれまでの研究成果から得られた情報などを併せて，候補となる遺伝子を24個に絞りました．24個の遺伝子を1つずつ体細胞に導入しても変化はみられませんでしたが，24個を同時に導入すると，ES細胞のような変化を示しました．つまり，この24個の中に，体細胞をES細胞のように変化させる遺伝子が必ず含まれていることになります．

発展学習

細胞につけられた「印」をたよりに細胞を選別する方法

細胞種特異的なプロモーターにマーカーとなる遺伝子をつなげ，細胞内で発現させることにより特定の細胞に「印」をつけることができます．この「印」をつけた細胞だけを選別する細胞選別器として用いられる技術がFACS（fluorescence activated cell sorting）です．FACSは，蛍光で「印」をつけた細胞を液流に乗せて流し，レーザー光の焦点を通過させ，個々の細胞が発する蛍光を測定することによって印の有無を検知します．目印が検知された細胞だけを選別する方法はいくつかあります．液滴法では，ノズルを超音波振動させることにより液滴（液体のつぶ）を形成させます．目印が検出された細胞を含む液滴のみを荷電させ，下流にある偏向板で流れの方向を変えることで，荷電した液滴だけ（つまり印をもつ細胞だけ）を回収することができます．この手法を用いることにより，個々の細胞がもつ情報をもとに，きわめて高い純度で，目的の細胞を正確に任意の数だけ入手することが可能となります．

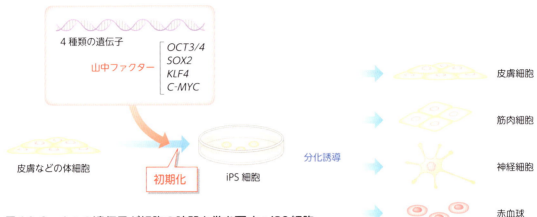

図16-8　4つの遺伝子が細胞の時間を巻き戻す：iPS細胞

C. 細胞の時間を巻き戻す4つの遺伝子

　　山中らの研究グループは，努力と工夫で最終的に4つの遺伝子（*OCT3/4*, *SOX2*, *KLF4*, *C-MYC*）を同定しました（具体的な方法についてはコラムを参照）．これらの4つの遺伝子は山中ファクターとよばれています．これらを体細胞の中ではたらかせることで，皮膚などの体細胞からES細胞とよく似た細胞をつくり出すことに成功したのです（**図16-8**）．山中は，この細胞を人工多能性幹細胞（Induced Pluripotent Stem Cells：iPS細胞）と名づけ，2006年に論文として発表しました．翌年には，ヒトの体細胞からiPS細胞をつくることにも成功し，受精卵を使わないヒトの多能性幹細胞をつくる技術を確立したのです．

- ヒトES細胞をつくるにはヒト受精卵が必要であり，倫理的問題を含んでいる
- iPS細胞は，体細胞に4つの遺伝子を導入するだけでつくることができる
- iPS細胞は，ES細胞によく似た多能性をもっている

Column

4つの遺伝子をみつけ出した工夫

　山中らの研究グループは，体細胞の初期化に必要な遺伝子の候補を24個にまで絞り込んでいましたが，このなかから本当に必要な物を絞り込むのは容易ではありません．初期化維持にかかわる遺伝子は1つとは限りません．もしかしたら，10個以上の遺伝子がかかわっているかもしれません．24個の遺伝子から好きな数だけ遺伝子を選び出す組み合わせは途方もない数になります．これを実験で試すのはさらに不可能な話です．

　そこで山中らのグループは，24種類の混合液の中から逆に1種を取り除いて，23種の混合液の初期化維持能を調べました．こうすると，24回の実験で24個の遺伝子の関与を調べることができます．この逆転の発想が功を奏し，あっという間に4つの遺伝子を同定することができたそうです．

7. iPS細胞の意義

iPS細胞の樹立は，医療分野と基礎研究分野の両方で大きな効果をもたらしました．iPS細胞からさまざまな細胞をつくることができれば，再生医療の道が大きく開かれるだけでなく，さまざまな病気をもった細胞を体外で作製することができるようになり，病気の原因解明にも役立ちます．新薬の開発に応用すれば，人体を使わない毒性試験や効果の検証が可能となり，新薬の開発に大いに貢献することができます．iPS細胞を再生医療に応用する研究に関しては17章で詳しく学びます．

巻き戻る細胞の時間

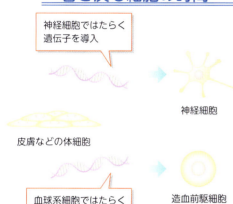

図16-9 ダイレクトリプログラミング

基礎科学の分野では，「数個の遺伝子で細胞の運命を変えられる」ことが刺激となり，これに似た現象が次々に発見されました．皮膚の細胞に神経細胞で機能している3つの遺伝子を導入するだけで，皮膚の細胞が神経細胞に変化したり，同様に皮膚の細胞から血液細胞や心筋細胞がつくられるなど，これまでの常識を覆す報告が2008年以降に続きました（図16-9）．これらの現象は，iPS細胞を経由せずに細胞の運命を変えてしまう技術であり，**ダイレクトリプログラミング**とよばれます．細胞の運命は一度決まると巻き戻せないという昔の常識は，今となっては完全に消えてしまいました．

- iPS細胞の発明により，ヒト受精卵を使わない多能性幹細胞が手に入るようになった
- iPS細胞は，ヒトに関する基礎医学や再生医療の分野に大きな貢献をもたらす
- 遺伝子の導入により細胞の運命を直接変えるダイレクトリプログラミングが次々とみつかっている

章末問題

❶ ES細胞のつくり方を説明せよ（❸参照）．
❷ ES細胞を分化誘導する方法に関して説明せよ（❹参照）．
❸ ヒトES細胞を作製する際に生じる問題点に関して説明せよ（❻参照）．

第Ⅲ部　生老病死の生命科学

17章

再生医療の現在と未来

一失われた
体の一部は
取り戻せるか●

？

　みなさんが遊んでいたり運動をしていてケガをしたとき，ケガの程度が軽い場合には，やがて傷は治ります．ケガがやや大きく，病院に行く必要がある場合は，そこで適切な処置を受けると，時間はかかるかもしれませんが，やがてキズは癒えていきます．このように，私たちの体には，病気やキズを治す力が備わっていますが，この力だけではどうしても治せないケースがあることも事実です．このような場合，組織や臓器移植のような大がかりな外科手術が必要となりますが，ドナーの数や，移植後の拒絶反応により，現在でもその数は限られています．このような状況に，全く新しい医療のかたちが生まれつつあります．それが再生医療です．疾患のある臓器に対して，正常な細胞や組織を移植し，臓器機能の回復を成し遂げるというのがその目的です．この章では，現在の再生医療において幹細胞技術が果たす役割を解説しながら，その利点や問題点，将来性などを学びます．

Keyword ▶ 再生医療における幹細胞の役割／組織幹細胞／多能性幹細胞

1. 再生医療とは

A. これまでの治療とどう違う？

　従来，治療やその基盤となる医学的研究は，①疾患の原因を解明する，②その進行を阻害する物質（薬）をみつける，③疾患から回復するメカニズムを解明する，④そのプロセスを促進する物質（薬）をみつける，という内容が大部分を占めていました．これに対して，最近ニュースや新聞でよく目にする再生医療は，正常な細胞や組織を補充することで，疾患により機能不全となった臓器の回復を図る治療法のことです．よって，再生医療は従来の医療の延長上にあるものではなく，全く新しいアプローチであるといえます．

　これまでの医療が，薬や外科的手術といった外的な作用により疾患を取り除く外的な治療であるのに対して，再生医療は，正常な組織や細胞を移植することで臓器全体の正常化を行うという，いわば内的な治療法です．

B. 再生医療を支える幹細胞技術

❶実験室で用いるヒト細胞株の多くはがん化した細胞であり，培養皿の上でほぼ無限に増殖します．一方，個体から取り出した正常な細胞は無限に増えることはなく，数日ほどしか生きることができません．よって正常な細胞を実験室で大量に培養することはほぼ不可能です．

　再生医療では，正常な細胞や組織が大量に必要です．ヒトの臓器治療に必要な細胞を用意するのはそうたやすいことではありません．実験室で継代培養している細胞のほとんどががん細胞❶であり，正常な細胞ではありません．ヒトの正常細胞を大量に調達するにはこれまで臓器移植しかありませんでした．しかし，この場合は適合性不一致（拒絶反応）などの大きな問題が立ちはだかり，思うように進まなかったというのが現状です．

　この問題に大きな突破口を見出したのがES細胞やiPS細胞（第16章）などの幹細胞技術です．これにより，私たちは正常なヒト細胞を大量につくり出すことができるようになったのです．幹細胞は無限に増殖する力（無限増殖能）をもっており，これを利用すれば，必要な種類の細胞を必要な数だけつくり出すことができるはずです．まずは，幹細胞についてさらに詳しく学びましょう．

・再生医療は，従来の医療と大きく異なる
・再生医療は，正常な細胞を補充することで，臓器の回復をめざすもの
・再生医療にはES細胞やiPS細胞などの幹細胞技術が不可欠

第Ⅲ部　生老病死の生命科学　**227**

2. 幹細胞の性質

A. 増殖しながらときに分化する幹細胞

幹細胞とは，複製（増殖）と分化の２つの性質を有する細胞と定義されます．つまり，自分自身は幹細胞としての状態（未分化状態）を維持しながら増殖し，ときに特定の細胞種に変化する能力を兼ね備えているのです．幹細胞は，ふつうの体細胞分裂とは異なり，非対称分裂を行います．一回の分裂で未分化のままの細胞と，それより分化の進んだ細胞の２つの異なる細胞を生み出します（図17-1 ⓐ）．しかし，実際の幹細胞の分裂頻度はきわめて低く数も多くないので，それだけでは多くの細胞を供給することはできません．

B. 盛んに増殖するTA細胞

幹細胞に似た性質をもつ細胞としてTA細胞（前駆細胞）があります．これは，幹細胞から生まれたもので，特定の細胞種に分化する途中の細胞のことです（図17-1 ⓐ）．幹細胞に比べて限定した分化能しかもっていない点で幹細胞とは区別されます．しかし，幹細胞より高い増殖能（分裂回数）をもつので，個体を維持するために必要な大量の細胞を供給することができます．組織の再生や修復の際にはこのような機構がはたらいているのです．これを幹細胞の階層性といいます（図17-1 ⓑ）．

幹細胞が幹細胞（未分化）状態を維持するメカニズムはすべて解明されているわけではありません．第18章で学ぶように，細胞は分裂すればするほど年を取ります．幹細胞は代謝状態や細胞周期的に休止状態にあると考えられています❶．造血幹細胞の場合，自己複製の頻度は，マウスで１カ月に１回，霊長類では１年に１回程度です．

❶代謝に関与する遺伝子の発現が著しく低く，休眠している状態を維持しています．

・幹細胞は増殖能と分化能の両方を併せもつ
・幹細胞は非対称分裂により分化した細胞を生み出す
・幹細胞の増殖能は低いが，それから分化した前駆細胞は高い増殖能をもつ

3. 組織幹細胞と多能性幹細胞

A. 決まった細胞にしかなれない組織幹細胞

第16章で述べたように，幹細胞には組織幹細胞と多能性幹細胞の２種類があります（図16-3）．組織幹細胞は発生時期における組織や器官形成のみならず，成体でも組織の維持，修復，再生に必要な細胞で，各臓器の恒常性

228 大学で学ぶ 身近な生物学

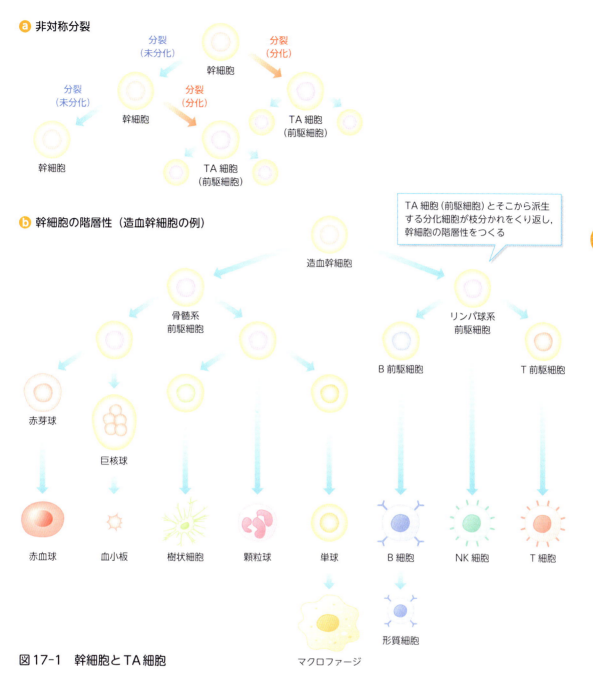

図 17-1 幹細胞と TA 細胞

を保つうえで重要なはたらきを担っています．幹細胞の種類によっては，発生期のみにみられる場合と，発生期と成体期の両方でみられる場合があります．また，臓器によっては発生期と成体期とで異なる組織幹細胞がみられる場合（腎臓など）も知られています．

一般的に組織幹細胞は，それが属する臓器を構成する細胞種へは分化できますが，それ以外の細胞種には分化できません．例えば，造血幹細胞の場合

は，造血系を構成する赤血球，血小板，白血球などの血液細胞にしか分化できません（**図17-1 ⓑ**）．

B.　あらゆる細胞になれる多能性幹細胞

　これに対して，多能性幹細胞は高い増殖能とすべての細胞種への分化能（多分化能）をもつ細胞で，第16章で説明したES細胞やiPS細胞をはじめとして，胚性がん細胞，胚性生殖幹細胞などもこれに分類されます．高い増殖能と多分化能，さらには遺伝子操作が容易という性質を兼ね備えています．多能性幹細胞は，再生医療という点からみると組織幹細胞に比べ長所が多く，利用価値が高いように思えます．

C.　組織幹細胞か多能性幹細胞か

　よいところだらけの多能性幹細胞にも短所はあります．多能性幹細胞は未分化のまま生体に移植されると，奇形腫（テラトーマ）という腫瘍を形成することがあります．多能性幹細胞から分化誘導してつくり出された細胞には未分化の細胞が混在しているので，いかにしてこれらを取り除くかが重要になります．

　一方，組織幹細胞はこの危険性がなく，より安全性が高いといえます．また，組織幹細胞を用いた治療は，患者さん本人から幹細胞を摂取するため（骨髄バンクなどは例外），拒絶反応や倫理面での問題が少ないという利点があります．どちらも長所と短所をもち合わせているため，どちらを使うかは慎重に判断する必要があります（**表17-1**）．

表17-1　組織幹細胞と多能性幹細胞の長所と短所

	組織幹細胞	多能性幹細胞 ES細胞	多能性幹細胞 iPS細胞
増殖能	高くない	高い	高い
分化能	特定の細胞種に限られる	全細胞種	全細胞種
遺伝子操作	困難	可能	可能
安全性	高い	高い （ヒトに関しては不明）	腫瘍の可能性有
倫理的問題	なし	あり	なし
拒絶反応	なし	あり	なし

・組織幹細胞は分化能が限られている
・多能性幹細胞から分化させた細胞では奇形腫を形成する危険性がある

4. 組織幹細胞を用いた再生医療

A. 私たちの体にまだまだ眠っている組織幹細胞

組織幹細胞の研究の歴史は長く，造血幹細胞にはじまり，皮膚や腸の幹細胞も古くからその存在が知られていて，研究が行われていました．しかし，私たちの臓器のどこにどれくらいの幹細胞が存在しているかをみつけるのは，実は容易ではなく，現在でもその存在を確認する研究が盛んに行われています．発見・単離された組織幹細胞は，培養，分化誘導などの研究を経て，さまざまな疾患治療への応用研究に利用されています．現在進められている組織幹細胞研究を**表17-2**にまとめました．

表17-2 現在進められている組織幹細胞の研究

	幹細胞名	存在場所	マーカータンパク質	分化可能な細胞種	適応可能な疾患例
中胚葉系組織	造血幹細胞	骨髄（扁平骨と短骨）	CD34，CD150	赤血球，血小板，白血球（好中球，T細胞，B細胞，マクロファージなど），樹状細胞など	白血病，悪性リンパ腫，多発性骨髄腫
	間葉系幹細胞	骨髄 各組織	CD105，CD73	骨芽細胞，軟骨芽細胞，脂肪細胞	
	心臓幹細胞		Sca1，c-Kit，Isl1	心筋細胞	重症心不全
	骨格筋幹細胞（サテライト細胞）	筋繊維細胞膜状	Pax7	筋繊維	筋ジストロフィーなど
	腎前駆細胞（胎仔）	腎臓最外層	Sal1，Six2	糸球体，近位尿細管，遠位尿細管などの細胞	急性腎障害，慢性腎臓病
内胚葉系組織	腸幹細胞	腸陰窩底部	Lgr5	腸細胞，腸内分泌細胞，パネート細胞など	炎症性腸疾患
	肝幹細胞（胎仔）	肝臓原基	Dlk1，EpCAM，c-Met	幹細胞，胆管上皮細胞	肝硬変など
	（膵幹細胞）	（膵管）			糖尿病
外胚葉系組織	神経幹細胞	上衣細胞層 海馬歯状回	Nestin，Musashi-1	ニューロン，アストロサイト，オリゴデンドロサイト	脊髄損傷
	神経堤幹細胞	神経堤	p75	ニューロン，グリア，平滑筋	神経疾患
	表皮基底層幹細胞	表皮基底層	インテグリンb1，インテグリンa6	表皮角化細胞	
	毛嚢バルジ幹細胞	バルジ	ケラチン15，19，CD34，LHX2，SOX9	毛母細胞（脂腺，表皮）	
	色素幹細胞	バルジ	C-Kit，Dct	色素細胞	
	脂腺幹細胞	脂腺	Blimp1	脂腺細胞	
	角膜幹細胞	眼球輪部	p63	角膜上皮の細胞	角膜疾患
	網膜幹細胞	毛様体辺縁部		網膜の細胞（視細胞，双極細胞，水平細胞など）（胎児期のみ）	
	乳腺幹細胞	乳腺（乳管，小葉）		乳管，小葉の細胞	
	気道幹細胞	気管支の基底細胞	P63，CK5，CK14	基底細胞，分泌細胞，繊毛上皮細胞	

「もっとよくわかる！幹細胞と再生医療」（長船健二／著），羊土社，2014をもとに作成.

B. 多くの幹細胞を含む骨髄

骨髄には，多様な組織幹細胞が含まれています．このうち造血幹細胞は赤血球，血小板，白血球，樹状細胞（第15章），などの血液細胞や免疫細胞を生み出す組織幹細胞です（図17-2）．マウスでは，骨髄細胞の25,000個に1個の割合で含まれていて，マウス全体で1,000個ほどしかありません．造血幹細胞だけを単離するのは現在でも非常に困難で，マウスであればマーカータンパク質（CD34やCD150）を指標として単離することができるようになりつつありますが，ヒトではまだ確立されていません．

骨髄には，造血幹細胞に加え，間葉系幹細胞も含まれています（図17-2）．間葉系幹細胞は主に骨や軟骨，脂肪を含む結合組織を生み出すと考えられています．造血幹細胞が培養皿に付着しないのに対して，間葉系幹細胞は培養皿に付着し，その後培養を続けると骨芽細胞，軟骨芽細胞，脂肪細胞などに分化する能力をもっています．近年の研究から，骨髄のみならず，胎児期および成体のほぼすべての臓器において血管の近傍にも存在することが明らかになり，一躍脚光を浴びるようになりました．また最近の研究により，間葉系幹細胞は骨や軟骨のみならず，他の多くの組織への分化能をもつことが明らかとなり，これからますます注目が集まりそうです❶．

表17-2にあげた組織幹細胞のなかには，まだ存在自体が議論中であった

❶間葉系幹細胞は，骨や軟骨のみならず，外胚葉や内胚葉由来の組織細胞へも分化することがわかりつつあります．血管内皮細胞へも分化するのみならず，血管内皮細胞成長因子を多量に分泌することから，心疾患に対する再生医療の可能性も期待されています．

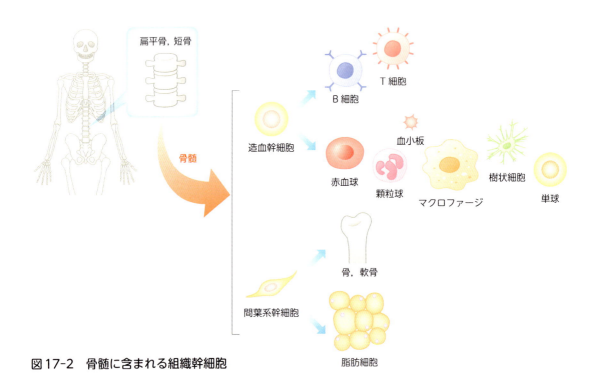

図17-2　骨髄に含まれる組織幹細胞

り，前駆細胞との区別がはっきりしていないものも含まれます．これらを用いた治療法の確立は，私たちの体が本来もっている組織形成・修復能を上手く利用した方法として重要な役割をもっています．

- 骨髄には造血幹細胞や間葉系幹細胞が含まれる
- 間葉系幹細胞は骨髄以外にも存在し，多くの細胞への分化能をもつことがわかりつつある
- 私たちの体には未発見の組織幹細胞が眠っているかもしれない

5. 多能性幹細胞を用いた再生医療

A. 注目が高まる多能性幹細胞

ES細胞やiPS細胞に代表される多能性幹細胞は，正常な遺伝子型を維持したまま培養皿で無限に増殖することができ，かつ，個体を構成するあらゆる細胞種に分化可能です．1981年にマウスのES細胞が樹立されてから，その無限の増殖能と多分化能を利用して，臓器の機能回復を実現するための研究開発が進んでいます．ES細胞やiPS細胞のつくり方，分化誘導法は第16章で詳しく述べたので，そちらを参照してもらうとして，ここでは，多能性幹細胞がどのようにして再生医療に使われようとしているかに焦点を絞って説明したいと思います．

B. 研究はどこまで進んでいる？

ES細胞から特定の細胞種で形成される組織をつくり出すには，胚様体の形成，分化誘導，三次元培養，という流れが主流です（**図16-6**）．第16章で説明したように，胚様体の作製と分化誘導は，近年の多くの研究により大きな進歩がみられ，多くの細胞種への分化誘導が実現されています．また，iPS細胞に関しても，分化誘導法の開発研究が行われ，まさに日進月歩の発展をみせています（**図17-3 ⓐ**）．またiPS細胞は，成体への移植という目的だけではなく，疾患モデル細胞の作製，治療薬の開発，薬剤の毒性評価など，さまざまな研究分野での利用がはじめられており，今後ますますその活躍の幅は広がっていくものと考えられています（**図17-3 ⓑ**）．

第Ⅲ部　生老病死の生命科学　**233**

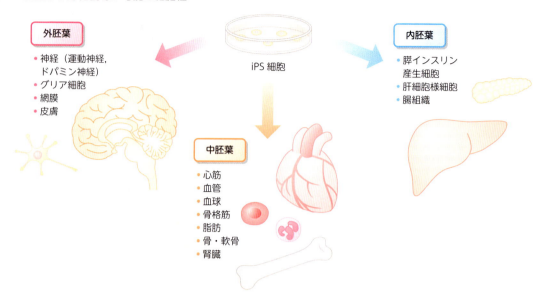

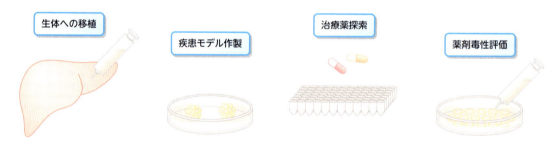

図17-3 iPS細胞の分化誘導と臨床応用

C. 細胞の作製から組織の作製へ

　多能性幹細胞から作製したさまざまな細胞を再生医療で使うときには，単に細胞を移植するのではなく，細胞から作製した組織の移植が必要な場合があります．組織の構築は再生医療の次の大きな問題の1つで，培養皿の中で構築する方法と動物の体内で構築する方法とがあります．

　神経細胞の場合は，胚盤胞をつくる際にフィーダー細胞や血清を含まない培地で培養すると，細胞間の相互作用で分化が誘導され（自己組織化），三次元的な組織をつくり出すことができます．さらに細胞外マトリクス[1]を培養液に加えることで，眼杯組織の作製にも成功しています．また，正常な組織から取り出した細胞（組織幹細胞）を培養皿で培養し，そこにES細胞やiPS細胞から分化誘導した細胞を加えることで，組織をつくり出したという

[1] 細胞外基質ともいう．細胞外に分泌されたタンパク質で，細胞同士の接着などにかかわるタンパク質群．

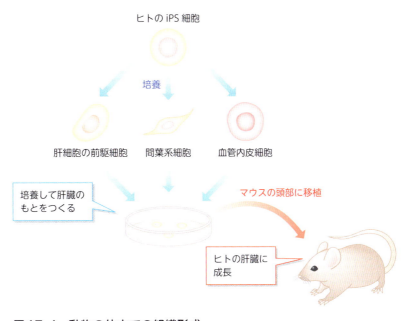

図17-4 動物の体内での組織形成
マウスの頭部に移植された肝細胞はそこで増殖し，やがてある程度の大きさの肝細胞塊まで成長します．将来的にはこれをヒトの体内に戻して正常な肝臓を再生します．

成功例が報告されています．

　動物の体内で組織形成を行う場合は，正常な臓器をもたない個体の受精卵胚盤胞を取り出し，この内部にES細胞やiPS細胞を注入することで正常な臓器がつくられることも報告されています．また，最近では，iPS細胞から臓器のもととなる細胞群を作製し，それをマウスの頭部に移植することで，正常な機能をもった臓器を作製できることも報告されています（**図17-4**）．このように，多能性幹細胞を用いてあらゆる細胞をつくり出せるようになった今，それを組織へとつくりあげるのが次の大きな課題であり，現在も多くの研究が行われています．

・ES細胞やiPS細胞からいかに組織を作製するかが大きな課題
・胚様体を利用した三次元培養法により目の組織の再生が可能
・培養皿で分化させた細胞を動物の体内に移植することで正常な組織がつくられることがある

6. 再生医療の問題点と将来

これまで，組織幹細胞と多能性幹細胞を用いた再生医療の現状を紹介しました．それぞれに長所と短所があり，現在でも多くの多様な研究が進行しています（再生医療への応用におけるそれぞれの特徴は**表17-1**を参照）．

A. 組織・多能性幹細胞のメリット，デメリット

組織幹細胞は多能性幹細胞に比べるとそれほど高い増殖能をもっているわけではなく，分化した細胞種を大量に準備する必要がある場合には，ほぼ無限に増殖する多能性幹細胞の方が再生医療に適しています．また，多能性幹細胞への遺伝子導入が容易であるのに対して，組織幹細胞への導入は困難です．

このように，多能性幹細胞の方に利点が多いようにみえますが，やはりまだ短所というべき点も残っています．ES細胞の場合，ヒトES細胞を用いるのがベストなのはいうまでもありませんが，これにはヒト受精卵胚盤胞が必要です．これには大きな倫理的問題があり，現在でもまだ解決されていません．ヒト以外のES細胞を用いた場合，移植後の拒絶反応などが問題になります．これを抑えるために免疫抑制剤を大量に投与すれば，今度は感染症などの副作用と闘うことになります．

B. iPS細胞が抱える問題点

同じ多能性幹細胞でも，iPS細胞はES細胞と異なり，患者さん自身の体細胞からつくることができるため，拒絶反応や倫理的問題がありません．患者さん自身の組織から採取できる組織幹細胞も同じです．iPS細胞は現在のところ最も有用な技術であることに間違いはありませんが，まだまだ解決すべき問題も残っています．樹立効率の低さもその1つです．4つの遺伝子の導入によりiPS細胞を誘導する効率は，改善されているものの，ほとんどの場合まだ1％以下です．リプログラミングそのもののメカニズム解明が進めば，誘導効率の改善が期待されます．

また，基礎研究のみならず，臨床応用の道もさらに加速されると考えられます．さらに，iPS細胞をつくる際に用いる細胞種に由来する性質の違いも今後の検討課題です．このような不均一性を減らし，iPS細胞の標準化を行うことが，安全で確実な再生医療に必要であると考えられています．

C. 急速に進む再生医療

　再生医療の分野は，ここに紹介した幹細胞を用いたものばかりでなく，さまざまな分野を融合したかたちで研究が進められてきました．組織工学の分野では，細胞シートや特殊組織培養法などはすでに臨床応用がはじまっています．このような技術と新しい幹細胞の技術とが融合して，再生医療はますます急速に発展していくと思われます．その先には，これまで治療困難であった重篤な疾患の治療や，遺伝病の治療，もっと身近なところでは美容や健康に至るまで，さまざまな分野での活躍が期待されます．

・多能性幹細胞は増殖能，分化能の点で組織幹細胞よりも優れている
・iPS細胞は組織適合性という点でES細胞よりも優れているが，樹立効率の低さが問題
・組織幹細胞は多能性幹細胞に比べ安全性が高い

章 末 問 題

❶ 幹細胞とTA細胞との違いを説明せよ（❷ 参照）．
❷ 骨髄に含まれる組織幹細胞について，名前と分化可能な細胞種とを説明せよ（❹ 参照）．
❸ 組織幹細胞と多能性幹細胞のそれぞれについて，再生医療における利点と問題点を説明せよ（❻ 参照）．

第Ⅲ部　生老病死の生命科学　**237**

第Ⅲ部　生老病死の生命科学

アポトーシスと老化

18章

―私たちはなぜ 老い, 死ぬのか？

　私たちは生まれた瞬間から死に向かう一方通行の旅をしています. その方向性は「老い」として, 目に見えるかたちで表れます. 赤ん坊の頃はプクプクしてふくよかな体型ですが, 年をとるにつれて, 皮膚にはしわが増え, 筋肉が衰えてゆきます. このように, 個体レベルでは, 時間の経過という意味での「老い」を見た目で感じることができます. では, 細胞レベルではどうでしょうか. 1個の細胞も時間とともに年をとることがあるのでしょうか. 同じことが死にもいえます. 私たちの体を構成している200種類の細胞は, 寿命もそれぞれ異なります. 骨細胞のように10年近くも生き続けるものもあれば, 小腸の柔毛細胞のようにわずか24時間で死んでしまいまうものもいます. 個体の死と細胞の死とはどのように関連しているのでしょうか. この章では, 細胞レベルでの老化と死について, 分子レベルでそのメカニズムを学びます.

238　大学で学ぶ 身近な生物学

Keyword 老化のメカニズム / テロメアの構造とはたらき / アポトーシスとは / 積極的な細胞死

1. 細胞分裂のたびに染色体は短くなる？

　　大腸菌などの細菌はゲノムを環状DNAとしてもっていますが，私たちを含む動物や植物などの高等真核細胞の染色体はほとんどが線状です．このことは，1本の染色体には2つの末端が存在することを意味します．DNAの末端はいろいろな物質や酵素の攻撃を受けやすい状態にあります．DNAを分解する酵素であるヌクレアーゼや組換え酵素は，二本鎖DNAの末端を認識してさまざまな反応を引き起こします．

　　DNA末端に生じるもう1つ大きな問題は，複製です．第8章の発展学習で学んだように，DNAの複製には，RNAプライマーとDNAポリメラーゼが必要です．リーディング鎖の複製は，複製フォークの進行方向とDNAポリメラーゼの進行方向とが一致しているのでDNA末端まで完全に行われますが，ラギング鎖の場合は末端まで完全に複製するのはどうしても不可能です（図18-1）．この制限により，染色体末端は常に3′が突出した一本鎖領域になっています．

　　実は，このように私たちの体の大部分の細胞（体細胞）では，染色体の末端は完全に複製されることはなく，複製のたびに片方の鎖が短くなっていきます．ヒトの場合，細胞分裂のたびにおおよそ50～100塩基対が失われます．

・染色体の末端は完全に複製されない
・染色体末端は分裂のたびに少しずつ短くなっていく

2. 染色体末端はテロメアというくり返し配列でできている

　　複製のたびに染色体の末端が短くなっていくと，その近くに位置している遺伝子はやがて欠損してしまうのではないかと思われます．実は，染色体末端部には遺伝子はほとんど存在せず，5～10塩基程度の短い配列のくり返しが数kbにわたって続いています．このくり返し領域をテロメアとよびます（図18-2）．ヒトの場合，TTAGGGという6塩基の配列が延々と1万回以上（数万塩基対）もくり返し続いています．くり返しの塩基配列やくり返しの長さ（テロメアの長さ）は種によって大きく異なります❶．ヒトの場合，1回の複製で50～100塩基対が失われるとすると，数百回の複製まで耐えうる計算になります．

　　テロメアの短縮により遺伝子が損なわれることがないので，細胞は分裂を何回しても染色体は安泰かというと，そうではないようです．テロメアの長

❶哺乳類：TTAGGG，
線虫：TTAGGC，
カイコ：TTAGG，
シロイヌナズナ：TTTAGGG，
出芽酵母：TG₁₋₃．

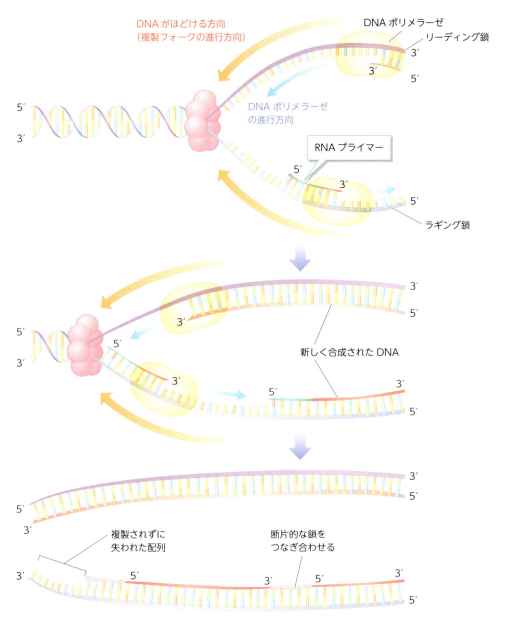

図18-1 複製のたびに失われる染色体末端配列

　さは細胞内のさまざまな反応とつながっていて，テロメアの短縮により，細胞内のさまざまな反応が異常を示します．個体が年をとると，それだけ細胞も分裂をくり返しているので，テロメアはより短くなっています．テロメアがある長さ（ヒトの場合約5,000塩基対）まで短くなると，細胞はそれ以上細胞分裂ができなくなります．テロメアは細胞の寿命を決める時計の役目を果たしているのです．体細胞核から作製したクローン動物（第16章）が短命であるのは，このテロメアの長さと関係があるのではないかと考えられ

ⓐ ヒトテロメアDNA

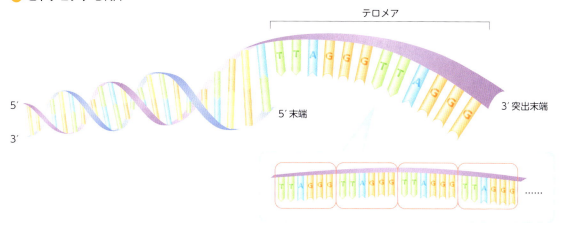

ⓑ 細胞分裂によるテロメアの短縮

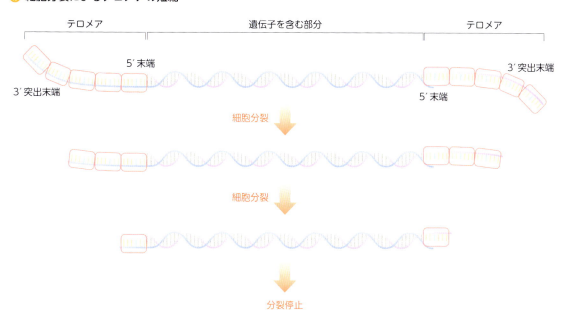

図18-2 染色体末端のくり返し配列：テロメア

ていました．しかし，テロメアの長さだけで老化が説明できないのもまた事実です．テロメアの長さとさまざまな細胞活動との関係はすべてが解明されたわけではなく，これからの研究成果が期待される分野でもあります．

- 染色体末端には短いくり返し配列が何万塩基対も広がっている
- 染色体末端のくり返し配列領域をテロメアという
- テロメアの長さと細胞の老化，寿命とはなんらかの関係があると考えられている

3. テロメアを守るしくみ

A. テロメアは多くのタンパク質によって守られている

くり返し配列のテロメアでも，末端である以上，自然分解やヌクレアーゼによる攻撃を受けることは避けられません．攻撃を受ければ受けるほどテロメアの短縮は加速されるので，細胞にとっては重要な問題です．

細胞は，テロメアのくり返し配列を特異的に認識して結合するタンパク質をもっています．これがテロメアに結合し，さらに他の多くのタンパク質とともに巨大な複合体を形成することでテロメアを守っていると考えられています（図18-3）．テロメアに形成される複合体は種によって少しずつ異なりますが，一本鎖部分が露出しないようにしているという点では共通性があります．

B. テロメアの長さを維持するしくみ

ヒトの一生のあいだにテロメアがなくなって近傍の遺伝子が欠損する恐れはないと述べましたが，これはあくまで体細胞の場合であって，生殖細胞のように，親から子へと受け継がれる場合には話は別です．分裂のたびに少しずつ短くなった染色体は，そのまま娘細胞に受け継がれますので，何代か世代を経ただけでテロメアは消失してしまうでしょう．

体細胞と異なり，生殖細胞ではDNA末端の縮小問題はテロメラーゼという特殊な酵素により回避されています．テロメラーゼは内部に短いRNAをもっています．このRNAの配列は，テロメア配列と同じ配列を含んでいて，テロメラーゼはこのRNAを鋳型として，テロメアの3′突出末端の鎖を合成します（図18-4）．これにより，テロメアの3′突出末端は伸長し，これを

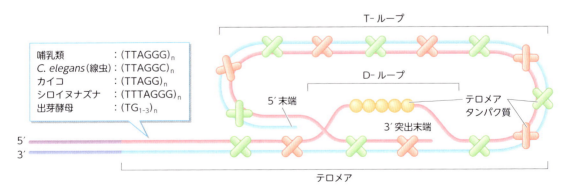

図18-3　テロメアはタンパク質により保護されている
テロメアにはさまざまなタンパク質が結合し，DNA末端を保護している．また，3′突出末端はループを形成することで，末端の露出を防いでいると考えられている．3′突出末端が入り込んだ領域をDループ，これによりテロメアに形成されるループをTループとよびます．

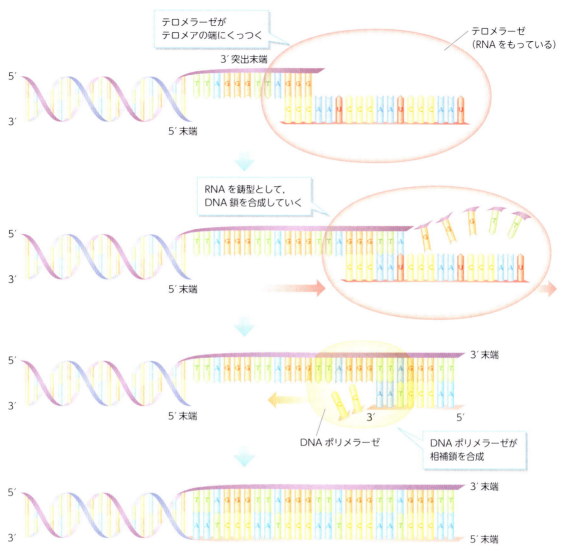

図18-4 テロメアを伸ばすテロメラーゼ

鋳型としてDNAポリメラーゼが相補鎖を合成することができるようになります．2009年のノーベル生理学・医学賞は，テロメアの構造とテロメラーゼを発見したアメリカの研究者たちにおくられました[1]．

❶エリザベス・ブラックバーン，キャロル・グレイダー，ジャック・ゾスタックの3名です．

テロメラーゼをもっている細胞は生殖細胞だけではありません．一部のがん細胞はテロメラーゼをもっていて，これにより分裂に伴うテロメアの短小化を防ぎ，無限の増殖能を獲得しています．また，テロメラーゼによるテロメア長の維持機構は哺乳類には一般的にみられますが，ショウジョウバエや他の生物では，別のしくみでテロメア長を維持していることが知られています（発展学習参照）．

第Ⅲ部 生老病死の生命科学 **243**

- テロメアはタンパク質で保護されている
- 生殖細胞では，テロメラーゼがテロメアを伸長させる

4. 細胞の寿命と死

A. 個々の細胞は日々死んでいる

　単細胞生物の場合，急激な環境の変化や有害な物質によって細胞が死ぬことはよくあります．このような場合，細胞内のタンパク質が変性して失活したり，有害物質により機能を阻害されることによって，細胞が恒常性を保つことができずに死ぬ場合がほとんどです．

　私たち人間のような多細胞生物を構成する細胞は，すべてが周囲の環境に

発展学習

ショウジョウバエにおけるテロメア維持機構

　ショウジョウバエをはじめとした昆虫のテロメア維持機構は哺乳類とは少し異なります．多くの昆虫はテロメラーゼをもっておらず，別の方法でテロメアの長さを維持しています．ショウジョウバエのテロメアにはそもそも反復配列がありません．その代わりに，レトロトランスポゾンとよばれる「可動遺伝子」が何コピーも続いていることがわかっています．レトロトランスポゾンとは，自分自身をRNAに複写した後，逆転写酵素とよばれる酵素によりDNAに複写し返されることで移動（転移）するDNA配列のことです（TART, Het-A）．この逆転写酵素が染色体末端のレトロトランスポゾンをコピーしてつなげることで，染色体末端の長さを維持しているのです（**発展学習図18-1**）．染色体末端の長さを維持するのはテロメラーゼだけではないということです．

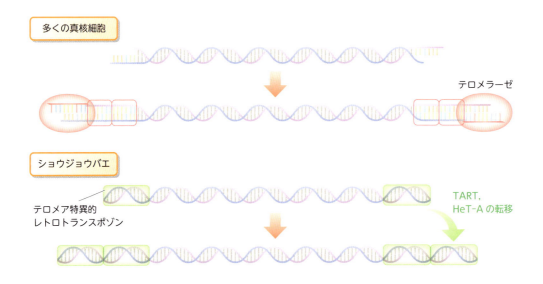

発展学習図18-1　ショウジョウバエでのテロメア維持機構

❶ 1番寿命の長い細胞は骨細胞で数年～数十年．肝臓や赤血球は3～4カ月．1番短い細胞は小腸表面の柔毛細胞で24時間です．

さらされているわけではないので，個体全体としては環境の変化に対して耐性があります．しかし，個々の細胞をよくみると，細胞の種類によっては，比較的速く世代交代が行われているものもあります❶．細胞の死をもっとも身近に実感できるのが皮膚の細胞ではないでしょうか．死んだ細胞は垢として表皮からはがれ落ちていきます．しかし，同じ数の新しい細胞が毎日生まれているので，皮膚がなくなることはありません．

B. 2種類の細胞死：ネクローシスとアポトーシス

細胞の死は大きく2種類に分類できます．外的要因がきっかけで死に至る**ネクローシス**と，細胞が遺伝子のプログラム通りに死ぬ**アポトーシス**です（図18-5）．

(1) ネクローシス

ネクローシスは，紫外線や高温，酸などの刺激が原因で細胞が修復不可能なほどに傷ついてしまったときに起こります．細胞が膨れあがり，やがて風船のように破裂して，細胞内の物質を周囲に放出します．細胞内には，リソソーム（第7章）のように分解酵素や老廃物がたくさん含まれています．細胞が死ぬとこれらが放出され，周囲の細胞を傷つけます．これが周囲の組織に炎症反応を引き起こすこともあります．

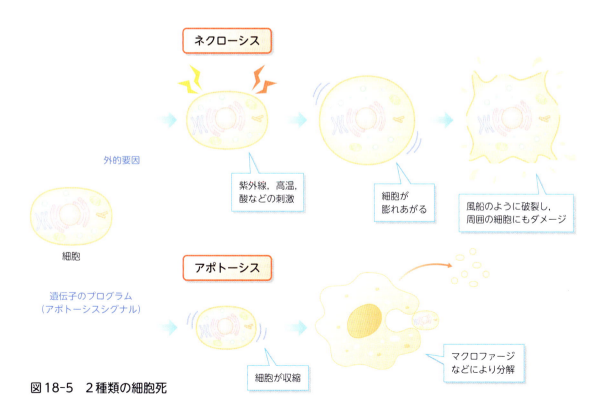

図18-5　2種類の細胞死

(2) アポトーシス

アポトーシスは遺伝子にプログラムされた死で，積極的な死ともいえます．死のタイミングが決まっているので，細胞はその死に対して十分に準備を整えることができます．破裂して周囲の細胞を傷つけたりすることなく，DNAは断片化され，細胞は収縮して，やがて速やかにマクロファージなどにより分解されます．

- 細胞の種類によって寿命は異なる
- 細胞の死は，ネクローシスとアポトーシスの2種類がある

5. 細胞が積極的に死ぬ場面とは

オタマジャクシがカエルになるときにしっぽが短くなります．これもアポトーシスです（図18-6 ⓐ）．動物の四肢の発生では，まず大まかな手・足のかたちがつくられ，次に指の間の細胞がアポトーシスで死んでいきます（図18-6 ⓐ）（第13章，発展学習）．この細胞死がうまくいかないと，発生異常が生じます．個体の発生過程で細胞死が形態形成に重要な役割を果たしていることは，1950年代から認識されていました．しかし当時，細胞の死に2通りの異なるプロセスが存在することはまだ認識されていませんでした．

アポトーシスという考え方が提唱されたのは1972年です．アルステア・キュリー，アンドリュー・ワイリー，ジョン・カーらは，組織の詳細な観察から，細胞死にはアポトーシスとネクローシスの2種類があると報告しまし

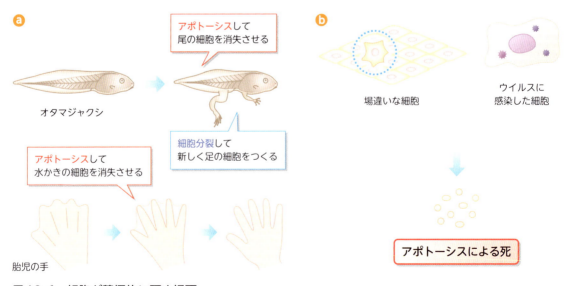

図18-6 細胞が積極的に死ぬ場面

た（アポトーシスはギリシア語で落ち葉を意味します）．その後，アポトーシスは，発生過程のみならず，さまざまな場面で重要なはたらきをしていることが明らかになりました．

分化した細胞が，何らかの理由により，自分がいるべき場所以外に移動してしまうと，たどり着いた先で問題を起こす恐れがあります．このような状況になると，その「場違い」な細胞はアポトーシスにより細胞死します（**図18-6 ⓑ**）．最近では，がん細胞でもアポトーシスをすることが知られています．これならばがんは転移しないはずですが，何らかの理由によりアポトーシスしなかったがん細胞が転移を起こします．また，細胞がウイルスに感染して，個体の生存が危ぶまれそうなときにも細胞はアポトーシスにより死を選びます（**図18-6 ⓑ**）．感染被害を最小限に食い止めようとする宿主細胞の戦略ですが，ウイルスも負けていません．アポトーシスのシグナルを無効化したり，アポトーシスが起こらないように邪魔をして，自らの身を守ります．

・アポトーシスは個体発生で重要なはたらきをしている
・がん細胞やウイルスに感染した細胞もアポトーシスを起こすことがある

6. アポトーシスの分子機構

アポトーシスを引き起こす分子機構は90年代に研究が盛んに行われ，現在いくつかの主要な経路が同定されています（**図18-7**）．アポトーシスを引き起こすメカニズムは1つではなく，複数の経路が複雑に入り組んでいます．その分子機構の全貌はまだ解明されておらず，今後の研究成果が待たれます．

A. 外部刺激によるアポトーシスの誘導

❶デスレセプターと基質の組み合わせには，FasとFasリガンド，TNF受容体とTNF，TRAIL受容体とTRAILなどが知られています．

デスレセプターとよばれる細胞表面の受容体に特定の基質❶が結合すると，アポトーシスを誘導します（**図18-7 ⓐ**）．デスレセプターは細胞内領域に**デスドメイン**とよばれる保存性の高い領域をもっています．基質が受容体に結合すると，カスパーゼ8とよばれるタンパク質がアダプターを介してデスドメインに結合し，これを活性化します．活性化カスパーゼ8は，さらにカスパーゼ3などのタンパク質を活性化します．カスパーゼ3は転写因子やシグナル伝達因子など，数百種類のタンパク質を分解し，細胞死を誘導します．

また，カスパーゼ8はミトコンドリアにもシグナルを伝え，チトクロムcが外膜から溶出することで新たなミトコンドリアを介したアポトーシスシグナルがさらに活性化されます（後述）．

第Ⅲ部　生老病死の生命科学　**247**

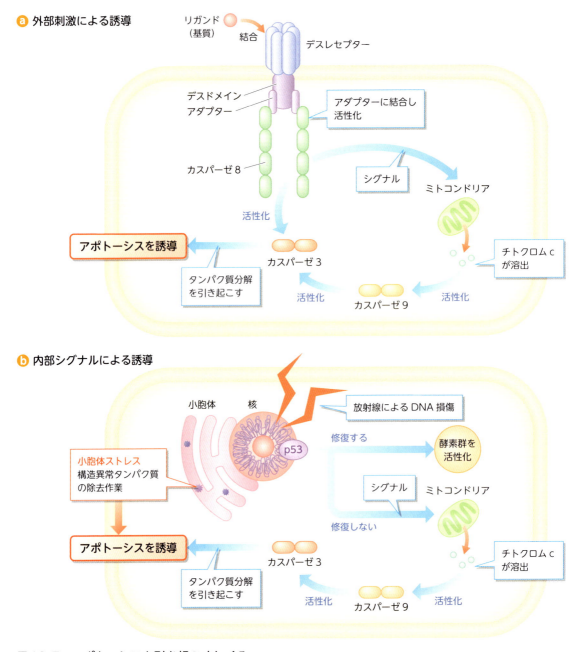

図18-7 アポトーシスを引き起こすしくみ

B. 内部シグナルによる誘導

構造異常タンパク質が細胞内で蓄積すると，小胞体ではその除去作業が行われます．これを小胞体ストレスといいます．このような小胞体ストレスはときにアポトーシスを誘導します．また放射線によるDNA損傷などもアポトーシスを誘導します．DNA損傷によるアポトーシスの誘導には，細胞質に存在するp53とよばれるタンパク質が重要なはたらきをしていることが

知られています（**図18-7 ⓑ**）．p53は，DNAに生じた損傷の程度をみて，それを修理するか，それとも修理せずに細胞を自殺させるかの判断を下します．修理できる程度のキズの場合は，修復に関与する一連の酵素群を活性化します．修理しきれない損傷がDNAに起こって，例えば細胞ががん化してしまった場合には，個体にとって大きな脅威となります．このような場合には，p53はミトコンドリアにシグナルを伝えてアポトーシスを誘導します．

　p53によるアポトーシスでは，ミトコンドリアからチトクロムcが細胞質に流出し，カスパーゼ9とよばれるタンパク質を活性化します．これがさらにカスパーゼ3などのタンパク質を活性化することで，デスレセプター経路と同様，多くのタンパク質分解を引き起こすことでアポトーシスを誘導します．

　マウスを用いた解析から，アポトーシスシグナルの伝達にはカスパーゼ8が必要不可欠であることがわかっています．カスパーゼ8を欠損した細胞では，基質の結合などの刺激があっても，アポトーシスは誘導されません．

―生きていくうえで必要な死

　細胞レベルでは，個体の誕生前から死がプログラムされ，実行されているのは驚きです．個体の生は数多くの細胞死の上に成り立つものなのです．個体の死とは，あくまで人間が勝手に決めた「生」と「死」の境界線にすぎません．よって，文化，習慣，社会制度などが異なれば，境界線の引き方も少しずつ異なります．アポトーシスは線虫からヒトに至るまで，広く保存されたシステムです．アポトーシスの異常は，がん，免疫，神経変性などの疾患を引き起こすことが知られています．このことからも，アポトーシスが個体の恒常性維持になくてはならないはたらきであることがわかります．

・細胞表面のデスレセプターに基質が結合することによりアポトーシスが誘導される
・シグナルにより活性化されたカスパーゼ3がタンパク質分解を引き起こす
・大きなDNA損傷を受けた細胞ではp53が活性化されてアポトーシスを引き起こす

章 末 問 題

❶ 染色体の末端における複製の問題点について説明せよ（❶参照）．
❷ テロメラーゼの反応機構について説明せよ（❸参照）．
❸ DNA損傷がアポトーシスを引き起こすしくみを説明せよ（❻参照）．

索 引

数 字

5-ホルミルウラシル	193
8-オキソグアニン	193

欧 文

αケトグルタル酸	48
α-リノレン酸	63
ACP	79
AIDS	211
ATP	21
ATPシンターゼ	51
Aキナーゼ	156
βカロチン	199
β酸化	20, 75
B細胞	204, 207
CDK	172
Cell	101
DHA	62
DNA	103
DNAポリメラーゼ	117
DNA修復酵素	197
EGF	221
embryonic stem cell	216
EPA	62
ES細胞	216, 217
F_0F_1-ATPase	51
FACS	223
FAD	48
FGF	221
G0期	165
G1チェックポイント	171
G1期	108
G2/Mチェックポイント	171
Gタンパク質	155
Gタンパク質共役型受容体	154
H^+の濃度勾配	50
Hygiene説	210
ICM	218
Induced Pluripotent Stem Cells	224
Inner Cell Mass	218
iPS細胞	224
leukemia inhibitory factor	218
LIF	218
MHC分子	206
mRNA	130
M期	108
Na^+/K^+-ATPアーゼ	145
Na^+/K^+ポンプ	145
NADH	44
Okazakiフラグメント（断片）	119
ω系	61
p53	194, 249
Rb	194
RNA	120
RNAプライマー	119
RNAポリメラーゼ	120
S期	108
TA細胞	228
TCA回路	20, 46
tRNA	132
T細胞受容体	206

和 文

あ

悪玉コレステロール	74
アクチン	25, 146
アシルCoA	75
アシル基	45
アシルキャリアプロテイン	79
アスコルビン酸	88
アセチルCoA	20, 45, 67
アセチル基	45
アセトアルデヒド	52
アデノシン	115
アデノシン三リン酸	21
アポトーシス	197, 245
アポリポタンパク質	72
甘さ	30
アミラーゼ	19
アミロース	37
アミロペクチン	37
アラキドン酸	63
アルドース	32
アレルギー	212
アレルゲン	212
アンチコドン	132
アンチセンス鎖	129

い, う

硫黄	93
異化	14, 18
鋳型	117
緯割	179
一遺伝子一酵素説	122
一次精母細胞	169
一重項酸素	195
一次卵母細胞	169
インスリン	82
インターフェロン	207
インターロイキン	207
イントロン	130
ウォルター・フォークト	184

え

エイコサノイド	63
エイコサペンタエン酸	62
液性免疫	207
エキソン	130
エストロゲン	68
エタノール	52
エルゴカルシフェロール	88
塩	192
塩基	115

塩基対合	116
炎症反応	245

お

オーガナイザー	186
オキサロ酢酸	48
おたふく	210
オレイン酸	58

か

壊血病	85
解糖系	20, 42
外胚葉	180
化学反応の触媒	25
核	102
核型	165
核相	165
獲得免疫	204, 205, 206
核膜	104
角膜	187
核膜孔	131
過酸化水素	195
カスパーゼ8	247
カタラーゼ	199
割球	179
脚気	85
活性化エネルギー	142
活性酸素	195
活性酸素種	195
活性中心	143
活動電位	158
果糖	34
可変部	208
ガラクトース	32
カリウム	94
カルシウム	92
カルモジュリン	160
がん	194
がん遺伝子	194
間期	165
ガングリオシド	66
還元鉄	50
幹細胞	216
乾燥	192
眼杯	187

眼胞	187
間葉系幹細胞	232

き

記憶B細胞	208
記憶T細胞	208
飢餓	192
奇形腫	230
基質	142, 153
キナーゼ	42, 155
キネシン	146
キャップ	129
ギャップ遺伝子	188
共生進化説	104
極性	184
キラーT細胞	204, 207
キロミクロン	73
筋肉などの機械的な仕事	25

く

グアノシン	115
クエン酸	48
グリコーゲン	26, 34, 53
グリコシド結合	34
グリセリン	20, 57
グリセルアルデヒド	31
グルタチオン	199
グルタレドキン	199
クレアチンリン酸	23, 52
クロマチン繊維	124
クローン動物	215

け

経割	179
蛍光タンパク質	221
形成体	186
結合組織	232
血糖値	34
ケトース	32
ケトン	32
ゲノム	122
原核細胞	107
原基分布図	184
原口背唇部	186
減数分裂	164

原腸	180
原腸陥入	180
原腸胚期	180

こ

光学異性体	32
好気的	51
抗原抗体反応	207
抗原提示	206
抗酸化作用	199
抗酸化物質	199
校正	120
酵素	121, 141
好中球	204
後天性免疫不全症候群	211
五大栄養素	13
骨格筋	25
骨芽細胞	232
骨髄	232
コドン	131
コドン表	132
コハク酸	48
コバラミン	88
ゴルジ体	102, 105
コレステロール	57, 67

さ

サイクリン	148, 172
サイクリン依存性キナーゼ	172
再生医療	227
臍帯	182
サイトカイン	207
細胞	101
細胞外マトリクス	146, 236
細胞シート	237
細胞質分裂	167
細胞周期	108, 164
細胞性免疫	207
細胞選別器	222
細胞内小器官	102
細胞膜	102
酸化	196
酸化還元電位	50
酸化鉄	50
三大栄養素	13

索引 **251**

し

肢芽	188
紫外線	192
シグナル伝達	144
シグナル配列	139
シグナルペプチド	141
自己免疫疾患	211
脂質	13, 18, 26
脂質膜	102
シス型	59
システイン	199
ジスルフィド結合	199
自然免疫	204
シナプス	158
脂肪細胞	232
脂肪酸	20, 57
脂肪酸シンターゼ	79
修復酵素	120
絨毛	182
主鎖	134
樹状細胞	204
受動輸送	145
シュペーマン	182
寿命	240
主要組織適合性複合体分子	206
受容体	144, 153
ショウジョウバエ	188
脂溶性ビタミン	87
上皮細胞成長因子	221
小胞体	102, 105
小胞輸送	141
しょう膜	182
初期化	215
除去修復	197
食細胞	204
触媒	141
食品添加物	38
植物極	171, 179
食物繊維	29
ジョン・ガードン	214
真核細胞	106
神経管	180
神経伝達物質	158
神経胚	180

人工甘味料	38

す

髄鞘	158
水晶体	187
水素結合	116
水溶性ビタミン	87
スクアレン	67
スクシニルCoA	48, 77
スクラーゼ	20, 35
スクロース	35
ステロイドホルモン	68
ストレス	192
スーパーオキシド	195
スーパーオキシドジスムターゼ	199
スピンドルチェックポイント	171
スフィンゴ脂質	66
スフィンゴシン	66
スフィンゴ糖脂質	66
スプライシング	130
スルフェン酸	199

せ

精原細胞	169
精細胞	169
静止膜電位	157
成長因子	221
セグメントポラリティー遺伝子	189
赤血球	52
セラミド	66
セルロース	36
線維芽細胞成長因子	221
前駆細胞	228
染色体	103
染色分体	166
センス鎖	129
先体	170
善玉コレステロール	75
線虫	189
セントラルドグマ	121
潜伏期間	211

そ

造血幹細胞	228, 232
桑実胚	179

増殖	228
相補的	117
側鎖	134
組織幹細胞	216, 228
組織工学	237
粗面小胞体	141

た

第一極体	169
体細胞分裂	164
代謝	15, 18
体節	188
第二極体	169
ダイニン	146
胎盤	182
ダイレクトリプログラミング	225
脱分極	158
多糖類	34
多能性	214, 217
多能性幹細胞	216, 228
ターミネーター	129
胆汁酸	68, 71
炭水化物	18
単相	165
単糖類	32
タンパク質	13, 18
タンパク質分解酵素	199

ち

チアミン	88
チオレドキシン	199
チトクロム	49
チミングリコール	193
チミンダイマー	193
着床	182
チャネル	144
中間径繊維	146
中心体	167
中性脂肪	57
中胚葉	180
チューブリン	146
調節卵	183

て

デオキシリボ核酸	103

テストステロン	68
デスレセプター	247
テラトーマ	230
テロメア	239
テロメラーゼ	242
転移	247
電子運搬体	50
電子伝達系	21, 49
転写	120
転写因子	127
天然甘味料	38
デンプン	36

と

糖	115
同化	14, 18, 26
動原体	167
糖鎖	141
糖質	13, 18, 29
動的平衡	106
動物極	171, 179
動脈硬化	75
ドコサヘキサエン酸	62
トコフェロール	88
トランス脂肪酸	59
トランスファーRNA	132
トランスポーター	144
ドリー	215
トリグリセリド	71
トリプシン	20
トロポミオシン	160
トロンボキサン	63

な

ナイアシン	88
内胚葉	180
内部細胞塊	218
ナトリウム	94
軟骨	232
軟骨芽細胞	232

に

二価染色体	168
二次応答	208
二次精母細胞	169

二重膜	66
二重らせん	114
二次卵母細胞	169
二糖類	20, 34
乳酸	52
乳酸脱水素酵素	52
尿酸	199

ぬ

ヌクレオシド	115
ヌクレオソーム	123
ヌクレオチド	115

ね, の

ネクローシス	245
粘膜	203
能動輸送	145

は

胚	179
灰色三日月環	182
胚性幹細胞	216
胚発生	179
胚盤胞	182
胚膜	182
胚様体	220
排卵	181
白血病阻止因子	218
発酵	107
パーフォリン	206, 207
パントテン酸	88
半保存的複製	115

ひ

ビオチン	88
ビコイド遺伝子	188
微小管	146
ヒストン	123
非対称分裂	228
ビタミン	13, 85
ビタミンC	199
ビタミンD	68
ビタミンE	199
必須脂肪酸	63, 71
ヒドロキシラジカル	195

皮膚	203
日和見感染	211
ピラノース	32
ピリドキサール	88
ピルビン酸	20, 42
ピルビン酸脱水素酵素	45

ふ

フィーダー細胞	218
フィロキノン	88
風疹	210
フォスファチジルコリン	65
フォスファチジルセリン	65
フォスファチジン酸	64
複製	228
複製開始因子	117
複製開始点	117
複相	165
不斉炭素	31
物質の輸送	25
不等分裂	169
不飽和脂肪酸	58
フマル酸	48
フラノース	32
フラボノイド	199
フルクトース	32
プログラム細胞死	188
プロゲステロン	68
プロスタグランジン	63
プロスタサイクリン	63
プロセシング	129
プロテアソーム	199
プロピオニルCoA	77
プロモーター	126
分化	228
分極	157
分節遺伝子	188
分裂期サイクリン	170

へ

ペアルール遺伝子	189
平滑筋	25
ヘキソース	31
ペプシン	20
ペプチド結合	134

索引 **253**

ペプチドホルモン	152
ヘリカーゼ	117
ペルオキシダーゼ	199
ヘルスタディウス	183
ヘルパーT細胞	204, 207
ペントース	31

ほ

紡錘糸	146
紡錘体	167
紡錘体極	167
胞胚	182
胞胚期	179
胞胚腔	179
飽和脂肪酸	58
補酵素	45
補酵素Q	49
ホスファターゼ	156
ホックス遺伝子	189
ホメオボックス	189
ポリA	129
ポリペプチド	132
ポリメラーゼ	116
ホルモン	152
ホロ酵素	128
ポンプ	144
翻訳	120, 129

ま

マイナーミネラル	94
膜小胞	141
マグネシウム	93
マクロファージ	204
麻疹	210
マーティン・エヴァンス	216
マトリクス	104

マルターゼ	20, 35
マルトース	35
マロニルCoA	79

み

ミオシン	25
味覚	30
ミセル	66, 71
ミトコンドリア	102, 104
ミネラル	13, 92

め，も

メジャーミネラル	92
メッセンジャーRNA	130
メバロン酸	67
メモリーB細胞	208
メモリーT細胞	208
免疫記憶	208
免疫グロブリン	208
モザイク卵	183

や，ゆ

夜盲症	85
誘導	185
輸送小胞	105
ユビキチン化	148
輸卵管	181

よ

葉酸	88
羊水	182
羊膜	182
予定運命	184

ら

ラギング鎖	119, 240

ラクターゼ	20, 35
ラクトース	35
卵	169
卵割	179
卵割腔	179
卵管	181
卵管采	181
卵原細胞	169
卵筒胚	220
ランビエ結節	158

り

リウマチ	211
リソソーム	106, 148
リーディング鎖	119, 240
リノール酸	58, 63, 199
リパーゼ	20, 71
リボソーム	105, 120
リポタンパク質	72
リボフラビン	88
リン	93
リンゴ酸	48
リン酸	115
リン脂質	65, 72

れ

レセプター	144
レチノイン酸	221
レチノール	88
レトロトランスポゾン	244

ろ

老化	241
ロバート・フック	101

◆ 著者プロフィール

吉村　成弘 （よしむら　しげひろ）

京都大学大学院生命科学研究科分子情報解析学分野・准教授
細胞の中ではたらくタンパク質の「かたち」と「機能」をナノメートルの世界で解明する傍ら，京都大学の一般教養教育でこれまでに多くの講義経験をもつ．生化学，細胞生物学，バイオテクノロジー論などを担当．ゼミナール「食卓から学ぶ生命科学」では，学生がもつ素朴な疑問から生命科学を掘り下げる試みを続ける．趣味のロードバイクでは，いかに食べ，いかにトレーニングするかが最大の関心事．

※ 本書発行後の更新・追加情報，正誤表を，弊社ホームページにてご覧いただけます．
　羊土社ホームページ：正誤表・更新情報　www.yodosha.co.jp/yodobook/correction.html

※ 本書内容に関するご意見・ご感想は下記サイトよりお寄せください．今後の参考にさせていただきます．
　お問い合わせフォーム　www.yodosha.co.jp/inquiry.html

大学で学ぶ　身近な生物学

2015 年 11 月 10 日　第 1 刷発行
2018 年 2 月 1 日　第 3 刷発行

著　者	吉村成弘
発行人	一戸裕子
発行所	株式会社　羊　土　社
	〒 101-0052
	東京都千代田区神田小川町 2-5-1
	TEL　　03（5282）1211
	FAX　　03（5282）1212
	E-mail　eigyo@yodosha.co.jp
	URL　　www.yodosha.co.jp/
印刷所	株式会社　加藤文明社

© YODOSHA CO., LTD. 2015
Printed in Japan

ISBN978-4-7581-2060-9

本書に掲載する著作物の複製権，上映権，譲渡権，公衆送信権（送信可能化権を含む）は（株）羊土社が保有します．
本書を無断で複製する行為（コピー，スキャン，デジタルデータ化など）は，著作権法上での限られた例外（「私的使用のための複製」など）を除き禁じられています．研究活動，診療を含む業務上使用する目的で上記の行為を行うことは大学，病院，企業などにおける内部的な利用であっても，私的使用には該当せず，違法です．また私的使用のためであっても，代行業者等の第三者に依頼して上記の行為を行うことは違法となります．

[JCOPY] ＜（社）出版者著作権管理機構　委託出版物＞
本書の無断複写は著作権法上での例外を除き禁じられています．複写される場合は，そのつど事前に，（社）出版者著作権管理機構（TEL 03-3513-6969，FAX 03-3513-6979，e-mail：info@jcopy.or.jp）の許諾を得てください．

羊土社　発行書籍

教科書・サブテキスト一般

基礎からしっかり学ぶ生化学

山口雄輝／編著　成田　央／著
定価（本体 2,900 円＋税）　B5 判　245 頁　ISBN 978-4-7581-2050-0

理工系ではじめて学ぶ生化学として最適な入門教科書．翻訳教科書に準じたスタンダードな章構成で，生化学の基礎を丁寧に解説．暗記ではない，生化学の知識・考え方がしっかり身につく．理解が深まる章末問題も収録．

現代生命科学

東京大学生命科学教科書編集委員会／編
定価（本体 2,800 円＋税）　B5 判　191 頁　ISBN 978-4-7581-2053-1

"生命はどう設計されているか" "がんとはどんな現象か" "生命や生物の不思議をどう理解するか" 等よくある問いかけを軸とした章構成で，生命科学リテラシーが身に付く．カラー図表と味わい深い本文の新時代テキスト．

やさしい基礎生物学　第 2 版

南雲　保／編著　今井一志，大島海一，鈴木秀和，田中次郎／著
定価（本体 2,900 円＋税）　B5 判　221 頁　ISBN 978-4-7581-2051-7

豊富なカラーイラストと厳選されたスリムな解説で大好評．多くの大学での採用実績をもつ教科書の第 2 版．自主学習に役立つ章末問題も掲載．生命の基本が楽しく学べる，大学 1 〜 2 年生の基礎固めに最適な 1 冊．

はじめの一歩のイラスト生理学　改訂第 2 版

照井直人／編
定価（本体 3,500 円＋税）　B5 判　213 頁　ISBN 978-4-7581-2029-6

はじめて学ぶ生理学に最適．目で見てわかる教科書の改訂版が登場！豊富なイラストとやさしい解説はそのままに，全体に見直しをはかり，よりわかりやすくなりました．膨大な生理学の内容をコンパクトに学べる一冊！

はじめの一歩の病理学　第 2 版

深山正久／編
定価（本体 2,900 円＋税）　B5 判　279 頁　ISBN 978-4-7581-2084-5

病理学の「総論」に重点をおいた内容構成だから，病気の種類や成り立ちの全体像がしっかり掴める．改訂により，近年重要視されている代謝障害や老年症候群の記述を強化．看護など医療系学生の教科書として最適．

PT・OT ゼロからの物理学

望月　久，棚橋信雄／編著，谷　浩明，古田常人／編集協力
定価（本体 2,700 円＋税）　B5 判　253 頁　ISBN 978-4-7581-0798-3

理学・作業療法士に必要な物理が無理なく学べる！単位，有効数字などの基本から丁寧に解説．物理を学んでいなくても大丈夫です．具体例を用いた解説＋例題で着実に理解でき，章末問題には国試問題も掲載．オールカラー．